E. F. Engelhardt

Hausautomation mit Raspberry Pi

FRUIT UP
YOUR
FANTASY

E. F. ENGELHARDT

HAUSAUTOMATION MIT

RASPBERRY PI

Alarmanlage, Heizung, Smart Home,
W-LAN & Co: 20 Projekte,
die Ihr Leben leichter machen

Bibliografische Information der Deutschen Bibliothek

Die Deutsche Bibliothek verzeichnet diese Publikation in der Deutschen Nationalbibliografie;
detaillierte Daten sind im Internet über http://dnb.ddb.de abrufbar.

In Kooperation mit c't Hardware Hacks.

© 2013 Franzis Verlag GmbH, 85540 Haar bei München

Programmleitung: Markus Stäuble
Herausgeber: Ulrich Dorn
Satz: DTP-Satz A. Kugge, München
art & design: www.ideehoch2.de
Druck: C.H. Beck, Nördlingen
Printed in Germany

ISBN 978-3-645-60275-4

Hausautomation mit Raspberry Pi

Hausautomation oder Smart Home – ganz egal, welchen Begriff Sie dafür verwenden, mit diesem Buch liegen Sie richtig, wenn Sie mit dem Raspberry Pi Schlagworte wie Bequemlichkeit, Wohnkomfort, Stromüberwachung, Schutz vor Schimmelbefall und Feuchtigkeit, Temperaturregelung, Energie und Geldsparen in Verbindung bringen möchten. Smart Home, das schlaue Haus im Eigenbau – mit dem Raspberry Pi lassen sich grundsätzlich alle Anwendungsszenarien zum Steuern, Regeln und Messen erfassen. Jede der beschriebenen Do-it-yourself-(DIY-)Lösungen zur Realisierung des gewünschten Anwendungszwecks kostet nur einen Bruchteil vergleichbarer kommerzieller Produkte, sofern diese überhaupt verfügbar sind.

Bemerkt der Raspberry Pi beispielsweise über einen Sensor einen Schaden, etwa mittels eines Feuchtigkeitssensors einen Wasserrohrbruch im Keller, sendet er umgehend eine SMS als Schadensmeldung. Ein weiteres Beispiel: Klingelt ein Gast an der Haustür, kann eine entsprechende Benachrichtigung beispielsweise per E-Mail an das Smartphone gesendet werden.

Auch Stromverbrauch und Heizung lassen sich optimieren. Grundsätzlich können mit ein klein wenig Elektronik und einem Raspberry Pi der Energieverbrauch im Alltag und damit die Kosten erheblich gesenkt werden – wenn Sie zumindest wissen, von welcher Seite Sie den Lötkolben anfassen müssen. Eine Voraussetzung ist, dass Sie über den Verbrauch in den entsprechenden Räumen bzw. den Gesamtverbrauch im Detail informiert sind. Mit dem Raspberry Pi und ein paar Sensoren vom Typ DS18B20 in einer Schaltung baut sich die individuelle und preiswerte Temperaturüberwachungslösung fast von selbst.

Doch manchmal ist es allein mit der Temperaturüberwachung nicht getan. Ein sinnvoller Anwendungszweck ist etwa eine elektronische Heizungssteuerung, die, abhängig davon, ob Sie zu Hause sind oder nicht, ob Sie Urlaub haben oder Wochenende ist, genau die gewünschte Wohlfühltemperatur zur Verfügung stellt. Das persönliche Smart Home gewinnt seine speziellen Eigenschaften durch die zentrale Steuerung über den Raspberry Pi – egal, ob Sie die eine kabelgebundene Lösung über 1-Wire, TCP/IP oder per Funkadapter mittels CUL/COC & Co. oder einen Mix daraus einsetzen. Die Ansteuerung der verschiedenen Funksysteme im ISM-Band erfolgt über einen 868-MHz-Funksender, der per USB an den Raspberry Pi angeschlossen wird. Die Anbindung weiterer Aktoren ist auch über 1-Wire-Adapter, die GPIO-Anschlüsse, WLAN, Bluetooth und Ethernet möglich.

Eines noch: Wenn Sie sich für eine flexible und leistungsfähige Smart-Home-Lösung mit dem Raspberry Pi entscheiden, dann müssen Sie sich selbst helfen können – die wenigsten Projekte dazu sind für Anfänger geeignet. Zwar lassen sich zum Beispiel TCP/IP-

Steckdosenlösungen von Rutenbeck auch vom Laien in Betrieb nehmen, den Mehrwert in Sachen Smart Home und Automatisierung übernimmt jedoch hier der Raspberry Pi.

Sind solche kabelgebundenen Lösungen in einer einheitlichen Oberfläche wie dem Open-Source-Projekt FHEM (Freundliche Hausautomatisierung und Energie-Messung) gebündelt, dann zählt auch hier: Das Buch gibt Hilfe zur Selbsthilfe. Gerade FHEM hat seine Ecken, Kanten und tückischen Fallstricke für Anfänger, teils gibt es gut dokumentierte Anleitungen für den Einstieg, doch teils fehlen auch wichtige Teile der Dokumentation, um die Lösung in Betrieb nehmen zu können. Damit dies nicht nur ein nettes Spielzeug für Nerds und Skript-Kiddies bleibt, sondern auch technisch anspruchsvolle Lösungen für die Steuerung von Geräten zu Hause möglich sind, finden Sie in diesem Buch allerhand Möglichkeiten, Ihr Smart Home, die Hausautomatisierung, ganz individuell einzurichten.

Wir wünschen Ihnen viel Spaß mit und vor allem viel Nutzen von diesem Buch!

Autor und Verlag

Sie haben Anregungen, Fragen, Lob oder Kritik zu diesem Buch? Sie erreichen den Autor per E-Mail unter *ef.engelhardt@gmx.de.*

Inhaltsverzeichnis

1 Heimnetzwerk + Heimautomation = Smart Home

Die Schnittstelle zwischen dem Internet und dem Heimnetz ist das heimische Internet-Zugangsgerät – in der Regel der DSL-WLAN-Router. Gemeinsam mit dem Raspberry Pi verfügt der DSL-WLAN-Router nicht nur über performante Prozessorleistung zur Verarbeitung der Daten, die auch in Sachen Hausautomation im Bereich Messen, Steuern, Regeln anfallen, er ist in der Regel auch dauerhaft online und damit an sieben Tagen 24 Stunden im Einsatz. In Ihrem Heimnetz können Sie noch viel mehr machen als Daten im Internet bereitstellen oder simple Dateien hin- und herschieben und den NAS-Server mit Multimedia-Dateien befüllen: Sie können den Raspberry Pi in Ihrem Heimnetz als Mastermind betreiben, das sämtliche Geräte im Haushalt steuert und überwacht.

Heute ist das Thema Netzwerkeinrichtung zu Hause eigenlich keine große Sache mehr – knifflig wird es erst, wenn unterschiedliche Computer vernetzt und mit gewöhnlichen Haushaltsgeräten gekoppelt werden sollen. Dann muss man ein wenig Hand anlegen, damit es klappt. Anschließend können Sie mit dem Raspberry Pi über das Kabel- oder Funknetzwerk weitere Geräte, etwa Heizung, Lichtschalter, Waschmaschine, Klingelanlage und was noch alles in einem Haushalt an Gerätschaften benötigt wird, bequem steuern und kontrollieren.

1.1 Pflichtprogramm: LAN/WLAN-DSL-Router

Um die Verteilung der Daten in Ihrem Heimnetzwerk kümmert sich in der Regel ein Switch bzw. ein Router, der den Datenverkehr gezielt steuert und die Netzbelastung in Grenzen hält. Der Router wickelt sozusagen alle Aufträge ab, die von den Clients an ein anderes Netz geschickt werden. Ob es sich beim adressierten Netz um ein weiteres Unternehmensnetz handelt oder um das Internet, spielt keine Rolle.

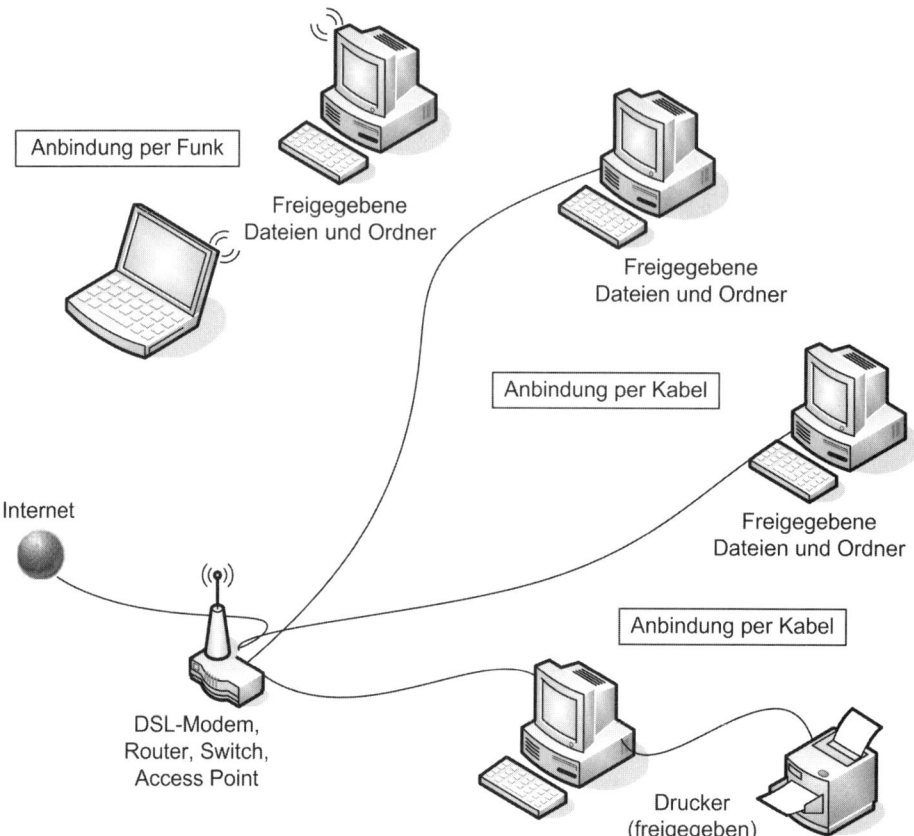

Anbindung per Funk

Freigegebene
Dateien und Ordner

Freigegebene
Dateien und Ordner

Anbindung per Kabel

Internet

Freigegebene
Dateien und Ordner

Anbindung per Kabel

DSL-Modem,
Router, Switch,
Access Point

Drucker
(freigegeben)

Bild 1.1: Beispiel eines Netzwerks, bestehend aus Kabel- und WLAN-Verbindungen mit
Datei- und Druckerfreigaben

Wie auch immer in Ihrem Netzwerk Daten übertragen werden und welches Betriebs-
system Sie auch einsetzen, an TCP/IP, der Internetprotokollfamilie, kommen Sie nicht
vorbei. Jetzt brauchen Sie sich aber nicht mit so diffizilen Dingen wie Protokollschich-
ten, Headern oder dergleichen herumzuschlagen, für Sie genügen die Basics der Adressierung. Außerdem müssen Sie wissen, dass TCP/IP festlegt, wie Daten im Internet und
im Netzwerk übermittelt werden. Bei einer Netzwerkverbindung oder einer Internetver-
bindung wird keine direkte Verbindung zwischen zwei Punkten hergestellt, wie das
beispielsweise beim Telefonieren der Fall ist.

1.1.1   Gemeinsamer Nenner: das TCP/IP-Protokoll

Die Daten werden vielmehr in kleine Pakete zerlegt und auf den Weg zum Ziel geschickt. Wo sie hinmüssen, steht in der Adresse. Am Ziel werden die Pakete wieder in
der richtigen Reihenfolge zusammengesetzt. Auch das wird über TCP/IP gesteuert, denn
Reihenfolge und Anzahl der Pakete werden ebenfalls übermittelt. Dazu kommen noch

ein paar Prüfgeschichten und sonstige Informationen – das muss Sie aber nicht interessieren. Damit ein Rechner über TCP/IP angesprochen werden kann, muss seine Adresse, die sogenannte IP-Adresse, bekannt sein. Die Adressierung ist bei TCP/IP in ihrer Struktur festgelegt. Auf der Basis von Version IPv4 können bis zu 4.294.967.296 Rechner in ein Netzwerk integriert werden. IPv4 nutzt 32-Bit-Adressen, die Weiterentwicklung IPv6 hingegen setzt auf 128-Bit-Adressen.

Eine TCP/IP-Adresse ist immer gleich aufgebaut: Sie setzt sich zusammen aus einem Netzwerkteil und einen Hostteil (Adressenteil). In der Regel ist die 32-Bit-Adresse in einen 24-Bit-Netzwerkteil und einen 8-Bit-Hostteil aufgeteilt. Der Hostteil wird im LAN (im lokalen Netzwerk) zugeteilt, während der Netzwerkteil von der IANA (Internet Assigned Numbers Authority) vergeben wird, die über die offiziellen IP-Adressen wacht.

Für die Konfiguration des Hostteils sind in einem sogenannten Class-C-Netzwerk – das ist ein typisches privates Netz – 254 Geräteadressen für angeschlossene Clients verfügbar. Die Endadresse 255 ist für den Broadcast (zu Deutsch: Rundruf, also Übertragung an alle) reserviert, während die Adresse 0 für das Netzwerk selbst reserviert ist.

Für die Aufteilung des Netzwerk- und Hostteils ist die Netzmaske zuständig: Im Fall eines Class-C-Netzwerks gibt die Adresse *255.255.255.0* eine sogenannte Trennlinie zwischen beiden Teilen an. Die binäre *1* steht für den Netzwerkteil, und die *0* steht für den Adressteil.

So entspricht die Netzwerkmaske

```
255.255.255.0
```

binär:

```
11111111.11111111.11111111.0000000
```

Die ersten 24 Bit (die Einsen) sind der Netzwerkanteil.

Sie müssen sich aber gar nicht mit der Adressvergabe herumschlagen, denn der heimische Rechner ist immer mit den folgenden Daten ansprechbar. So sind einige Klassen von Netzwerkadressen für spezielle Zwecke reserviert. Man kann an ihnen ablesen, mit welchem Netzwerk man es zu tun hat. Beispielsweise ist eine IP-Adresse beginnend mit *192.X.X.X* oder *10.X.X.X* ein internes, in Ihrem Fall ein Heimnetzwerk.

Adressbereich	Netzwerk
192.168.0.0	Heimnetz, bis zu 254 Clients
172.16.0.0	Unternehmensnetz, bis zu 65.000 Clients
10.0.0.0	Unternehmensnetz, bis zu 16 Mio. Clients

Sobald aus einem heimischen Rechner ein Netz mehrerer Computer wird, beginnt die IP-Adresse mit *192.168.0*. Auf dieser Basis können in das Netz bis zu 254 Geräte eingebunden werden, indem die letzte Zahl von 0 bis 254 hochgezählt wird. Allerdings hat kaum jemand zu Hause so viele Geräte im Einsatz, es wird bei überschaubaren Adressbereichen bleiben.

1.1.2   DHCP, Gerätenamen und Gateway

Gewöhnen Sie sich für die Vergabe der IP-Adressen entweder die automatische Zuweisung via DHCP oder eine statische Zuweisung mit festen Adressen an. Wenn Sie mit festen Adressen arbeiten, sollten Sie gegebenenfalls nur ausgewählte, leicht merkbare IP-Adressen verwenden, also *192.168.0.1* für den Router, *192.168.10* für den zentralen Rechner und für weitere die Endnummer *20, 30* etc. Wer generell Schwierigkeiten hat, sich die Nummern zu merken, kann die Computer beispielsweise nach Alter nummerieren – in der Regel weiß man genau, welchen PC man zuerst gekauft hat.

Der Vollständigkeit halber sei hier auch das sogenannte Gateway erwähnt. Innerhalb des Heimnetzwerks können sämtliche Geräte direkt miteinander kommunizieren und Daten austauschen. Soll hingegen eine Verbindung zu einem Gerät aufgebaut werden, das sich nicht innerhalb des adressierbaren Adressbereichs befindet, müssen diese Heimnetze miteinander verbunden werden. Diese Aufgabe übernimmt das Gateway bzw. der Router, der quasi sämtliche verfügbaren Netzwerke kennt und die Pakete bzw. Anforderungen entsprechend weiterleitet und empfängt. Im Internet sind demnach einige Router in Betrieb, da es technisch nahezu unmöglich ist, dass ein einzelner Router alle verfügbaren Netze kennt und direkt adressieren kann.

In der Regel hat der Router auch einen DHCP-Server eingebaut, der für die Vergabe der IP-Adressen im Heimnetz zuständig ist. Sind Daten für eine IP-Adresse außerhalb des Heimnetzes bestimmt, werden sie automatisch an das konfigurierte Standard-Gateway, also den Router, weitergeleitet. Verbindet sich der heimische DSL-WLAN-Router mit dem Internet, versteckt er das private Netz hinter der öffentlichen IP-Adresse, die der DSL-WLAN-Router beim Verbindungsaufbau vom Internetprovider erhalten hat. Dieser Mechanismus der Adressumsetzung, NAT (**N**etwork **A**ddress **T**ranslation) genannt, sorgt dafür, dass die Datenpakete vom Heimnetz in das Internet (und wieder zurück) gelangen.

1.1.3   Übermittlung von IP-Adressen im Internet

Alle Server im Internet sind ebenfalls über eine IP-Adresse ansprechbar, aber das könnte sich keiner merken. Wer weiß schon, dass sich hinter *217.64.171.171 www.franzis.de* verbirgt? Deshalb gibt es im Internet zentrale Server, deren einzige Aufgabe darin besteht, für die von Ihnen eingegebene Internetadresse (URL) den richtigen Zahlencode bereitzustellen.

Nichts anderes passiert nämlich bei der Eingabe der URL: Der Rechner übermittelt seine Anfrage im Klartext an den sogenannten **Domain Name Server** (DNS). Ein DNS-Server führt eine Liste mit Domainnamen und den IP-Adressen, die jedem Namen zugeordnet sind.

Wenn ein Computer die IP-Adresse zu einem bestimmten Namen benötigt, sendet er eine Nachricht an den DNS-Server. Dieser sucht die IP-Adresse heraus und sendet sie an den PC zurück. Kann der DNS-Server die IP-Adresse lokal nicht ausfindig machen, fragt er einfach andere DNS-Server im Internet, bis die IP-Adresse gefunden ist. Damit die Daten, die Sie angefordert haben – und im Internet wird jede Seite aus übermittelten Daten aufgebaut –, auch wieder zu Ihnen bzw. zu Ihrem Rechner zurückgelangen, braucht der Server Ihre IP-Adresse. Nun wird nicht jedem Internetteilnehmer kurzerhand eine IP-Adresse verliehen – dafür gibt es einfach nicht genug Adressen. Stattdessen hat jeder Provider einen Pool mit IP-Adressen, die jeweils nach Bedarf vergeben werden.

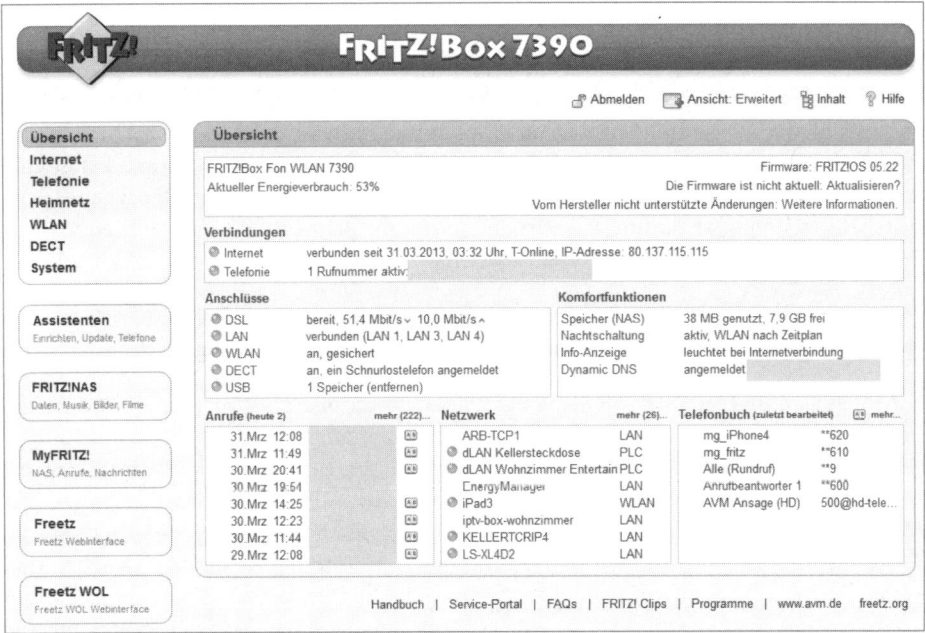

Bild 1.2: Wenn Sie sich in das Internet einloggen, teilt Ihnen der Provider eine Adresse zu, die so lange gültig ist, bis Sie die Verbindung trennen oder bei einem DSL-Anschluss 24 Stunden vorbei sind. Bei der nächsten Einwahl erhalten Sie eine andere Adresse aus dem Pool.

Diese Technik ist quasi nichts anderes als die eines DHCP-Servers (**Dynamic Host Configuration Protocol**). Damit bekommen alle an ein Netzwerk angeschlossenen Computer, egal ob WLAN oder nicht, automatisch die TCP/IP-Konfiguration zugewiesen. Zusammen mit Ihrer Anfrage bei einer URL wird also Ihre eigene dynamische Adresse übermittelt, damit Sie auch eine Antwort bekommen.

1.1.4 Aus dem Internet sieht man nur den Router

Wenn Sie Ihr Netzwerk mit einem Router für den Internetzugang ausstatten, übernimmt Ihr Router künftig einen Teil der Aufgaben rund um die Adressierung. Das macht Ihnen das Leben nicht nur etwas leichter, sondern vor allem viel sicherer, denn nach außen tritt lediglich der Router in Erscheinung, Ihren PC bekommt das Internet nicht so leicht zu sehen. Das beginnt schon damit, dass von außen nicht mehr die zugewiesene Adresse des Rechners zu sehen und zu verwenden ist, sondern die des Routers. Alle Anfragen stellt der Router, alle Antworten nimmt er entgegen und leitet sie netzwerktechnisch betrachtet als Switch innerhalb des heimischen Netzes an den passenden Rechner weiter.

Für den Router gibt es also intern den Nummernkreis *192.168.X.X* und nach außen alle anderen. Der einzelne Rechner ist nicht mehr direkt ansprechbar, sondern die Adresse ist immer die des Routers. Das ist ein erster Schritt in Richtung mehr Sicherheit im Internet, denn nun kann nicht mehr direkt auf möglicherweise offene Ports Ihres Rechners oder eines anderen im Netz zugegriffen werden. Noch mehr Sicherheit bietet eine im Router aktivierte Firewall, deren Ziel es ist, nur zulässige und ungefährliche Pakete durchzulassen und bestimmte Pakete kurzerhand abzulehnen. Sie nehmen ja auch nicht jede Nachnahme an.

1.1.5 Zugriff aus dem Internet? DynDNS konfigurieren

Möchten Sie Ihre Heimnetz-Steuerzentrale auf dem Raspberry Pi auch über das Internet erreichen, etwa weil Sie vom Büro aus die Heiztemperatur im heimischen Wohnzimmer regeln möchten, dann benötigen Sie für Ihren DSL/WLAN-Router zu Hause eine dynamische DNS-Lösung. Mithilfe einer dynamischen IP-Adresse machen Sie den WLAN/DSL-Router im Internet bekannt, und mit einem Raspberry Pi stellen Sie die Steuerung für die Gerätschaften im Heimnetz oder im Internet zu Verfügung. Jedes Mal, wenn Sie sich in das Internet einloggen, bekommt Ihr DSL-WLAN-Router automatisch vom Provider eine IP-Adresse zugeteilt. TCP und IP sind die wichtigsten Protokolle, die für die Kommunikation zwischen Rechnern möglich sind. Es gibt jedoch weitere Protokolle und Techniken wie beispielsweise SSH, mit denen Sie beim Lesen dieses Buchs in Berührung kommen. TCP/IP kommt in einem Netzwerk zum Einsatz, und jeder Computer, der in einem Netzwerk TCP/IP nutzen möchte, braucht eine IP-Adresse. Diese IP-Adresse lautet bei jeder Einwahl anders – sie stammt aus einem IP-Adressenpool, den der Provider reserviert hat.

DNS: Namen statt Zahlen

Der Vorteil von DNS ist, dass Sie den Computer auch über seinen Namen ansprechen können. Es ist einfacher, statt einer IP-Adresse wie *http://192.168.123.1* die Adresse *http://IHRDOMAINNAME.dyndns.org* einzutippen. Man kann sich nämlich Namen leichter merken als Zahlen bzw. IP-Adressen. Für das dynamische DNS gibt es verschiedene Anbieter, die ihre Dienste zum Teil kostenlos anbieten.

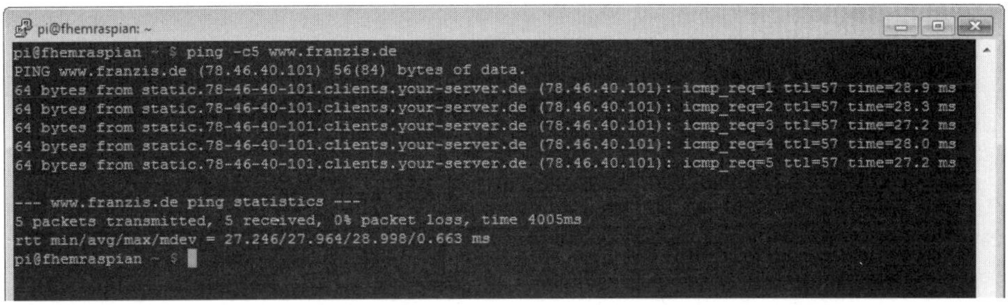

Bild 1.3: Mit dem Befehl *ping DNS-Name* finden Sie die IP-Adresse eines DNS-Namens heraus. In diesem Beispiel lautet die IP-Adresse für *www.franzis.de 78.46.40.101.*

Geben Sie beispielsweise *http://IHRDOMAINNAME.dyndns.org* in die Adressleiste des Webbrowsers ein, erkennt dieser am *http*-Kürzel, dass er das HTTP-Protokoll verwenden muss. Der doppelte Schrägstrich // bedeutet, dass es sich um eine absolute URL handelt. Mit der URL *IHRDOMAINNAME.dyndns.org* wird ein Kontakt zu dem DNS-Server Ihres ISP (Internet Service Provider) hergestellt. Damit wird dieser DNS-Name in eine IP-Adresse umgewandelt.

Neben DynDNS gibt es noch weitere Anbieter, die eine solche Funktionalität zur Verfügung stellen. Drei typische kostenlose sind die in der folgenden Tabelle aufgeführten. Die Vorgehensweise ist im Prinzip immer die gleiche, für welche Sie sich entscheiden, bleibt Ihnen überlassen.

Anbieter (kostenlos)	
no-ip.com	www.no-ip.com
DynDNS	www.dyndns.org
Open DNS Belgien	www.opendns.be

Egal für welchen Anbieter Sie sich entscheiden, die nachstehende Prozedur des Registrierens und Einrichtens sowie die Konfiguration des Clients bleiben Ihnen nicht erspart. Im nächsten Schritt richten Sie den DSL-WLAN-Router so ein, dass Sie aus dem Internet Zugriff auf den Raspberry Pi bekommen – am besten über einen Port, der nur Ihnen bekannt ist.

1.1.6 Raspberry Pi im DSL-WLAN-Router konfigurieren

Die TCP- und UDP-Ports (User Datagram Protocol) sorgen für die Kommunikation auf Netzwerk- bzw. Anwendungsebene. Grundsätzlich gilt auch hier: Weniger ist mehr. Je weniger Ports geöffnet und Dienste verfügbar sind, desto weniger Angriffsfläche stellt der DSL-Router nach außen dar. So können Sie die Nutzung bestimmter Internetdienste wie das Surfen im WWW (HTTP), das File Transfer Protokoll (FTP) und viele andere für alle oder einige Benutzer in Ihrem Netzwerk blockieren.

Doch Vorsicht: Wird der Router zu sicher eingestellt, leidet die Funktionalität, weil bestimmte Programme nicht mehr richtig funktionieren. Wer beispielsweise einen Webserver (HTTP-Protokoll mit Port 80) hinter einem Router betreiben möchte, der muss den DSL-Router so einstellen, dass die Anfragen aus dem Internet auch bis zum Raspberry Pi-Webserver kommen können. Erst dann kann dieser reagieren und die Anfragen beantworten. Welchen Port Sie öffnen, hängt von dem eingesetzten Serverprogramm und vor allem von Ihren persönlichen Ansprüchen und Sicherheitsbedürfnissen ab.

Der Router kann auch so eingestellt werden, dass bestimmte Ports am Router offen sind, die Daten, die dort ankommen, aber nur an einen bestimmten Rechner bzw. eine bestimmte IP-Adresse weitergeleitet werden. Diese Technik läuft unter Portweiterleitung bzw. Port-Triggering. Die Porteinstellungen des WLAN-Routers nehmen Sie über die Weboberfläche vor. Im Falle einer FRITZ!Box ist das der Dialog *Internet/Portfreigabe* auf der Weboberfläche.

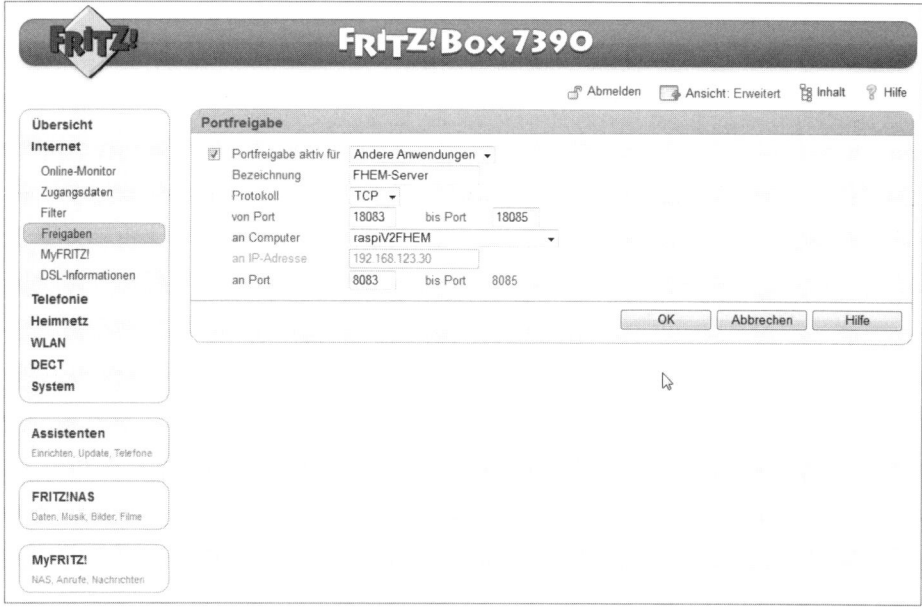

Bild 1.4: Per Klick auf die Schaltfläche *Freigaben* richten Sie eine neue Verbindung von außen mit dem Raspberry Pi im Netzwerk ein. In diesem Fall ist die Weboberfläche von außen über die Ports *18083* bis *18085* erreichbar, während im Heimnetz die Standardports *8083* bis *8085* genutzt werden.

1.1.7   Konfiguration einer Portfreigabe

Achten Sie darauf, dass bei der Konfiguration einer Portfreigabe die Zieladresse immer gleich bleibt. Hier ist es möglicherweise besser, für den Zielrechner im heimischen Netz eine feste IP-Adresse einzurichten. Verwenden Sie im Zweifelsfall statt einer DHCP-Adresse für den Computer eine statische IP-Adresse.

Mithilfe der FRITZ!Box-Portfreigabe lassen sich Dienste und verwendete Ports explizit bestimmten Rechnern im Heimnetz, in diesem Fall dem Raspberry Pi, zuordnen. Abhängig vom DSL-Router-Modell ist auch der umgekehrte Fall möglich, und es lassen sich ebenfalls bestimmte Dienste und Ports für bestimmte Rechner blockieren. Bei Netgear-Modellen ist dafür der Schalter *Dienste sperren/Block Services* zuständig, mit dem Sie den Internetzugang bestimmter Benutzer in Ihrem lokalen Netzwerk basierend auf deren IP-Adressen sperren können.

Bild 1.5: Die *Dienstetabelle* listet bei Routern aus dem Hause Netgear alle Dienste auf, die gegenwärtig gesperrt werden. Sie können Dienste dieser Tabelle hinzufügen oder sie auch daraus löschen.

Zusätzlich können Sie die Dienstsperrung bei manchen Routern auch von der Zeitplanung abhängig machen.

1.1.8   Mehr Sicherheit: Benutzerkonten absichern

Spätestens jetzt, wenn der Raspberry Pi über das Internet erreichbar ist, ist es auch Zeit, ihn bzw. die entsprechenden Userkonten abzusichern, um möglichen Einbrechern wenig Zerstörungsspielraum zu geben. Grundsätzlich sollten Sie das Standard-Benutzerkonto `pi` bereits angepasst und das Standard-Kennwort `raspberry` auf ein sicheres Kennwort Ihrer Wahl geändert haben. Dies erledigen Sie bekanntlich mit dem Kommando:

```
sudo passwd pi
```

Sie geben das neue Kennwort ein und bestätigen dies im zweiten Schritt. Mit der Benutzerkennung `pi` können Sie sich auch die administrativen root-Rechte mittels `sudo`-Kommando holen.

Wer für das root-Konto auf dem Raspberry Pi ebenfalls ein persönliches Konto setzen möchte, der erledigt dies mit den Befehlen:

```
sudo -i
passwd
```

Hier tragen Sie zunächst das neue Kennwort und anschließend die Kennwortbestätigung ein, um das root-Konto mit einem persönlichen Kennwort abzusichern.

1.2   Raspberry Pi als Funkzentrale: Standards und Anschlüsse

Grundsätzlich benötigen Sie einen passenden Adapter, der das eingesetzte Funkprotokoll wie beispielsweise LON, BACnet, KNX, EnOcean, FS20 oder HomeMatic unterstützt. Bei den Platzhirschen wie FS20 oder HomeMatic stehen beispielsweise mit dem FHZ1000-Modul (FS20) oder dem LAN-Adapter (HomeMatic) quasi Herstellerschnittstellen auch für den Raspberry Pi über USB zur Verfügung. Diese sind etwas teurer als die Alternativen, die es beispielsweise von Drittanbietern gibt, wie *busware.de* mit dem CUL-Stick (hier der CC1101) oder dem COC-Modul, die beide in der Lage sind, Hausautomations-Steuersignale von Protokollen auf dem 868-MHz-Frequenzbereich zu empfangen und zu senden.

Bild 1.6: Doppelt gesteckt hält besser: Wer sowohl FS20 als auch HomeMatic gleichzeitig in einem Funknetz betreiben möchte, benötigt zwei unterschiedlich konfigurierte CUL-Module.

Damit ist die Alternative grundsätzlich fähig, sowohl mit FS20- als auch mit HomeMatic-Geräten im Funknetz zu kommunizieren – beide Standards sind jedoch miteinander inkompatibel. Möchten Sie beide in einem Funknetz betreiben, dann benötigen Sie zwei entsprechende 868 MHz-Transceiver-Dongles – einen für FS20, den anderen für HomeMatic.

Gerät	Abkürzung für ...	CPU-Typ	RAM	Speicher
CUL	CC1101 USB Light	V1: at90usb162 V2: at90usb162 V3: atmega32U4	V1: 0.5 KB V2: 0.5 KB V3: 2.5 KB	V1: 16 KB V2: 16 KB V3: 32 KB
CUN	CC1101 USB Network	at90usb64	2.0 KB	64 KB
CUNO	CC1101 USB Network & OneWire	atmega644p	2.0 KB	64 KB
CUR	CC1101 USB Remote	CUR V1: at90usb128 CUR V2: at90usb64	CUR V1: 4.0 KB CUR V2: 2.0 KB	V1: 128 KB V2: 64 KB
COC	CC1101 OneWire Card	atmega644	2.0 KB	64 KB

So ist die eigentliche Funkübertragung das eine, das andere ist das unterstützte Protokoll. Sprechen Sender und Empfänger die gleiche Sprache, nutzen sie also das gleiche Protokoll, dann ist der Austausch von Informationen und Daten möglich. Die Gegenstellen mit Funkanschluss – also die zu steuernden Komponenten wie Sensoren, Aktoren und Empfänger – kommen mit einem eigenen Protokoll zur Datenübertragung. In diesem Buch stellen wir die beiden wichtigsten vor, jedoch ist die grundsätzliche Herangehensweise bei anderen Protokollen und Geräten in etwa dieselbe.

1.2.1 Durchblick im Funk-Dschungel: FS20 Vs HomeMatic

Sowohl das FS20- als auch das HomeMatic-Protokoll funken im 868-Mhz-Bereich, kommen vom gleichen Hersteller (EQ3, *www.eq-3.de*) und werden durch zahlreiche Vertriebspartner, wie ELV und Fachhandelsketten wie Conrad Electronic, vermarktet. EQ3 ist ein Tochterunternehmen von ELV und erweitert stetig das Produktprogramm im Einsteigersegment FS20, sodass es hier auch die meisten unterstützten Devices gibt. Aufgrund der vergleichsweise günstigen Komponenten ist es auch bei vielen Anwendern beliebt, während HomeMatic-Komponenten bei gleicher grundsätzlicher Funktion in Sachen Anschaffungskosten höher angesiedelt sind.

Die Datenpakete werden mit den Funkprotokollen FHT und HMS übertragen. Während FHT-Geräte bei der Heizungssteuerung zum Einsatz kommen, sind HMS-Geräte eher für Sicherheits- und Überwachungsaufgaben geeignet.

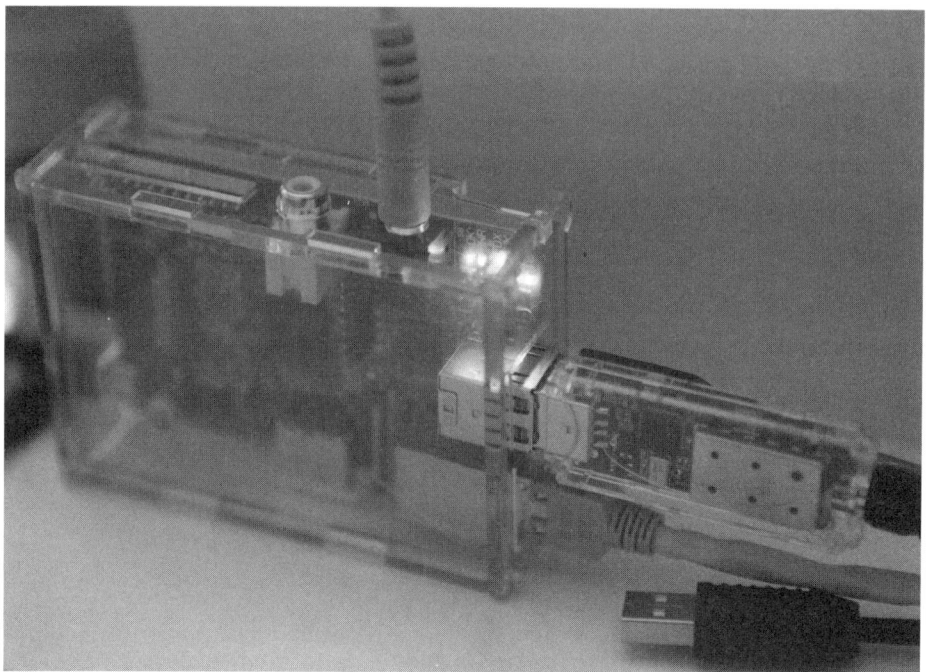

Bild 1.7: Raspberry Pi mit USB-CUL-Modul: Bei der Konfiguration müssen Sie sich für ein zu verwendendes Protokoll, FS20 oder HomeMatic, entscheiden.

Der große Nachteil der FS20-Technik ist die Kommunikation ohne Bestätigung. Wird beispielsweise ein Signal von der Steuereinheit zum Schalter geschickt, dann erhält diese keine direkte Rückmeldung, ob der Schaltbefehl erfolgreich ausgeführt wurde oder nicht. Dies ist bei HomeMatic-Geräten anders: Hier sorgt eine verschlüsselte Kommunikation dafür, dass die Sendeeinheit eine Bestätigung des Schaltvorgangs erhält. Ob Sie diese Sicherheit wirklich benötigen, steht auf einem anderen Blatt, und auch die etwas bessere Verarbeitung der HomeMatic-Komponenten lässt sich EQ-3 bzw. der Versender ELV gern bezahlen. Die Einrichtung der Komponenten beim Raspberry Pi ist jedoch nahezu identisch.

1.2.2   COC: angepasstes CUL-Modul für den GPIO-Einsatz

Für den Raspberry Pi gibt es eigens ein passendes Funkmodul, das auf die GPIO-Pins gesteckt werden kann. Doch leider passt es auf Anhieb nur auf die »alten« Boards mit der Revision 1 (256 MByte), der Nachfolger mit 512 MByte passt zunächst nicht, da hier eine Steckverbindung auf dem Raspberry Pi um Zehntelmillimeter im Weg zu stehen scheint. Behelfen Sie sich mit einem Hebelwerkzeug oder einer Zange, in diesem Beispiel mit der Zange eines Leatherman-Tools, um den Plastikschutz des DSI-Anschlusses zu entfernen.

Bild 1.8: Links die GPIO-Reihe, ganz rechts unten der USB-Strom-Anschluss des Raspberry Pi: Der schwarze Schutzdeckel der DSI-Anschlusses (für TFT-Touchscreens) wurde bereits gelockert und leicht angehoben. Ist er komplett abgezogen, lässt sich das COC-Erweiterungsboard problemlos auf die neuere Revision mit 512 MByte RAM aufsetzen.

Ist die hardwareseitige Voraussetzung erfüllt und das Erweiterungsboard mit einem spürbaren Klick auf der GPIO-Pfostenleiste eingerastet, dann können Sie den Raspberry Pi wieder in Betrieb nehmen, also Stromversorgung und Netzwerkkabel anschließen und die Antenne am Antennenausgang des COC-Moduls anbringen. Hier sind diejenigen mit einem Bastelgehäuse leicht im Vorteil, die die Seitenwand für die Antenne einfach nicht verwenden und somit den Raspberry Pi trotzdem in ein Gehäuse packen können.

Bild 1.9: Kein Schönheitspreis, aber zweckmäßig: In diesem Fall wurde einfach das Seitenteil des Gehäuses nicht genutzt, um den Raspberry Pi samt COC-Erweiterung und verbauter Antenne in ein Gehäuse zu zwängen.

Alternativ nutzen Sie eine Bohrmaschine und bohren mit einem Holzbohrer an der entsprechenden Stelle vorsichtig eine passende Öffnung für die Antenne des COC-Moduls, um das Gehäuse weiter in Betrieb nehmen zu können. Damit ist die Raspberry-Pi-Hardware nun einsatzbereit, um die Konfiguration der Software und der Treiber vorzunehmen.

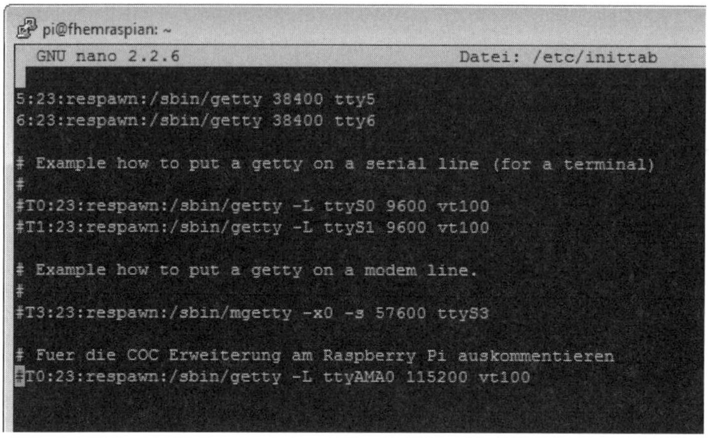

Bild 1.10:
Die Einträge müssen nicht zwingend gelöscht werden. Es reicht das Voranstellen des Lattenkreuz-Symbols #, um einen Eintrag von der Verarbeitung auszuschließen und als Kommentar zu kennzeichnen.

Grundsätzlich entfernen Sie oder besser kommentieren Sie in der Datei */etc/inittab* sämtliche Zeilen aus, die auf einen Eintrag mit der Bezeichnung *ttyAMA0* verweisen. Auch in der Kernel-Bootdatei */boot/cmdline.txt* entfernen Sie die Einträge *console=ttyAMA0,115200* und *kgdboc=ttyAMA0,115200*. Sicherheitsbewusste sichern zuvor die Datei mit dem Kommando

```
sudo cp /boot/cmdline.txt /boot/cmdline.txt.original
```

und starten nach der Änderung den Raspberry Pi neu. Wer anstelle eines COC die USB-Stick-Variante CUL im Einsatz hat, der kann diese nicht nur an der FRITZ!Box oder an einem Linux-Computer, sondern auch am USB-Anschluss des Raspberry Pi betreiben.

1.2.3   CUL: USB-Alternative für den Raspberry Pi

Setzen Sie statt eines COC-Moduls einen USB-Adapter (CUL, CC1101 USB Light) für den Raspberry Pi ein, dann ist die Hardware-Installation schnell erledigt: Hier brauchen Sie nur die Antenne an den USB-Stick zu schrauben und in den USB-Anschluss des Raspberry Pi zu stecken. Falls der Standort des Raspberry Pi nicht so ideal ist und die Antenne an einem sinnvolleren Ort platziert werden soll, ist gegebenenfalls eine USB-Verlängerung sinnvoll.

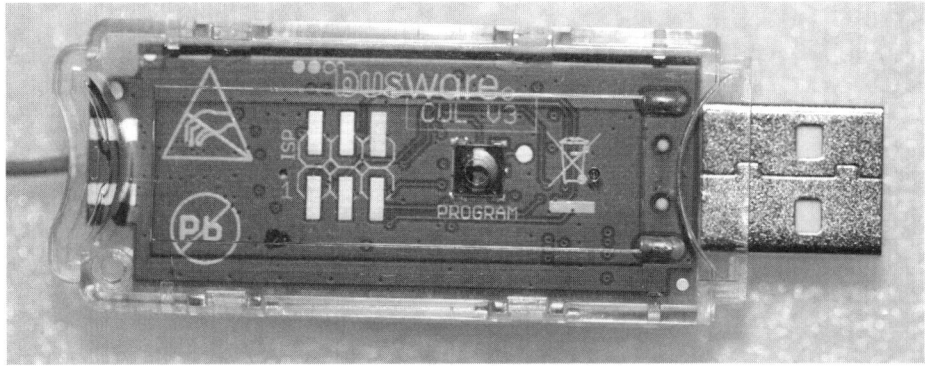

Bild 1.11: Zum Verwechseln ähnlich: Ein CUL-Stick von *busware.de* sieht ähnlich wie ein USB-Speicherkartenadapter aus.

Ist das neue Gerät einmal am USB-Anschluss des Raspberry Pi eingesteckt, prüfen Sie per lsusb und dmesg, ob es ordnungsgemäß erkannt wurde oder nicht.

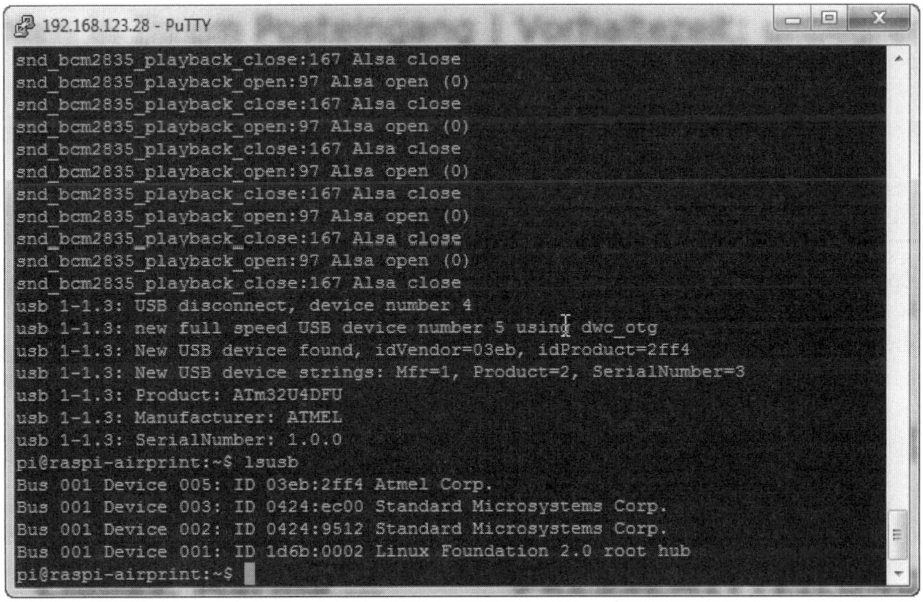

```
192.168.123.28 - PuTTY
snd_bcm2835_playback_close:167 Alsa close
snd_bcm2835_playback_open:97 Alsa open (0)
snd_bcm2835_playback_close:167 Alsa close
snd_bcm2835_playback_open:97 Alsa open (0)
snd_bcm2835_playback_close:167 Alsa close
snd_bcm2835_playback_open:97 Alsa open (0)
snd_bcm2835_playback_close:167 Alsa close
snd_bcm2835_playback_open:97 Alsa open (0)
snd_bcm2835_playback_close:167 Alsa close
snd_bcm2835_playback_open:97 Alsa open (0)
snd_bcm2835_playback_close:167 Alsa close
usb 1-1.3: USB disconnect, device number 4
usb 1-1.3: new full speed USB device number 5 using dwc_otg
usb 1-1.3: New USB device found, idVendor=03eb, idProduct=2ff4
usb 1-1.3: New USB device strings: Mfr=1, Product=2, SerialNumber=3
usb 1-1.3: Product: ATm32U4DFU
usb 1-1.3: Manufacturer: ATMEL
usb 1-1.3: SerialNumber: 1.0.0
pi@raspi-airprint:~$ lsusb
Bus 001 Device 005: ID 03eb:2ff4 Atmel Corp.
Bus 001 Device 003: ID 0424:ec00 Standard Microsystems Corp.
Bus 001 Device 002: ID 0424:9512 Standard Microsystems Corp.
Bus 001 Device 001: ID 1d6b:0002 Linux Foundation 2.0 root hub
pi@raspi-airprint:~$
```

Bild 1.12: ATMEL mit Geräte-ID 03eb:2ff4. Der USB-CUL wird auf Anhieb per lsusb auf dem USB-Bus erkannt.

Eine ausführliche, geordnete Übersicht erhalten Sie mit dem Kommando:

```
sudo lsusb -v | grep -E '\<(Bus|iProduct|bDeviceClass|bDeviceProtocol)'
2>/dev/null
```

Für Funksteckdosen, Schalter, Aktoren (Wandler) und Sensoren existieren zig unterschiedliche Standards auf dem Markt. Das COC bzw. CUL deckt die wichtigsten mit 433 MHz und 868 MHz ab. Hier müssen Sie sich bei der späteren FHEM-Konfiguration für jedes Device für einen Funkstandard entscheiden. Haben Sie mehrere unterschiedliche Technologien zu Hause im Einsatz, dann benötigen Sie für jeden Standard den passenden Controller.

```
[39446.520161] usb 1-1.3: new full-speed USB device number 5 using dwc_otg
[39446.623418] usb 1-1.3: New USB device found, idVendor=03eb, idProduct=204b
[39446.623448] usb 1-1.3: New USB device strings: Mfr=1, Product=2, SerialNumber=0
[39446.623465] usb 1-1.3: Product: CUL868
[39446.623476] usb 1-1.3: Manufacturer: busware.de
[39446.708665] cdc_acm 1-1.3:1.0: ttyACM0: USB ACM device
[39446.713003] usbcore: registered new interface driver cdc_acm
[39446.713033] cdc_acm: USB Abstract Control Model driver for USB modems and ISDN adapters
pi@fhemraspian /usr/share/fhem/FHEM $ ls /dev/ttyA
ttyACM0  ttyAMA0
pi@fhemraspian /usr/share/fhem/FHEM $ ls /dev/ttyA
ttyACM0  ttyAMA0
pi@fhemraspian /usr/share/fhem/FHEM $ ls /dev/ttyAMA0
/dev/ttyAMA0
pi@fhemraspian /usr/share/fhem/FHEM $ ^C
pi@fhemraspian /usr/share/fhem/FHEM $
```

Bild 1.13: Der `dmesg`-Befehl sorgt für Klärung: Das ATMEL-Device wurde ordnungsgemäß vom Raspberry Pi erkannt und beim USB-Strang eingehängt. Der Eintrag `ttyAMA0` bei `dmesg` gibt den ersten Hinweis, dass der COC im Verzeichnisbaum unter `/dev/ttyAMA0` eingehängt wurde und sich später in `fhem.cfg` für den COC nutzen lässt.

In diesem Fall haben wir uns auf das FS20-System sowie den verbreiteten HomeMatic-Standard beschränkt: Das am GPIO-Port angeschlossene COC kümmert sich um die FS20-Technologie in dem Funknetz, das per USB angeschlossene CUL versorgt die HomeMatic-Komponenten in einem zweiten Funknetz. Wie Sie diese Funkschnittstellen mit FHEM in Betrieb nehmen, lesen Sie im Abschnitt »Grundkonfiguration von FHEM« auf Seite 31.

```
2013.01.02 01:04:08 3: Opening COC device /dev/ttyAMA0
2013.01.02 01:04:08 3: Setting COC baudrate to 38400
2013.01.02 01:04:08 3: COC device opened
2013.01.02 01:04:08 3: COC: Possible commands: mCFiAZOGMRTVWXefltux
2013.01.02 01:04:08 3: Opening CUL_0 device /dev/ttyACM0
2013.01.02 01:04:08 3: Setting CUL_0 baudrate to 9600
2013.01.02 01:04:08 3: CUL_0 device opened
2013.01.02 01:04:08 3: CUL_0: Possible commands: BCFiAZEGMRTVWXefmltux
2013.01.02 01:04:08 2: Switched CUL_0 rfmode to HomeMatic
2013.01.02 01:04:08 3: telnetPort: port 7072 opened
2013.01.02 01:04:09 1: Including /var/log/fhem/fhem.save
2013.01.02 01:04:09 4: /fhem?save=Save+fhem.cfg&saveName=fhem.cfg&cmd=style+save+fhem.cf
```

Bild 1.14: Das Logfile von FHEM klärt auf: Beide Adapter in einer FHEM-Konfiguration im Betrieb.

Um keinen überflüssigen Funksmog im Wohnbereich zu erzeugen, ist es sinnvoll, die Anzahl der Funkstandards so gering wie möglich zu halten – nicht zuletzt wegen des erhöhten Integrationsaufwands. Doch mit FHEM lassen sich verschiedene Technologien zusammenführen und auf einer einheitlichen Basis gemeinsam betreiben. Je nach verwendeter Funktechnologie ist die FHEM-Konfiguration entsprechend anzupassen. Oft ist es notwendig, ein zweites CUL oder zusätzlich die Platine COC für den Raspberry Pi in Betrieb zu nehmen.

1.3 Kontra Konfigurationsfrust: FHEM im Einsatz

Egal, ob Sie ein CUL oder COC am Raspberry Pi betreiben, das CUL an einem Windows- oder Linux-Computer nutzen oder einen alternativen USB-CCU oder PC-Adapter als Funk-Elektronik-Equipment verwenden: Für die Steuerung und Konfiguration benötigen Sie ein entsprechendes Programm auf dem Computer. Denn erst die passende Softwarelösung auf dem Raspberry Pi vereint sämtliche Funkstandards und eingesetzte Technologien in Sachen Heimautomation und dient somit als Zentrale für den Betrieb und die Steuerung des selbst gestrickten Regelwerks. So führt der Raspberry Pi selbstständig beim Eintritt bestimmter Ereignisse definierte Aktionen aus.

Das alles und noch viel mehr versucht FHEM (*www.fhem.de*) zu regeln, um die unterschiedlichen Standards der Geräte unter ein Dach zu bringen. Das Projekt FHEM (Freundliche Hausautomation und Energie-Messung) ist aus einem früheren Projekt von Rudolf Koenig hervorgegangen, in dem die Steuerzentrale FHT1000 für FS20-Komponenten erweitert wurde. Zunächst gestaltet sich die Einarbeitung in Sachen FHEM etwas zäh, doch das gut organisierte Wiki (*www.fhemwiki.de*) sowie der unermüdliche ehrenamtliche Einsatz der FHEM-Entwickler und die Hilfsbereitschaft in der Usergruppe (*groups.google.de/group/fhem-users*) erleichtern den Einstieg enorm.

Zwar vermittelt das Buch einen ersten Einstieg in FHEM und stellt die Grundlagen der Inbetriebnahme vor. Aufgrund der schier endlosen Möglichkeiten von FHEM auf der einen Seite sowie der unterschiedlichsten Ansprüche, Wünsche und vorhandenen Gerätschaften auf der Userseite liefert das Wiki der Entwickler die aktuellsten Informationen.

1.3.1 FHEM über die Kommandozeile installieren

Grundsätzlich benötigen Sie beim Einsatz von FHEM etwas Geduld und Sitzfleisch sowie ein Verständnis für Skriptsprachen, um manche Dinge und Abläufe besser verstehen zu können. Wer sich tiefer mit der Materie auseinandersetzen möchte, für den sind Perl- und Shell-Kenntnisse nahezu Pflicht, ist doch FHEM in der Skriptsprache Perl geschrieben. Um nun FHEM zu installieren, laden Sie zunächst die aktuellste Version (hier Version 5.4) auf den Raspberry Pi:

```
cd ~/
sudo -i
wget http://fhem.de/fhem-5.4.deb
```

Um das heruntergeladene Paket zu installieren, nutzen Sie den `dpkg`-Installer. Gegebenenfalls muss er zuvor installiert werden, dies holen Sie per Befehl nach:

```
apt-get install dpkg
```

Installieren Sie nun FHEM. Um ein per `apt-get` installiertes Paket zu deinstallieren, nutzen Sie bekanntlich das Kommando:

```
apt-get purge <Paketname>
```

Nicht benötigte Abhängigkeiten und Pakete lösen Sie mit dem Befehl

```
apt-get autoremove
```

auf, sodass beispielsweise bei Kapazitätsproblemen auf der Speicherkarte des Raspberry Pi wieder Platz geschaffen werden kann. Bei einem Upgrade löschen Sie zunächst das alte Paket mit dem Kommando:

```
sudo dpkg -P fhem
```

In diesem Buch wird das FHEM-Paket in der Version 5.4 genutzt. Nahezu jedes Jahr erscheint ein Minor Release. Steht auf der Website *www.fhem.de* ein neueres Paket zur Verfügung, dann ändern Sie entsprechend die Versionsnummer bzw. passen die Angabe der Datei an. Anschließend starten Sie die Installation mit:

```
dpkg - i fhem-5.4.deb
```

Die Erstinstallation auf dem Raspberry Pi scheitert in der Regel zunächst, da noch Pakete für FHEM fehlen.

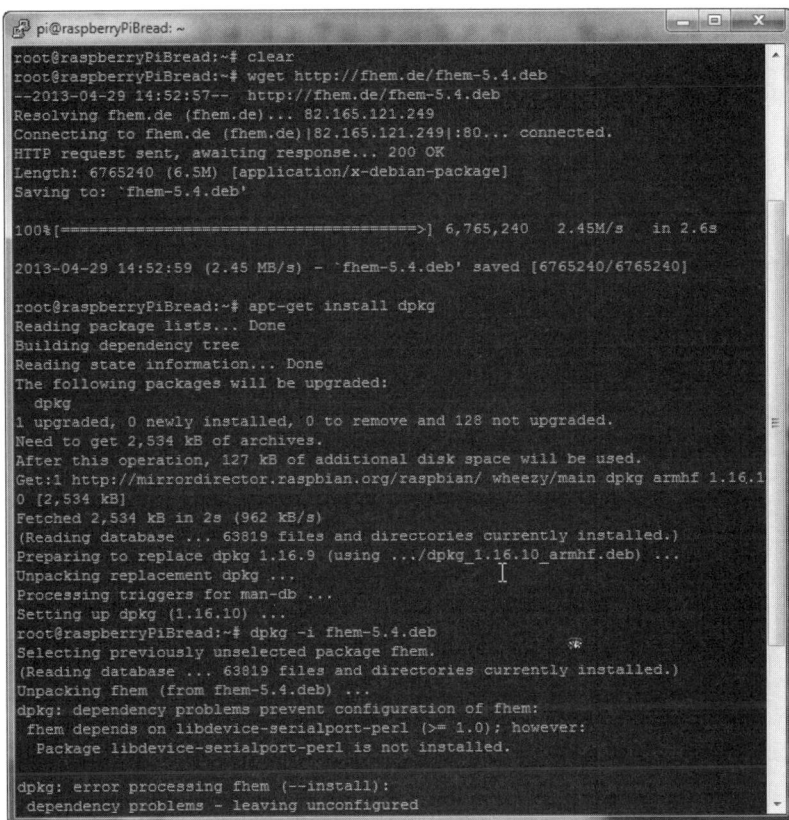

Bild 1.15: Nacharbeiten notwendig: Erst nach der Installation des Pakets *libdevice-serial-port-perl* ist FHEM betriebsbereit.

Die fehlenden Pakete ziehen Sie mit dem Kommando:

```
sudo apt-get install libdevice-serialport-perl
```

nach.

```
sudo service apache2 restart
```

Ist FHEM nun installiert, starten Sie den Apache-Webserver neu.

1.3.2   COC-Erweiterung im Einsatz: FHEM-Startskript anpassen

Im nächsten Schritt passen Sie noch die Startdatei /etc/init.d/fhem an, falls Sie die COC-Erweiterung – und nur dann! – mit dem Raspberry Pi einsetzen. Dieser Schritt ist beim Einsatz eines USB-CULs nicht nötig.

```
nano /etc/init.d/fhem
```

In diesem Beispiel werden die für das Erweiterungsboard benötigten GPIO-Pins auf dem Raspberry Pi aktiviert, was hier mit dem Eintragen der entsprechenden GPIO-Nummern 17und 18 in der *export*-Datei erfolgt.

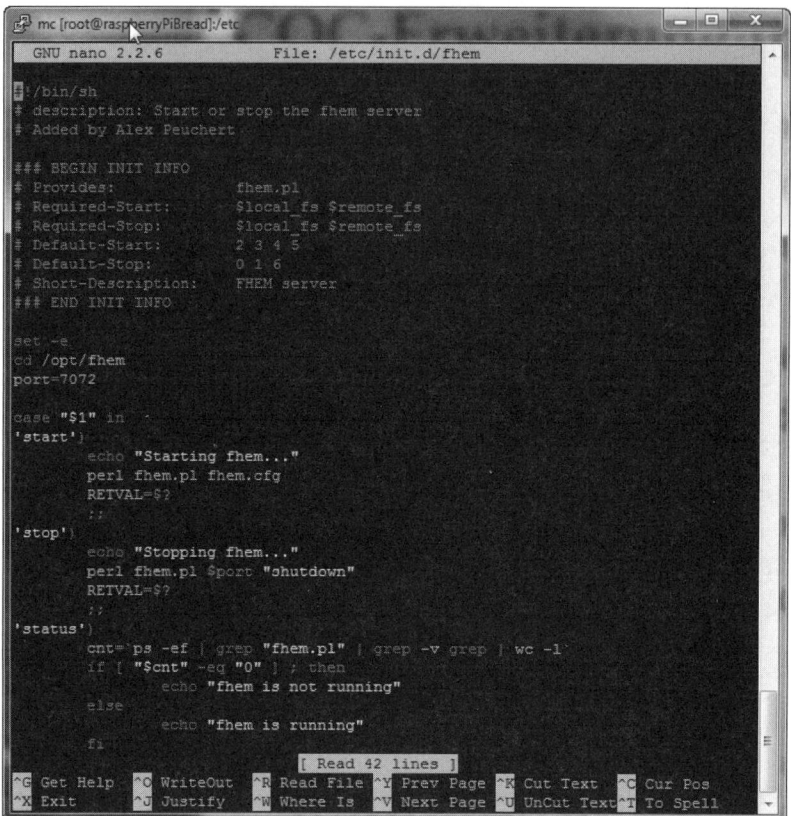

Bild 1.16: Zusätzliche Einträge erforderlich: Im start)-Bereich im Skript ergänzen Sie die gpio-Definitionen für das aufgesteckte COC-Modul.

Dadurch wird beispielsweise den beiden GPIO-Pins gpio17 und gpio18 mitgeteilt, dass sie womöglich bald genutzt werden. Anschließend wird jeweils die Richtung über die Definition nach Ein- oder Ausgang per echo-Kommando gesetzt.

```
'start')
echo "resetting 868MHz extension..."
if test ! -d /sys/class/gpio/gpio17; then echo 17 > /sys/class/gpio/export;
fi
if test ! -d /sys/class/gpio/gpio18; then echo 18 > /sys/class/gpio/export;
fi
echo out > /sys/class/gpio/gpio17/direction
echo out > /sys/class/gpio/gpio18/direction
```

```
echo 1 > /sys/class/gpio/gpio18/value
echo 0 > /sys/class/gpio/gpio17/value
sleep 1
echo 1 > /sys/class/gpio/gpio17/value
sleep 1
        echo "Starting fhem…"
        perl fhem.pl fhem.cfg
        RETVAL=$?
        ;;
'stop')
```

Der beschriebene Code wird in der Datei `etc-init.d-fhem-coc-extension.txt` bereitgestellt und kann einfach zwischen den `'start')` und `'stop')`-Bereich im Startskript `/etc/init.d/fhem` eingefügt werden.

Fertiges Image verfügbar
Wer auf die manuellen Nacharbeiten in Sachen COC-Installation keine Lust hat, der kann sich auch von Busware ein angepasstes, bereits konfiguriertes Raspian-Image herunterladen und verwenden. Dieses steht unter *http://files.busware.de/RPi/raspbian-fhem.zip* zum Download bereit und muss unter Windows wie gewohnt über ein Imaging-Werkzeug oder unter Linux mit `dd if= raspbian-fhem.img of=/dev/sd <bezeichnung>` auf die eingelegte SD-Karte übertragen werden.

1.3.3   CUPS im bereits im Betrieb? Praxishürden überwinden

Befindet sich bereits eine Apache-Installation auf dem Raspberry Pi, die zum Beispiel von einer CUPS-Installation genutzt wird, dann stimmen eventuell die Berechtigungen nicht ganz. Erscheint hier die Fehlermeldung `action 'start' failed. bad group name www-data`, dann fügen Sie die Gruppe `www-data` hinzu und starten den Apache neu.

```
sudo groupadd -f -g33 www-data
sudo /etc/init.d/apache2 restart
```

Alternativ zum Befehl */etc/init.d/apache2 restart* können Sie auch das Kommando

```
sudo apache2ctl restart
```

nutzen, um den laufenden Apache-Prozess zu beenden und neu zu starten.

1.3.4   Grundkonfiguration von FHEM

Im nächsten Schritt passen Sie die FHEM-Konfigurationsdatei *fhem.cfg*, die sich im `/etc`-Verzeichnis befindet, an. Grundsätzlich funktioniert FHEM auch prächtig ohne die nachstehende Funkunterstützung über die genannten CUL-/COC-/CUN-Module.

Für den Einsatz der Funkmodule in FHEM müssen diese natürlich in der Konfigurationsdatei eingetragen sein. Zunächst legen Sie noch eine Definition für das COC-Modul fest. Ist ein zusätzlicher CUL-USB-Stick im Einsatz, muss er ebenfalls eingetragen sein. Öffnen Sie die FHEM-Konfigurationsdatei mit dem Kommando

```
nano /etc/fhem.cfg
```

und fügen dort im Falle des COC-Moduls für den Raspberry Pi den Eintrag

```
define COC CUL /dev/ttyAMA0@38400 1234
```

ein. Hier achten Sie beim Einsatz mehrerer CUN/COC/CULs (oder RFR-CULs) darauf, dass die FHT-IDs (hier: 1234) unterschiedlich sein müssen, um Konflikte in Sachen Zuordnung zu vermeiden.

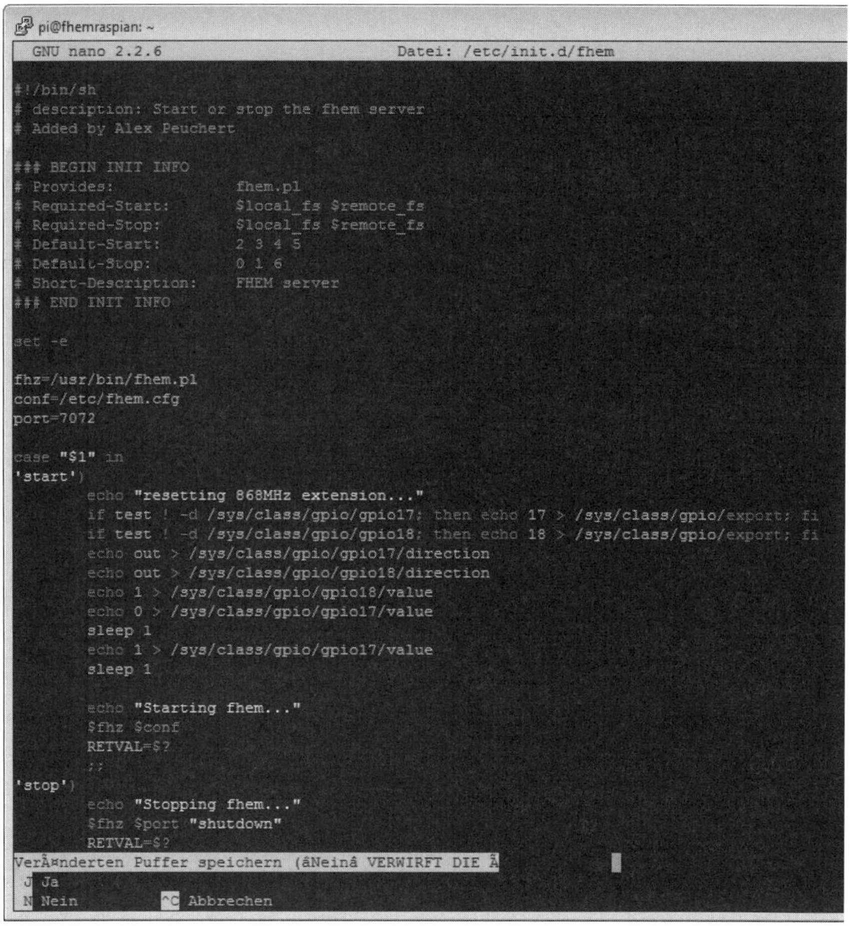

Bild 1.17: Die Startvariablen für die GPIO-Ports legen Sie im Bereich zwischen `'start')` und `'stop')` im FHEM-Start-Skript `/etc/init.d/fhem` fest.

Setzen Sie stattdessen oder zusätzlich das USB-Pendant, das CUL, mit FHEM ein, dann sind die folgenden Einträge richtig:

```
# COC-Erweiterung von busware
define COC CUL /dev/ttyAMA0@38400 1234
# USB-CUL von busware
define CUL_0 CUL /dev/ttyACM0@9600 0000
```

Hier wird für den USB-Stick der Name CUL_0 verwendet, der beliebig gewählt werden kann. Wichtig ist nur, dass Sie auch diesen Namen durchgängig in FHEM nutzen.

Protokoll	Gerät	Kommando
FS20	FHZ, USB	define FHZ FHZ /dev/USB0
FS20	COC	define COC CUL /dev/ttyAMA0@38400 1234
HomeMatic	COC	define COC CUL /dev/ttyAMA0@38400 1234 attr COC rfmode HomeMatic
FS20	CUL	define CUL CUL /dev/ttyACM0@9600 1234
HomeMatic	CUL	define CUL CUL /dev/ttyACM0@9600 1234 attr CUL rfmode HomeMatic
EnOcean 315/868 MHz *	TCM 310	define EUL TCM 310 /dev/ttyACM0@57600
EnOcean 315/868 MHz	TCM 120 USB	define BscBor TCM 120 /dev/ttyUSB0@9600
EnOcean 315/868 MHz	TCM 310 USB	define BscSmartConnect TCM 310 /dev/ttyUSB0@57600

*Das BSC EnOcean Smart Connect mit TCM 310 entspricht dem EUL-USB-Stick von *busware.de*

Für den Einsatz von HomeMatic-Komponenten muss das jeweilige Modul noch per Attribut konfiguriert werden:

```
attr CUL_0 rfmode HomeMatic
```

Die Änderungen stellen sich wie folgt in der Konfigurationsdatei dar:

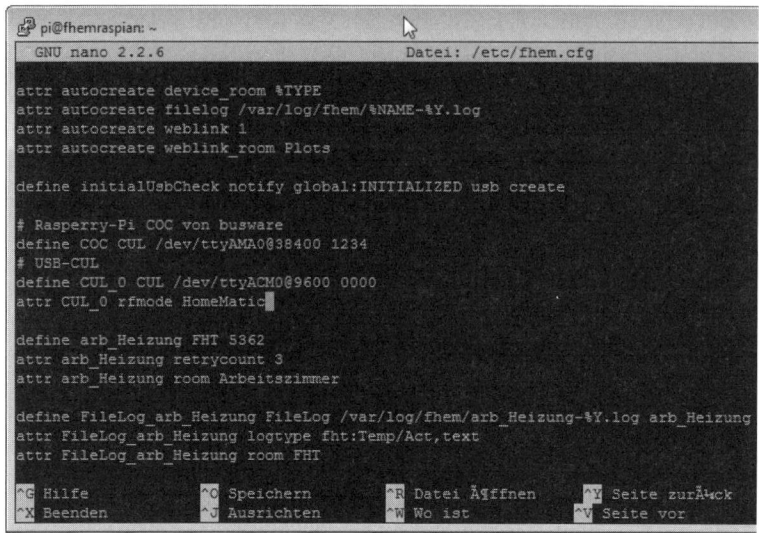

Bild 1.18: Für jedes Gerät ist hier der Hauscode als 1234 bzw. 0000 definiert. Für den HomeMatic-Einsatz wurde bei dem USB-CUL-Modul per Attribut der rfmode HomeMatic gesetzt.

Das war's prinzipiell mit der Funkmoduleinrichtung bei FHEM. Nun speichern Sie die Konfigurationsdatei und starten FHEM mit dem Kommando:

```
sudo /etc/init.d/fhem start
```

Ist FHEM bereits gestartet, dann stoppen Sie den Dienst zuvor mit dem Befehl:

```
sudo /etc/init.d/fhem stop
```

um anschließend beim Neustart die geänderte Konfigurationsdatei einzulesen und das installierte Funkmodul zu initialisieren. Anschließend ist FHEM über die Weboberfläche konfigurierbar.

1.3.5 Der erste Start von FHEM

Hier tragen Sie in der Adresszeile des Browsers die Adresse

```
http://<ipadresse Raspberry Pi>:8083/fhem
```

ein. Die IP-Adresse ist jene, unter der der Raspberry Pi im Heimnetz erreichbar ist. In diesem Beispiel geben Sie 192.168.123.28, gefolgt von der Portnummer sowie dem Verzeichnis /fhem, ein:

```
192.168.123.28:8083/fhem
```

Über die Konsole erreichen Sie den Raspberry Pi über `telnet` mit dem Befehl:

```
telnet 192.168.123.28 7072
```

In diesem Fall ist dem Raspberry Pi die Adresse *192.168.123.28* zugeordnet. Falls Sie die IP-Adresse nicht kennen, schauen Sie entweder in der Geräteübersicht im Konfigurationsmenü des DSL-WLAN-Routers nach oder halten Sie auf der Raspberry-Pi-Konsole per `ifconfig`-Kommando Ausschau nach der IPv4-Adresse des Ethernet- oder WLAN-Anschlusses.

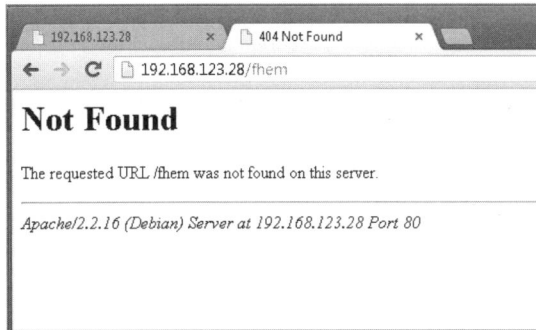

Bild 1.19: Ohne Angabe der Portnummer erhalten Sie eine Fehlermeldung.

Für jeden Anwendungszweck ist die Benutzeroberfläche von FHEM unterschiedlich aufgebaut: Greifen Sie mit einem gewöhnlichen Webbrowser über den Computer zu, dann ist der Port 8083 der richtige. Für den Zugriff über ein Smartphone nutzen Sie stattdessen die Portadresse 8084 (*http://<ipadresse Raspberry Pi>:8084/fhem*), und für ein Tablet, wie beispielsweise ein iPad, ist die Portnummer 8085 (*http://<ipadresse Raspberry Pi>::8085/fhem*) vorgesehen.

Wer möchte, kann diese Ports auch an seine persönlichen Bedürfnisse anpassen und über die FHEM-Konfigurationsdatei (`/etc/fhem.cfg`) ändern. Nach dem Neustart (`sudo /etc/init.d/fhem stop` und `sudo /etc/init.d/fhem start`) oder der Eingabe von `shutdown restart` im Befehlsprompt von FHEM werden die Änderungen umgehend aktiv – merken Sie sich also die geänderten Portnummern.

Bild 1.20: Erfolgreich: Erst mit der Angabe des Ports 8083 lässt sich das FHEM-Frontend auf dem Computer anzeigen.

FHEM regelmäßig aktualisieren

Um FHEM auf den aktuellen Stand zu bringen, geben Sie in die Befehlszeile der Web-oberfläche das Kommando update ein und drücken die ⌈Enter⌉-Taste oder klicken auf den *Save*-Button. Bei alten Versionen (vor FHEM-Version 5.3) heißt hier das Kommando fhemupdate. Anschließend werden die installierten FHEM-Komponenten durchlaufen, auf ihre Aktualität geprüft sowie neuere Dateien geladen und installiert. Die alte Konfiguration wird in eine *FHEM-<DATUM>-<UHRZEIT>.tar.gz*-Datei im Verzeichnis */usr/share/fhem/backup/* gesichert. Die Änderungen werden erst mit dem Neustart von FHEM (sudo /etc/init.d/fhem stop und sudo /etc/init.d/fhem start) aktiv.

Neu ist auch ein Benachrichtigungs- und optionaler Rückkanal zu den FHEM-Entwicklern. Grundsätzlich freuen sich diese über die anonymen Rückmeldungen zur FHEM-Konfiguration, zu den Gerätetypen und dergleichen. Sie sollten die Gemeinde unterstützen, indem Sie in die Übertragung der entsprechenden Daten einwilligen. Anschließend sorgt das Bestätigen per confirm-Kommando (zum Beispiel notice view update-20130127-001) für die Bereitstellung der Update-Funktion.

1.3.6   Mehr Sicherheit: HTTPS einschalten

Sollten Sie daran denken, irgendwann einmal auch über das Internet – also von außen – auf das Heimnetz und damit auf die FHEM-Oberfläche zuzugreifen, dann ist gegenüber dem unsicheren HTTP-Protokoll das sicherere HTTPS-Protokoll die bessere Wahl. Gerade wenn der Zugriff auf die Konfigurationsseite per Authentifizierung abgesichert werden soll, ist HTTPS umso wichtiger, da hier das Kennwort verschlüsselt übertragen wird. Um HTTPS allgemein auf dem Raspberry Pi und bei der Apache-Webserver-Konfiguration nachzurüsten, benötigen Sie zunächst folgende Kommandos auf der Konsole:

```
sudo apt-get install perl-io-socket-ssl
sudo apt-get install libio-socket-ssl-perl
```

Ist `openssl` installiert, dann prüfen Sie, ob das Verzeichnis */usr/share/fhem/certs/* existiert. Falls nicht, legen Sie dieses per `mkdir`-Befehl an. Nun legen Sie mithilfe von OpenSSL zwei x509-Zertifikatsdateien an – `server-key.pem` und `server-cert.pem` –, was Sie im Terminal mit folgendem Befehl erledigen:

```
openssl req -new -x509 -nodes -out server-cert.pem -days 3650 -keyout
server-key.pem
```

Die Erstellung der beiden Dateien ist in wenigen Minuten abgeschlossen.

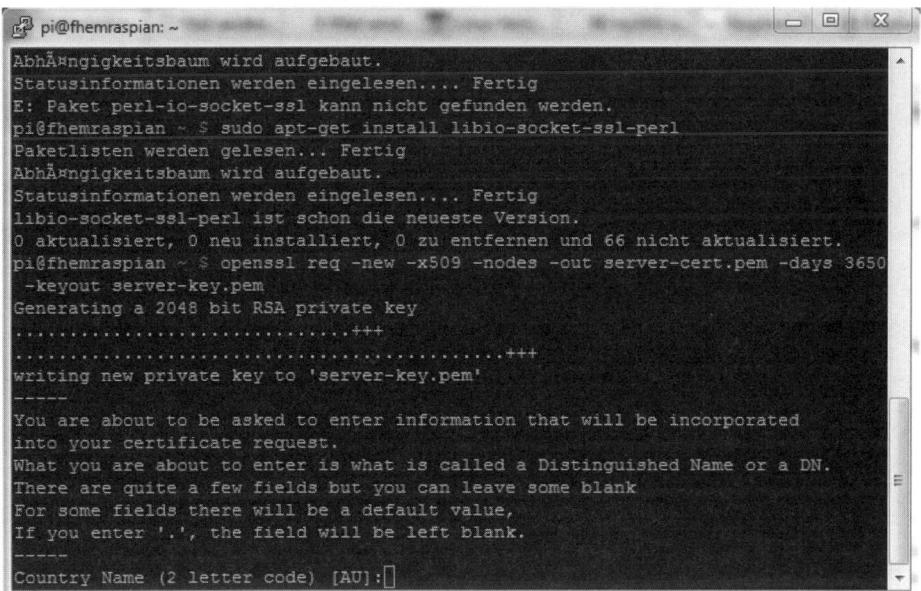

Bild 1.21: Schritt für Schritt tragen Sie die Daten für das HTTPS-Zertifikat ein. In der Regel können Sie die Standardeinstellungen beibehalten.

Im nächsten Schritt passen Sie die Konfigurationsdatei (`/etc/fhem.cfg`) an. Dies können Sie entweder über den Nano-Editor über die Konsole tun oder Sie nutzen die geöffnete FHEM-Webseite, von der Sie indirekt auch Zugriff auf die *fhem.cfg* haben. Hier klicken Sie auf den Link *Edit files* und wählen im Bereich *config file* die *fhem.cfg*-Datei aus. Dort können Sie für jeden Gerätetyp bzw. für jeden Port auswählen, ob Sie HTTPS nutzen wollen oder nicht:

```
attr WEB HTTPS 1
```

Für das Smartphone und Tablet entsprechend:

```
attr WEBphone HTTPS 1
attr WEBtablet HTTPS 1
attr touchpad HTTPS 1
Nach dem Neustart von FHEM erfolgt der Zugriff über https mit dem
vorangestellten https-Protokoll: https://<IP-Adresse Raspberry Pi>:8083/fhem
```

In diesem Beispiel ist der Raspberry Pi bzw. FHEM nun über die Adresse *https://192.168.123.28:8083/fhem* erreichbar.

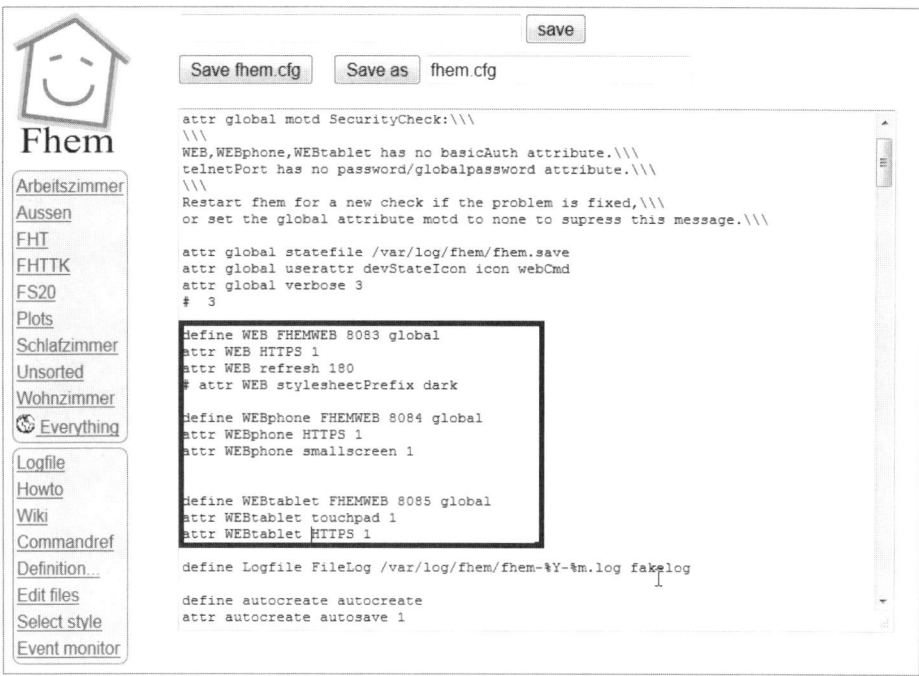

Bild 1.22: Nach der Änderung der Konfigurationsdatei klicken Sie auf die *Save fhem.cfg*-Schaltfläche. Möchten Sie die Bearbeitung ohne Änderung abbrechen, dann klicken Sie links in der Menüleiste auf einen beliebigen Link.

Beachten Sie nach der Umstellung: Der alte HTTP-Zugriff ist abgeschaltet, und eine automatische Weiterleitung von HTTP auf HTTPS existiert hier nicht. Nach dem Einrichten der Komponenten sollten Sie zudem auch den Telnet Zugang von FHEM schließen. Solange der Raspberry Pi jedoch noch nicht über das Internet erreichbar ist, können Sie Telnet auch noch im Heimnetz nutzen.

1.3.7 FHEM mit Zugriffskennwort absichern

Gerade wenn der Raspberry Pi und somit auch FHEM über das Internet erreichbar ist, sollte neben HTTPS auch der Benutzer/Kennwort-Dialog in FHEM eingeschaltet sein. Für den Kennwortschutz in FHEM benötigen Sie zunächst den zu verwendenden Benutzernamen und das Kennwort in der sogenannten Base64-Kodierung. Dafür nutzen Sie in der Konsole den Befehl:

```
echo -n pi:raspberry | base64
```

Für den Beispielnutzer pi und das dazugehörige Kennwort raspberry ist das Ergebnis cGk6cmFzcGJlcnJ5 nun in der FHEM-Konfigurationsdatei einzutragen. Nutzen Sie hier Ihre persönlichen Einstellungen für den FHEM-Zugang – es muss nicht gezwungenermaßen der »echte« Benutzer pi sein. Für den »Standardzugang« über WEB fügen Sie die beiden Attribute:

```
attr WEB basicAuth cGk6cmFzcGJlcnJ5
attr WEB basicAuthMsg "Bitte Username/Kennwort eingeben"
```

für den Smartphone-Port die Attribute:

```
attr WEBphone basicAuth cGk6cmFzcGJlcnJ5
attr WEBphone basicAuthMsg "Bitte Username/Kennwort eingeben"
```

und anschließend für den Tablet-Zugriff die Attribute:

```
attr WEBtablet basicAuth cGk6cmFzcGJlcnJ5
attr WEBtablet basicAuthMsg "Bitte Username/Kennwort eingeben"
```

in die Datei */etc/fhem.cfg* ein. Nach dem Stoppen über /etc/init.d/fhem stop und Starten des FHEM-Dienstes mit sudo /etc/init.d/fhem start wird die Änderung umgehend aktiv.

Bild 1.23: Erst wenn Sie das vermeintlich unsichere Zertifikat des Raspberry Pi per *Trotzdem fortfahren* akzeptiert haben, erscheint der Anmeldebildschirm für FHEM.

Nach der Eingabe von *Nutzername* und *Passwort* erscheint wie gewohnt die Steuerung/Konfigurationsoberfläche von FHEM. Im nächsten Schritt nehmen Sie die vorhandenen Geräte sowie Aktoren und Sensoren über FHEM in Betrieb.

1.3.8   Funkkomponenten in Betrieb nehmen

In der grauen Theorie ist grundsätzlich jedes Gerät mit einem Funkmodul auch über das CUL oder COC des Raspberry Pi erreichbar und konfigurierbar. In der Praxis jedoch hängt es von der spezifischen Konfiguration ab, ob und wie sich die unterschiedlichen Geräte mit dem Raspberry Pi verheiraten lassen. Gerade beim Einsatz von FS20-basierenden Komponenten achten Sie darauf, einen individuellen Hauscode bzw. Sicherheitscode festzulegen, um vor allem nicht versehentlich einmal fremde Geräte in der Umgebung zu steuern, falls diese ebenfalls aus dem FS20-Stall kommen.

Eine weitere mögliche Fehlerquelle ist der etwas schwammige Hauscode-Begriff in der Dokumentation, in diversen einschlägigen Internetforen und diversen Blogs. Achten Sie genau darauf, ob es sich um den Hauscode in der FS20-Notation handelt oder ob einfach der FHT-Code bzw. die FHT-ID gemeint ist, die ausschließlich für das Pairing mit FHT-Komponenten gedacht ist.

Solange Sie jetzt nicht ein zweites CUL als Router, sprich als RFR-CUL (*Radio Frequency Router*), benötigen, um die Funkabdeckung in Ihrem Haushalt zu erhöhen, geben Sie hier einfach einen Wert vor (zum Beispiel *1234*) und nutzen diesen durchgängig. Wichtig ist dabei nur, dass er nicht auf *0000* gesetzt wird, denn sonst würden FHT-Geräte nicht berücksichtigt werden.

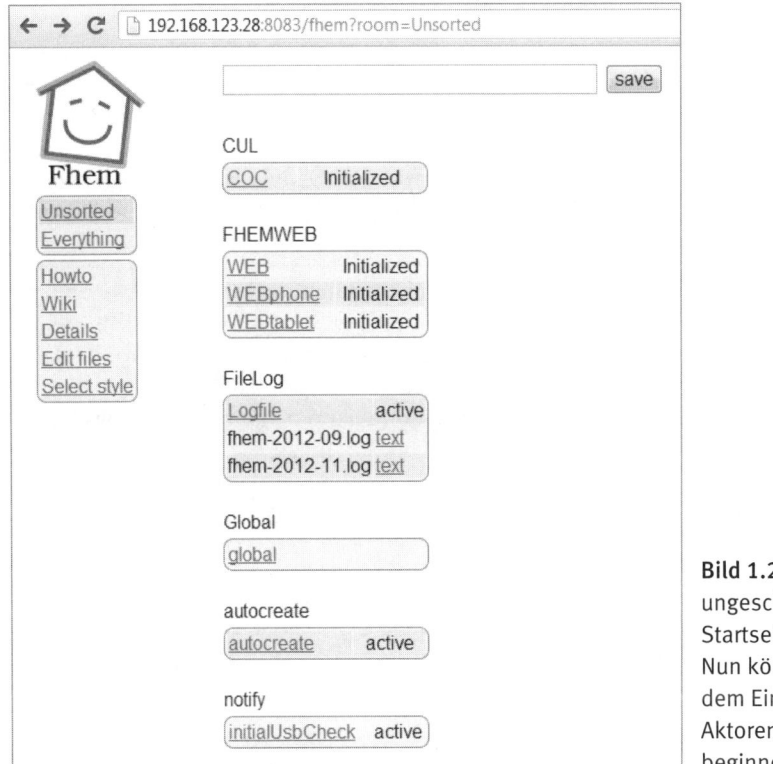

Bild 1.24: Die nackte ungeschützte Startseite von FHEM: Nun können Sie mit dem Einbinden der Aktoren und Sensoren beginnen.

In FS20-Notation ist der Hauscode systemweit festgelegt und auf allen Geräten, die in einem gemeinsamen Funknetz funktionieren sollen, einheitlich. Der FS20-Hauscode ist achtstellig in Vierersystem-Notation, was hier bedeutet, dass nur Ganzzahlen von 1 bis 4 erlaubt sind. In FHEM hingegen wird das Hexadezimalsystem genutzt. Möchten Sie zwischen den beiden Systemen einfach umrechnen, dann vereinfacht die nachstehende Tabelle die Zuordnung:

1x quad / hex	2x quad / hex	3x quad / hex	4x quad / hex
11 = 0x0	21 = 0x4	31 = 0x8	41 = 0xC
12 = 0x1	22 = 0x5	32 = 0x9	41 = 0xC
13 = 0x2	23 = 0x6	33 = 0xA	41 = 0xC
14 = 0x3	24 = 0x7	34 = 0xB	44 = 0xF

Die Tabelle zeigt, dass ein Hauscode in FS20-Notation immer achtstellig ist und jede Stelle einen Wert zwischen 1 und 4 annehmen kann. So entspricht beispielsweise der FHEM-Hexcode c04b (c -> 41, 0 -> 11, 4 -> 21, b-> 34) dem FS20-Hauscode 41 11 21 34. Somit haben Sie eine erste gemeinsame Grundlage für die Komponenten in Ihrem Funknetz – den Hauscode.

In der Regel sollten Sie auch diesen einheitlich nutzen, doch es gibt FS20-Geräte, deren Hauscode sich hier nicht konfigurieren lässt, falls sie keine Konfigurationsmöglichkeit bieten, wie beispielsweise ein Tür-Fenster-Kontakt. Dieser funktioniert über FHEM aber trotzdem. Sprechen Sie ihn einfach mit dem vorab festgelegten Haus-/Gerätecode an. Bei Sensoren wie beispielsweise Bewegungsmeldern, einem Schalter oder der FS20-Klingelsignalerkennung wird jeder Taste neben dem Hauscode auch ein sogenannter Tastencode zugewiesen, damit FHEM weiß, von welchem Gerät die Anforderung kommt.

Grundsätzlich ist es egal, mit welchem Gerät Sie beginnen, denn es muss ohnehin an Ihre Anforderungen und die übrigen Komponenten explizit angepasst werden. Deswegen ist es für den Einstieg sehr empfehlenswert, die bereits nach der FHEM-Standardinstallation aktivierte `autocreate`-Funktion in der *fhem.cfg* eingeschaltet zu lassen. In diesem Fall scannt das COC/CUL die Umgebung automatisch nach unbekannten Funkdiagrammen und fügt sie der FHEM-Konfiguration hinzu.

Bild 1.25: Nach der automatischen Erkennung wird das FHT mit der geräteeigenen FHT-ID in FHEM geführt. Gerade beim Einsatz von mehreren Modulen ist es sinnvoll, die Geräte von Anfang an mit aussagekräftigen Bezeichnungen zu versehen. Dies erledigen Sie im Befehlsfenster von FHEM mit dem `rename`-Kommando.

Grundsätzlich passiert beim Koppeln der Geräte mit dem Raspberry Pi, also dem Pairing beispielsweise einer FS20-Funksteckdose mit dem COC mit FHEM im Hintergrund, eine Menge. Es gibt auch nicht allzu viel Dokumentation darüber. Nehmen Sie aber die genannte FS20-Funksteckdose in Betrieb und schalten diese mit dem Einschaltknopf ein paar Mal ein und aus, dann bemerkt die in FHEM aktivierte `autocreate`-Funktion, dass ein neues Gerät verfügbar ist, und trägt es automatisch in die *fhem.cfg*-Datei ein.

Das funktioniert relativ zuverlässig. Auch beim Einsatz einer FHT-Heizungssteuerung, die bereits montiert ist (siehe auch Kapitel 2.20.4 »Heizungsreglereinheit mit Raspberry Pi koppeln«), sorgt die `autocreate`-Funktion dafür, dass in FHEM das nötige Device automatisch erstellt wird.

Bild 1.26: Ertappt: Nach dem Einstecken und einem Schaltbefehl wird die Funksteckdose automatisch – hier mit der Bezeichnung *FS20_c04b00* – von FHEM erkannt und in der Geräteübersicht gelistet. Über die Aktivitäten des Geräts wird auch automatisch für jedes neue Gerät eine Log-Datei angelegt, die gerade anfangs in Sachen Fehlersuche sehr hilfreich ist.

Für mehr Übersicht sorgt die Zuordnung der Geräte über das room-Attribut zu dem entsprechenden Aufstellort. So können Sie beispielsweise alle Steckdosen in einem Raum zusammenfassen. Standardmäßig wird beispielsweise eine FS20-Funksteckdose automatisch einem virtuellen Raum mit der Bezeichnung *fs20* zugeordnet.

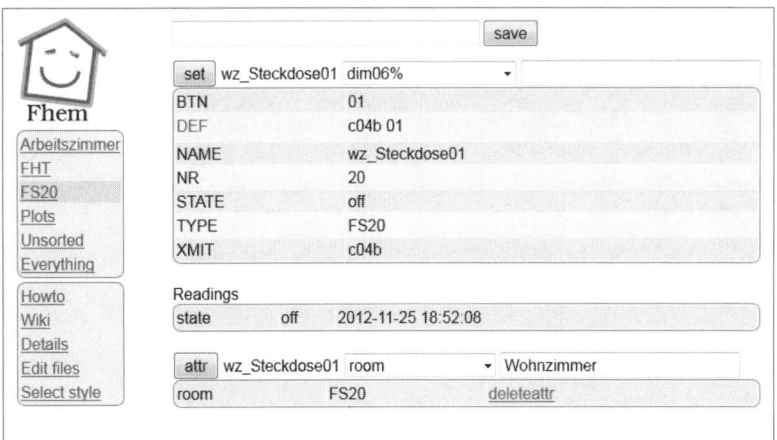

Bild 1.27: Zunächst löschen Sie das alte room-Atrribut *FS20* für das jeweilige Gerät und erstellen anschließend ein neues mit der gewünschten Bezeichnung – im Beispiel *Wohnzimmer*.

Haben Sie mehrere Geräte im Einsatz, dann sollten Sie von Anfang an mit aussagekräftigen Bezeichnungen arbeiten.

Bild 1.28: Nicht nur für Perfektionisten sorgt die eindeutige Bezeichnung der Geräte innerhalb von FHEM für mehr Übersicht.

So können Sie mit einem Raumkürzel kombiniert mit der (Schalt-)Bezeichnung arbeiten, zum Beispiel mit wz für Wohnzimmer, sz für Schlafzimmer, arb für Arbeitszimmer usw. In diesem Beispiel dient die Steckdose für das Schalten einer Lampe im Arbeitszimmer. Die Umbenennung erfolgt im Befehlsfenster von FHEM mit dem rename-Kommando:

```
rename FS20_c04b arb_LampeTisch
rename FHT_5362 arb_Heizung
```

Im letzten Befehl wurde das erkannte Heizungsmodul umbenannt. Nach einem Refresh der FHEM-Konfigurationsseite werden die geänderten Bezeichnungen angezeigt.

Bild 1.29: Nun sind die Schaltfunktionen der beiden Geräte in einem gemeinsamen Raum *Arbeitszimmer* vereint.

Anschließend sind die Geräte in der FHEM-Kofigurationsdatei *fhem.cfg* gelistet. In der Regel geschieht dies je nach Gerätetyp dank der autocreate-Funktion bei der erstmaligen Übertragung eines Funksignals automatisch, doch es kann auch hier vorkommen, dass Sie dies selbst manuell vornehmen müssen.

Geben Sie den Typ des Hardwaresystems an, also ob es sich um FS20, HomeMatic usw. handelt. Ist dies erfolgt, dann können Sie alle FHEM-Funktionen unabhängig von der dahinterliegenden Technik (FS20, HomeMatic usw.) mit dem identischen Befehlssatz ansprechen. Eine Übersicht finden Sie bei Ihrer FHEM-Installation unter dem Link *http://<IP-Adresse-Raspberry Pi>/fhem/docs/commandref.html*. So schalten Sie beispielsweise die oben genannte Steckdose mit folgendem Befehl ein:

```
set arb_LampeTisch on
```

Und mit diesem Befehl schalten Sie sie wieder aus:

```
set arb_LampeTisch off
```

Egal, welches Gerät Sie mit FHEM verheiraten möchten, die Herangehensweise ist im Prinzip immer gleich: Zunächst prüfen Sie, ob FHEM im `autocreate`-Mode ist. Lässt sich bei diesem neuen Gerät ein bzw. der FS20-Hauscode per Schalter etc. einstellen, dann passen Sie ihn an Ihren Hauscode an. Anschließend sorgen Sie für die Übertragung eines Funksignals des neuen Geräts, und FHEM sortiert das Gerät automatisch in der Geräteübersicht ein.

In diesem Buch finden Sie dazu weitere Beispiele: Bei der Integration einer Heizungssteuerung mit einem autarken System wie Stellradantrieb, Tür-Fenster-Kontakt und Sendeeinheit gehen Sie prinzipiell identisch vor. Welche Tücken und Fallen hier noch lauern können, lesen Sie im Kapitel 2.20.4 »Heizungsreglereinheit mit Raspberry Pi koppeln«. Auch das Einbinden des FS20-KSE-Moduls (Klingelsignalerkennung), beschrieben im Kapitel 2.18 »Türklingelbenachrichtigung per E-Mail«, erfolgt grundsätzlich nach dem bekannten Schema.

1.4 Cloud-Funktionen im Eigenbau: ownCloud im Einsatz

Über Speicherdienste wie Dropbox, Mediacenter, Google Drive oder Microsoft SkyDrive machen grundsätzlich Sie die gewünschten Daten aus dem Heimnetz für den Zugriff von außen verfügbar. Doch diese Cloud-Speicher sind in der Regel kontingentiert und kosten je nach benötigtem Speicherplatz zusätzliches Geld. Doch das größere Manko ist der Datenschutz: Letztendlich können Sie nicht immer mit absoluter Gewissheit davon ausgehen, dass die beim Anbieter gespeicherten Daten bzw. der dafür genutzte Account auch wirklich Ihrem Sicherheitsanspruch genügen.

Hier nun eine Selbstbau-Lösung mit dem Raspberry Pi und der kostenlosen Open-Source-Software ownCloud (*www.owncloud.org*) – die perfekte Alternative.

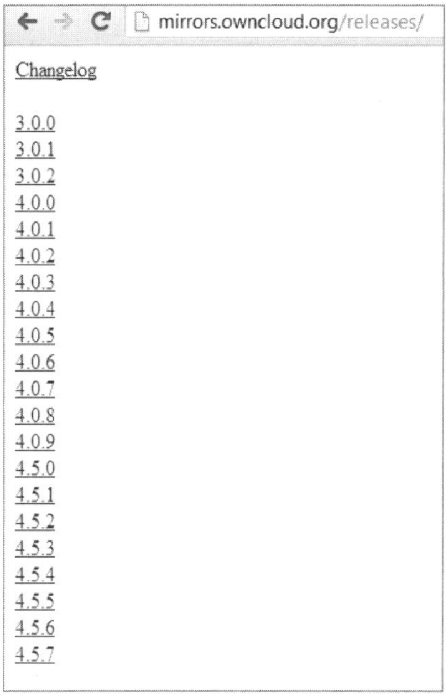

```
←  →  C   🗋 mirrors.owncloud.org/releases/

Changelog

3.0.0
3.0.1
3.0.2
4.0.0
4.0.1
4.0.2
4.0.3
4.0.4
4.0.5
4.0.6
4.0.7
4.0.8
4.0.9
4.5.0
4.5.1
4.5.2
4.5.3
4.5.4
4.5.5
4.5.6
4.5.7
```

Bild 1.30: Zunächst suchen Sie die aktuellste Version von ownCloud und laden sie auf den Raspberry Pi (*http://mirrors.owncloud.org/releases/*).

Sie haben nicht nur die vollständige Kontrolle über die Daten, sondern vor allem keinerlei Beschränkungen in der Kapazität. Sie können am Raspberry Pi über den USB-Anschluss beliebig große USB-Festplatten betreiben, vorausgesetzt, die Stromversorgung ist über eine externe Stromversorgung sichergestellt. Mit einer alten USB-Festplatte mit beispielsweise 100 GByte haben Sie schon ein Vielfaches an Kapazität gegenüber den kommerziellen Anbietern zur Verfügung.

1.4.1   Raspberry Pi für ownCloud vorbereiten

Gerade für den Einsatz einer Cloud reicht die Kapazität der internen SD-Karte des Raspberry Pi in der Regel nicht aus. Wer Daten der angeschlossenen Systeme wie Wetterstation, Strommesswerte und dergleichen loggen will oder aber ownCloud sinnvoll einsetzen möchte, der braucht mehr Platz auf dem Raspberry Pi. In diesem Beispiel wird daher eine ältere, 2,5 Zoll und 120 GByte große Notebook-Festplatte eingesetzt. Der Anschluss erfolgt über einen USB-Hub mit eigener Stromversorgung an den USB-Anschluss des Raspberry Pi. Bevor Sie ownCloud auf dem Raspberry Pi installieren, schließen Sie die externe USB-Festplatte an den USB-Anschluss an und vergewissern sich, ob die Festplatte ordnungsgemäß erkannt und initialisiert wird.

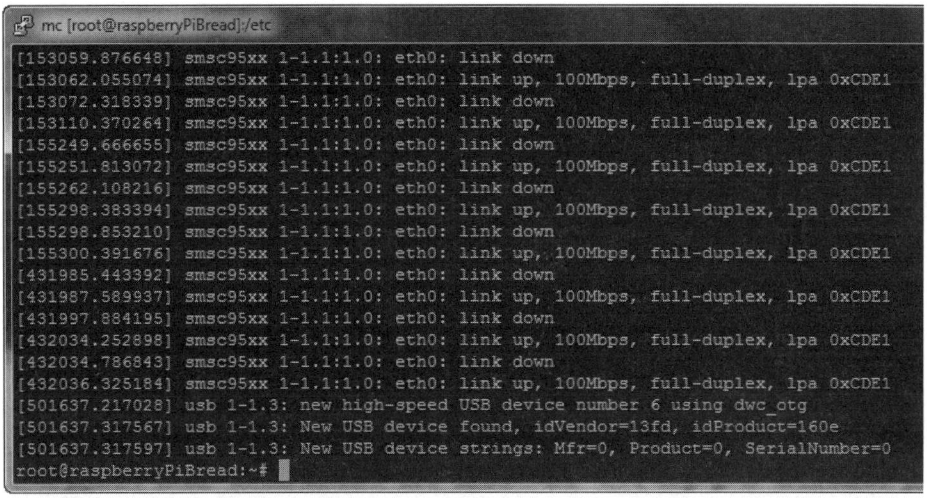

```
mc [root@raspberryPiBread]:/etc
[153059.876648] smsc95xx 1-1.1:1.0: eth0: link down
[153062.055074] smsc95xx 1-1.1:1.0: eth0: link up, 100Mbps, full-duplex, lpa 0xCDE1
[153072.318339] smsc95xx 1-1.1:1.0: eth0: link down
[153110.370264] smsc95xx 1-1.1:1.0: eth0: link up, 100Mbps, full-duplex, lpa 0xCDE1
[155249.666655] smsc95xx 1-1.1:1.0: eth0: link down
[155251.813072] smsc95xx 1-1.1:1.0: eth0: link up, 100Mbps, full-duplex, lpa 0xCDE1
[155262.108216] smsc95xx 1-1.1:1.0: eth0: link down
[155298.383394] smsc95xx 1-1.1:1.0: eth0: link up, 100Mbps, full-duplex, lpa 0xCDE1
[155298.853210] smsc95xx 1-1.1:1.0: eth0: link down
[155300.391676] smsc95xx 1-1.1:1.0: eth0: link up, 100Mbps, full-duplex, lpa 0xCDE1
[431985.443392] smsc95xx 1-1.1:1.0: eth0: link down
[431987.589937] smsc95xx 1-1.1:1.0: eth0: link up, 100Mbps, full-duplex, lpa 0xCDE1
[431997.884195] smsc95xx 1-1.1:1.0: eth0: link down
[432034.252898] smsc95xx 1-1.1:1.0: eth0: link up, 100Mbps, full-duplex, lpa 0xCDE1
[432034.786843] smsc95xx 1-1.1:1.0: eth0: link down
[432036.325184] smsc95xx 1-1.1:1.0: eth0: link up, 100Mbps, full-duplex, lpa 0xCDE1
[501637.217028] usb 1-1.3: new high-speed USB device number 6 using dwc_otg
[501637.317567] usb 1-1.3: New USB device found, idVendor=13fd, idProduct=160e
[501637.317597] usb 1-1.3: New USB device strings: Mfr=0, Product=0, SerialNumber=0
root@raspberryPiBread:~#
```

Bild 1.31: Über den `dmesg`-Befehl finden Sie heraus, ob die angeschlossene Festplatte auch ordnungsgemäß vom Raspberry Pi erkannt worden ist oder nicht.

Grundsätzlich benötigen Sie für die Einrichtung und Konfiguration von ownCloud sowie die Installation der externen Festplatte vollständige root-Rechte:

```
sudo -i
```

Benötigen Sie in Sachen Geräte und USB-Anschluss eine etwas übersichtlichere Darstellung, dann nutzen Sie statt `dmesg` das Kommando:

```
lsusb -v | grep -E '\<(Bus|iProduct|bDeviceClass|bDeviceProtocol)'
2>/dev/null
```

Im nächsten Schritt prüfen Sie, ob der USB-Speicher auch ordnungsgemäß von `fdisk` erkannt wird. Mit dem Kommando:

```
fdisk -l
```

listen Sie sämtliche erkannte Speichergeräte samt ihrem Mountpoint auf.

```
mc [root@ownRaspi]:/etc/udev/rules.d
[ 7923.213555] scsi1 : usb-storage 1-1.3.2:1.0
[ 7924.211333] scsi 1:0:0:0: Direct-Access     WD       1200BEV External 1.04 PQ: 0 ANSI: 4
[ 7924.216240] sd 1:0:0:0: [sda] 234441648 512-byte logical blocks: (120 GB/111 GiB)
[ 7924.217248] sd 1:0:0:0: [sda] Write Protect is off
[ 7924.217284] sd 1:0:0:0: [sda] Mode Sense: 21 00 00 00
[ 7924.218397] sd 1:0:0:0: [sda] No Caching mode page present
[ 7924.218430] sd 1:0:0:0: [sda] Assuming drive cache: write through
[ 7924.223490] sd 1:0:0:0: [sda] No Caching mode page present
[ 7924.223524] sd 1:0:0:0: [sda] Assuming drive cache: write through
[ 7924.271710]  sda: sda1
[ 7924.276615] sd 1:0:0:0: [sda] No Caching mode page present
[ 7924.276650] sd 1:0:0:0: [sda] Assuming drive cache: write through
[ 7924.276670] sd 1:0:0:0: [sda] Attached SCSI disk
root@ownRaspi:~# ls /dev/sd*
/dev/sda  /dev/sda1
root@ownRaspi:~# fdisk -l

Disk /dev/mmcblk0: 64.0 GB, 63953698816 bytes
4 heads, 16 sectors/track, 1951712 cylinders, total 124909568 sectors
Units = sectors of 1 * 512 = 512 bytes
Sector size (logical/physical): 512 bytes / 512 bytes
I/O size (minimum/optimal): 512 bytes / 512 bytes
Disk identifier: 0x000f06a6

        Device Boot      Start         End      Blocks   Id  System
/dev/mmcblk0p1            8192      122879       57344    c  W95 FAT32 (LBA)
/dev/mmcblk0p2          122880    124909567    62393344   83  Linux

Disk /dev/sda: 120.0 GB, 120034123776 bytes
255 heads, 63 sectors/track, 14593 cylinders, total 234441648 sectors
Units = sectors of 1 * 512 = 512 bytes
Sector size (logical/physical): 512 bytes / 512 bytes
I/O size (minimum/optimal): 512 bytes / 512 bytes
Disk identifier: 0xafc1c12f

   Device Boot      Start         End      Blocks   Id  System
/dev/sda1            2048   234438655   117218304    7  HPFS/NTFS/exFAT
root@ownRaspi:~#
```

Bild 1.32: Mittels `fdisk -l` lassen sich die erkannten Festplatten- bzw. USB-/Flash-Speicher anzeigen. In diesem Fall wurde die eingesteckte Festplatte an `/dev/sda1` eingebunden.

Im nächsten Schritt wird die angeschlossene USB-Festplatte formatiert. Dabei verlieren Sie alle auf der USB-Festplatte vorhandenen Daten. Sollen diese Daten bestehen bleiben, müssen Sie sie vorher auf einem anderen Datenträger sichern. In diesem Beispiel wurde die eingesteckte USB-Festplatte auf den Pfad `/dev/sda1` vom Raspberry Pi eingebunden. In diesem Fall sorgt das Kommando

```
mkfs.ext3 /dev/sda1
```

dafür, dass die externe Festplatte mit dem ext3-Dateisystem formatiert wird. Alternativ können Sie natürlich auch das Windows-freundliche FAT32-Dateisystem nutzen. Dies ist interessant, falls Sie einmal die Festplatte direkt an den USB-Anschluss des Windows-Computers anschließen möchten. In diesem Fall nutzen Sie zum Formatieren den Befehl:

```
mkfs.vfat -F 32 /dev/sda1
```

In diesem Beispiel wird darauf verzichtet und das ext3-Dateisystem verwendet. Im nächsten Schritt legen Sie einen fixen Mountpoint für den Raspberry Pi an. Dafür benötigen Sie ein Verzeichnis, das hier der Einfachheit halber mit usbhdd bezeichnet wird. Mit dem Kommando

```
mkdir -p /media/usbhdd
mount /dev/sda1 /media/usbhdd
```

legen Sie das Verzeichnis an und mounten anschließend die formatierte USB-Festplatte in dieses Verzeichnis. Damit nach einem Neustart des Raspberry Pi die USB-Festplatte auch wieder automatisch zur Verfügung steht, sollten Sie sie mit in die Systemdatei fstab aufnehmen. Die zweite Anforderung ist, dass die Platte auch dann immer richtig gemountet ist, egal welchen USB-Anschluss Sie verwenden – und hier kommt die sogenannte UUID ins Spiel. Diese erhalten Sie mit dem Kommando:

```
blkid | grep /dev/sda1
```

Im nächsten Schritt öffnen Sie via Nano-Editor die Systemdatei fstab:

```
nano /etc/fstab
```

und fügen dort am Ende der Datei folgende Zeile ein:

```
UUID=123456789-1234-1234-1234-123456789012   /media/usbhdd ext3     defaults
0    2
```

Ersetzen Sie die Beispiel-UUID 123456789-1234-1234-1234-123456789012 durch die UUID Ihrer Festplatte. Die Änderungen werden erst nach einem Neueinlesen der Systemdatei */etc/fstab* aktiv. Ohne Neustart erfolgt dies mit dem Kommando:

```
mount -a
```

Dennoch sollten Sie per reboot-Kommando den Raspberry Pi neu starten, um die Funktion zu testen. Auch nach einem Neustart sollte die USB-Festplatte nun unter dem gewählten Namen erreichbar sein. Haben Sie die USB-Festplatte in Betrieb genommen, dann installieren Sie die für ownCloud notwendigen Dienste und Pakete auf dem Raspberry Pi nach. Zunächst laden Sie die aktuelle Version von ownCloud auf den Raspberry Pi. Wenn eine aktuellere Version erscheint, ist die Versionsnummer entsprechend anzupassen, damit der nachstehende wget-Befehl auch funktioniert.

```
cd ~
wget http://download.owncloud.org/community/owncloud-5.0.5.tar.bz2
```

Bevor Sie per apt-get die notwendigen Pakete samt deren Abhängigkeiten installieren, legen Sie für den Webserver-Zugriff eine eigene Gruppe an:

```
groupadd -f -g33 www-data
```

Nicht zwingend notwendig, doch manchmal praktisch ist es, neben der Webserver-Gruppe www-data auch einen dazugehörigen User einzurichten. Wer nicht den Standarduser pi nutzen möchte, der legt dafür kurzerhand mit dem Kommando

```
usermod -a -G www-data www-data
```

einen gleichnamigen Benutzer der Gruppe www-data an, um anschließend per

```
sudo chown -R www-data:www-data /var/www
```

den Besitz des Verzeichnisses /var/www zu übernehmen. Anschließend installieren Sie mit apgt-get die für den ownCloud-Server notwendigen abhängigen Pakete auf den Raspberry Pi:

```
apt-get install apache2 php5 sqlite libapache2-mod-php5 curl libcurl3
libcurl3-dev php5-gd php5-sqlite php5-curl php5-common php5-intl php-pear
php-apc mc php-xml-parser
```

Je nachdem, was auf dem Raspberry Pi bereits an installierten Paketen vorhanden ist, wird in diesem Schritt aktualisiert. Wie bereits aus dem obigen Installationsaufruf hervorgeht, benötigt ownCloud für einen reibungslosen Betrieb einen Webserver, der mit PHP5 (Version ab 5.3) sowie den Paketen php5-json, php-xml, php-mbstring, php5-zip, php5-gd und weiteren optionalen Abhängigkeiten wie php5-sqlite (ab Version 3), curl, libcurl3, libcurl3-dev, php5-curl installiert sein sollte. Um in Sachen Aktualität auf Nummer sicher zu gehen, führen Sie hier ein gewohntes

```
apt-get update && apgt-get upgrade
```

aus. Grundsätzlich ist das Apache-Modul *mod_webdav* nicht zwingend notwendig, falls Sie die praktische WebDAV-Unterstützung von ownCloud nutzen möchten, da ownCloud diese selbst mitbringt. Erscheint beim Start des Apache-Webservers auf der Konsole die Meldung, dass der *FQDN* (*fully qualified domain name*) nicht aufgelöst werden kann, dann nehmen Sie in der Datei */etc/apache2/httpd.conf* noch folgende Änderung vor:

```
nano /etc/apache2/httpd.conf
```

Prüfen Sie, ob die Datei leer ist oder nicht. Nach der Apache-Neuinstallation ist sie nämlich ohne Inhalt. Hier tragen Sie einfach

```
ServerName localhost
```

ein, speichern mit Strg + S und bestätigen mit Y und Enter-Taste die Änderung an der Datei.

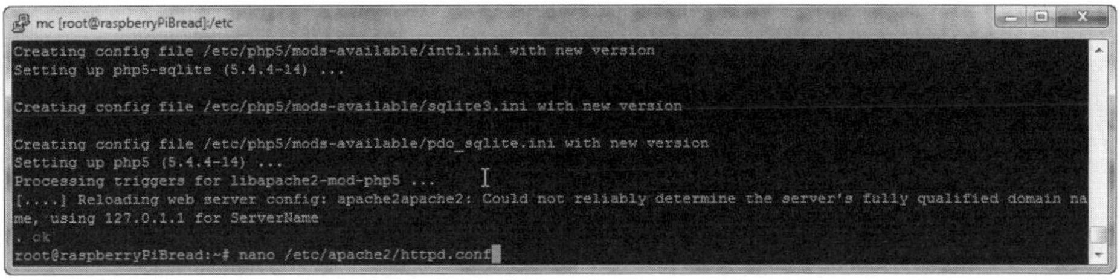

Bild 1.33: Erst mit dem neuen Eintrag `ServerName localhost` in der Datei */etc/apache2/httpd.conf* eliminieren Sie diese Fehlermeldung.

Im nächsten Schritt ändern Sie die Berechtigungen für `AllowOverride` auf dem Apache über die Konfigurationsdatei *000-default*.

```
nano /etc/apache2/sites-enabled/000-default
```

Stellen Sie den Wert bei `AllowOverride` von `None` auf `All` um und aktivieren Sie vorsichtshalber noch die Module `rewrite` und `headers` auf dem Apache-Webserver.

```
a2enmod rewrite && a2enmod headers
```

Falls diese bereits eingeschaltet sind, ist dies auch kein Beinbruch, hier erscheint die Meldung `Module rewrite already enabled`. Für den PHP-Betrieb mit ownCloud benötigen Sie noch einen kleinen Eingriff in der *php.ini*-Datei, um die zulässige Dateigröße für den ownCloud-Betrieb anzupassen. Standardmäßig ist sie auf 2 MByte festgelegt.

```
nano /etc/php5/apache2/php.ini
```

Anschließend suchen Sie per Tastenkombination $\boxed{\text{Strg}}$+$\boxed{\text{W}}$ nach dem Eintrag `upload_max_filesize` und `post_max_size` und ändern dort den Wert von 2M bzw. 8M in beiden Fällen auf 4G, um die maximal zulässige Dateigröße auf 4 GByte zu erhöhen. Läuft auf dem Raspberry Pi bereits ein Apache-Webserver, dann starten Sie diesen anschließend neu:

```
/etc/init.d/apache2 restart
```

Alternativ zum Befehl `/etc/init.d/apache2 restart` können Sie auch das Kommando

```
apache2ctl restart
```

nutzen, um den laufenden Apache-Prozess zu beenden und neu zu starten.

1.4.2 ownCloud: Installation und Konfiguration

Im nächsten Schritt entpacken Sie die heruntergeladene Datei zunächst in das Home-Verzeichnis des Users root und kopieren anschließend den Inhalt rekursiv in das Stammverzeichnis */var/www* des Apache-Webservers. Passen Sie das Stammverzeichnis des Webservers bezüglich der Berechtigungen für den Zugriff der Gruppe/Benutzer *www-data* noch an. Im nächsten Schritt legen Sie auf der USB-Festplatte für die Daten von ownCloud ein eigenes Verzeichnis an (hier: */media/usbhdd/owncloud/data*) und setzen abermals die passenden Berechtigungen für die Gruppe bzw. den Benutzer *www-data*.

```
cd ~
tar -xjf owncloud-5.0.5.tar.bz2
cp -r owncloud /var/www
chown -R www-data:www-data /var/www
mkdir -p /media/usbhdd/owncloud/data
chown -R www-data:www-data /media/usbhdd/owncloud/data
/etc/init.d/apache2 restart
```

Im nächsten Schritt können Sie den Webbrowser auf dem Computer zur Einrichtung von *ownCloud* nutzen. Um auf die Konfigurationsseite zu gelangen, reicht die IP-Adresse des Raspberry Pi in der Adresszeile des Webbrowsers aus. Erscheint hier nachstehende Fehlermeldung:

```
Can't write into config directory 'config'
You can usually fix this by giving the webserver user write access to the
config directory in owncloud
```

dann führt eine erneute Eingabe von

```
chown -R www-data:www-data /var/www
/etc/init.d/apache2 restart
```

zum Ziel.

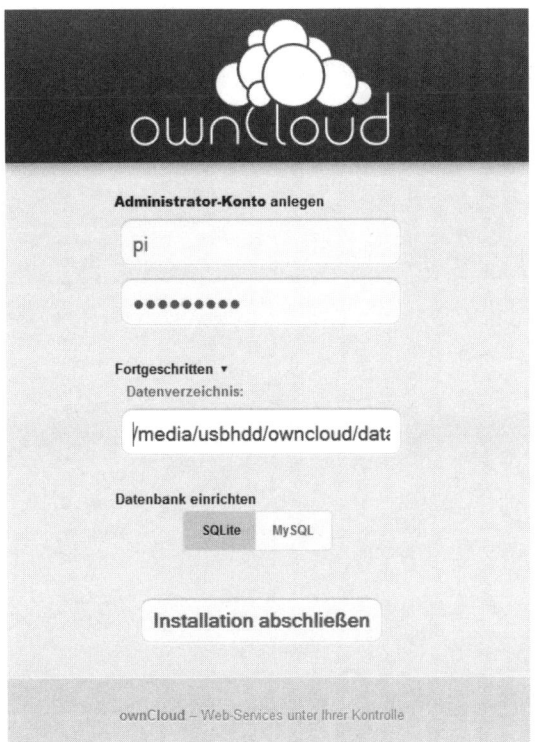

Bild 1.34: Grundinstallation erfolgreich: Über die Weboberfläche konfigurieren Sie ownCloud nach Ihren Wünschen. Zunächst legen Sie einen Administrator fest und tragen das gewünschte Kennwort dafür ein, um anschließend den Speicherpfad (per Klick auf *Fortgeschritten*) einzutragen. Per Klick auf *Installation abschließen* ist die Installation von ownCloud zunächst erledigt.

Das festgelegte Administratorkonto von ownCloud muss kein Systembenutzer auf dem Raspberry Pi sein. Hier können Sie später noch weitere, auch nicht administrative Konten anlegen. Das können Sie nach dem Login im linken unteren Bereich über das Zahnrad-Symbol im Administrator-Menü erledigen. Naturgemäß ist die ownCloud anfangs noch komplett leer. Um etwas hochzuladen, klicken Sie auf den Pfeil oben links.

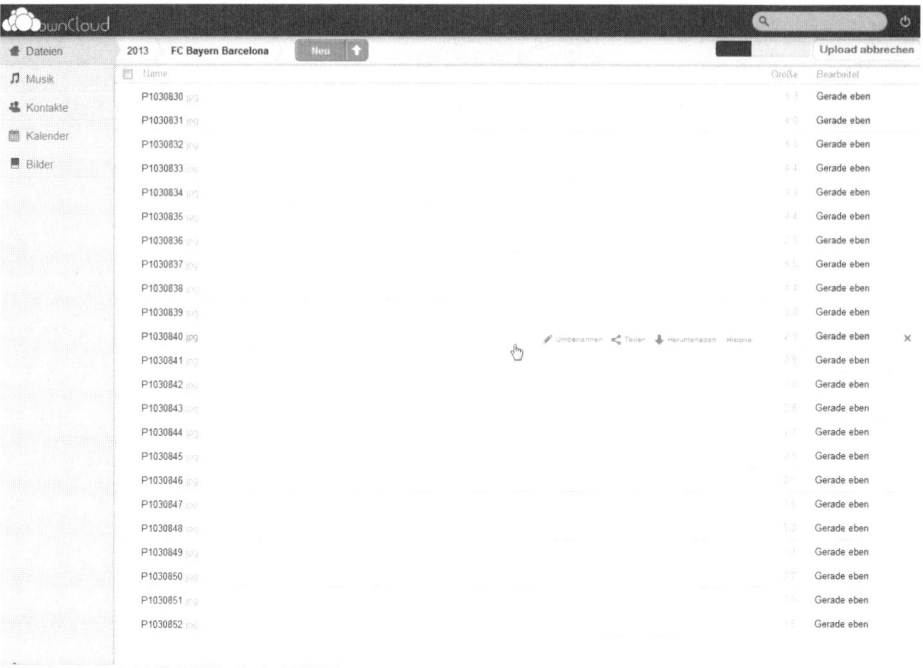

Bild 1.35: Es lassen sich auch mehrere Dateien auf einmal auswählen und als Block hochladen.

Die eingerichtete ownCloud lässt sich nun im Heimnetz von jedem Computer aus per Webbrowser über die IP-Adresse des Raspberry Pi verwenden, egal ob es sich dabei um einen Windows-, Mac-, oder Linux-Computer oder ein Smartphone handelt. Für die mobile Fraktion, also den Zugriff via Android- und iOS-Smartphone sowie Tablet, stehen in den entsprechenden App Stores die passenden ownClouds-Clients zur Verfügung. Doch im Gegensatz zu ownCloud sind diese Apps leider nicht kostenlos.

In Sachen Heimautomation haben Sie nun die Möglichkeit, die gewünschten Daten – beispielsweise Log-Dateien, Bilder der Überwachungskamera, Wetterinformationen und dergleichen mehr in den entsprechenden Unterverzeichnissen auf der externen Festplatte unterzubringen, was dem Speicherbedarf auf der SD-Karte des Raspberry Pi entgegenkommt.

Mit einer installierten bzw. eingerichteten dynamischen DNS-Adresse sowie der passenden Portweiterleitung im DSL-WLAN-Router ist der Zugriff auch aus dem Internet auf die Cloud Marke Eigenbau problemlos möglich. In diesem Fall sollten Sie aus Sicherheitsgründen jedoch statt des HTTP-Protokolls das sicherere HTTPS-Protokoll verwenden und die Apache-Konfiguration entsprechend ändern. Worauf Sie achten sollten, lesen Sie im Kapitel 1.3.6 »Mehr Sicherheit: HTTPS einschalten«.

2 Coole Projekte zum Messen, Steuern, Regeln

Der Raspberry Pi nutzt einen ressourcenschonenden ARM-Prozessor, der auch in NAS-Systemen, Routern, Smartphones und Tablets zum Einsatz kommt und vor allem den Vorteil hat, wenig Strom zu verbrauchen. Gerade deshalb ist der Raspberry Pi auch für den Dauerbetrieb im Rahmen der Hausautomation nahezu perfekt geeignet. Dank der verfügbaren Schnittstellen lässt sich alles Erdenkliche mit dem Raspberry Pi messen, steuern und regeln.

Nutzen Sie Sensoren wie einen Temperatursensor, einen Schaltersensor und viele mehr, um die gewünschten Anwendungsszenarien aus dem Alltag technisch abzubilden. Aber auch dank des USB-Anschlusses lassen sich noch weitere Schnittstellen wie eine drahtlose Bluetooth- oder WLAN-Schnittstelle nachrüsten, mit der Sie in Sachen Kontakt zur Außenwelt noch flexibler sind. So haben Sie damit zum Beispiel die Möglichkeit, selbst bei einem Internet-/Netzwerkausfall zu Hause auf wichtige, vorab definierte Funktionen des Raspberry Pi zuzugreifen.

Oder Sie nutzen die interessante OneWire-Technik, um mit dem Raspberry Pi die Temperaturen in Ihren Räumen kontinuierlich zu überwachen und davon abhängig die Heizung zu steuern. Sämtliche Projekte lassen sich auf Wunsch koppeln und erweitern. Ziel ist es, wie die weiteren Abschnitte dieses Buches zeigen, elektronische Komponenten im Alltag zusammenzuführen, angefangen bei der Haustürklingel und dem Smartphone bis hin zur Steckdose.

2.1 Netzausfall überwachen: Raspberry Pi als SMS-Gateway

Fällt der Internetzugang daheim aus, ist naturgemäß auch die Benachrichtigung über den Status der Geräte und Ereignisse per E-Mail oder Webseite nach außen nicht mehr möglich. Mit einem alten Telefon und dem Raspberry Pi lässt sich dieses Problem umschiffen, indem Sie kurzerhand für die Notfallbenachrichtigung in Ihrem Heimnetz und Ihrer Smart-Home-Umgebung ein SMS-Gateway konfigurieren. Damit lassen sich über den Raspberry Pi bequem per Kommandozeile SMS-Nachrichten versenden und empfangen.

Die gleich vorgestellte Methode basiert auf dem aus dem Linux-Umfeld bekannten **Gnokii**, das eigentlich für die Synchronisation der Smartphone-Daten mit dem Computer gedacht ist. Es lässt sich jedoch auch für andere Dinge nutzen, wie zum Beispiel die gewünschte Schnittstelle nach außen über SMS/GSM. Grundsätzlich benötigen Sie kein neues oder modernes Handy. Haben Sie noch ein altes, ausgemustertes Gerät in der Schublade liegen, dann prüfen Sie, ob es noch funktioniert.

Die Unterstützung von Gnokii ist zwar auf dem ersten Blick etwas Nokia-lastig (*http://wiki.gnokii.org/index.php/Config*), bringt das einzusetzende Handy jedoch eine Bluetooth-Schnittstelle mit und haben Sie einen Bluetooth-Mini-USB-Adapter am Raspberry Pi im Einsatz, dann lassen sich auch andere Hersteller zur Zusammenarbeit mit Gnokii überreden. In diesem Beispiel wird als Referenz das betagte Sony Ericsson K800i-Handy (*http://wiki.gnokii.org/index.php/SonyK800iConfig*) als SMS-Gateway für den Raspberry Pi eingerichtet. Dafür wird die vorhandene Bluetooth-Schnittstelle des Telefons genutzt.

Wie auf dem Raspberry Pi die Bluetooth-Schnittstelle in Betrieb genommen wird, lesen Sie im Abschnitt 2.17.1 »Handy, Tablet & Co.: Bluetooth als Aktor«. Zudem sollten Sie sich eine passende SIM-Karte besorgen, die in der Lage ist, SMS zu versenden. Hierzu gehören auch ausreichend Guthaben auf der Karte und die dazugehörige PIN, die jedoch abgeschaltet sein sollte, falls das Telefon seinerseits mal neu gestartet werden muss.

2.1.1 Bluetooth-Schnittstelle und Gnokii in Betrieb nehmen

Nun zum ersten Test: Haben Sie die Bluetooth-Schnittstelle auf dem Raspberry Pi in Betrieb genommen, aktivieren Sie auf dem Telefon die Bluetooth-Sichtbarkeit. Dies ist bei jedem Gerät etwas unterschiedlich gelöst. In der Regel wird die Sichtbarkeit auch mit dem Einschalten der Bluetooth-Funktion aktiviert. Nun nutzen Sie auf der Kommandozeile des Raspberry Pi den Befehl:

```
hcitool scan
```

um die nähere Umgebung auf verfügbare und nicht geschützte Bluetooth-Geräte hin zu prüfen.

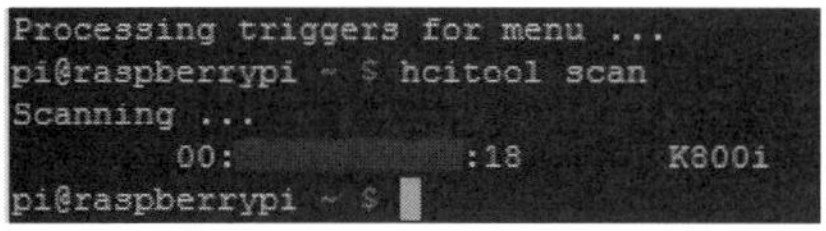

Bild 2.1: K800i gefunden: Ist die Bluetooth-Sichtbarkeit des Telefons aktiviert, meldet sich das Bluetooth-Gerät umgehend mit seiner Bluetooth-ID sowie dem Gerätenamen zurück.

Nun ist zunächst die Voraussetzung geschaffen, Gnokii in Betrieb zu nehmen. Dafür installieren Sie das Paket mit dem Kommando

```
sudo apt-get install gnokii
```

auf dem Raspberry Pi. Wer Gnokii lieber auf der grafischen Benutzeroberfläche des Raspberry Pi verwenden möchte, der nutzt stattdessen:

```
sudo apt-get install xgnokii
```

In diesem Fall werden die notwendigen Basispakete für die Kommandozeile per Paket-
abhängigkeiten mit installiert.

```
pi@raspberrypi: ~
Processing triggers for python-support ...
pi@raspberrypi ~ $ /etc/init.d/bluetooth status
[ ok ] bluetooth is running.
pi@raspberrypi ~ $ sudo apt-get install xgnokii
Reading package lists... Done
Building dependency tree
Reading state information... Done
The following packages were automatically installed and are no longer required:
  libblas3gf liblapack3gf
Use 'apt-get autoremove' to remove them.
The following extra packages will be installed:
  gnokii-common libgnokii6 libical0
The following NEW packages will be installed:
  gnokii-common libgnokii6 libical0 xgnokii
0 upgraded, 4 newly installed, 0 to remove and 0 not upgraded.
Need to get 767 kB of archives.
After this operation, 1,922 kB of additional disk space will be used.
Do you want to continue [Y/n]?
Get:1 http://mirrordirector.raspbian.org/raspbian/ wheezy/main gnokii-common all 0.6.30+dfsg-1 [188 kB]
Get:2 http://mirrordirector.raspbian.org/raspbian/ wheezy/main libical0 armhf 0.48-2 [196 kB]
Get:3 http://mirrordirector.raspbian.org/raspbian/ wheezy/main libgnokii6 armhf 0.6.30+dfsg-1 [241 kB]
Get:4 http://mirrordirector.raspbian.org/raspbian/ wheezy/main xgnokii armhf 0.6.30+dfsg-1 [141 kB]
Fetched 767 kB in 1s (592 kB/s)
Selecting previously unselected package gnokii-common.
(Reading database ... 70309 files and directories currently installed.)
Unpacking gnokii-common (from .../gnokii-common_0.6.30+dfsg-1_all.deb) ...
Selecting previously unselected package libical0.
Unpacking libical0 (from .../libical0_0.48-2_armhf.deb) ...
Selecting previously unselected package libgnokii6.
Unpacking libgnokii6 (from .../libgnokii6_0.6.30+dfsg-1_armhf.deb) ...
Selecting previously unselected package xgnokii.
Unpacking xgnokii (from .../xgnokii_0.6.30+dfsg-1_armhf.deb) ...
Processing triggers for desktop-file-utils ...
Processing triggers for menu ...
Processing triggers for man-db ...
Setting up gnokii-common (0.6.30+dfsg-1) ...
Setting up libical0 (0.48-2) ...
Setting up libgnokii6 (0.6.30+dfsg-1) ...
Setting up xgnokii (0.6.30+dfsg-1) ...
Processing triggers for menu ...
pi@raspberrypi ~ $
```

Bild 2.2: Ist Bluetooth installiert und betriebsbereit, dann installieren Sie Gnokii wie
gewohnt über die Konsole.

Nach der Installation geht es an das Konfigurieren, doch wer aus Gewohnheit umgehend im /etc-Verzeichnis Ausschau hält, der wird auf Anhieb keine Konfigurationsdatei
zu Gnokii finden. Zunächst hilft die Suche über das gewöhnliche find-Kommando:

```
sudo find / -name 'gnokii' -type d
ls /etc/xdg/gnokii
```

Das Suchergebnis offenbart, dass das Programm im Verzeichnis /etc/xdg/gnokii zu
finden ist. Dort finden Sie die Beispieldatei config, die Sie vom Verzeichnis /etc/xdg/
gnokii in das Home-Verzeichnis des Users pi kopieren:

```
cp /etc/xdg/gnokii/config.
```

In diesem Fall wird gemäß der Anleitung im Wiki der Gnokii-Installation (*http://wiki.gnokii.org/index.php/Bluetooth*) anschließend die Beispieldatei umbenannt:

```
# This is a sample ~/.gnokiirc file.  Copy it into your
# home directory and name it .gnokiirc.
# See http://wiki.gnokii.org/index.php/Config for working examples.
```

Ist die Datei in das Home-Verzeichnis kopiert, benennen Sie sie in .gnokiirc um.

```
mv config .gnokiirc
```

Aus dieser Konfigurationsdatei holt sich Gnokii die Parameter des zu nutzenden Telefons. Bei port tragen Sie die über hcitool scan ermittelte Bluetooth-Adresse ein und stellen bei connection die Verbindung auf bluetooth um. Laut Wiki von Gnokii sind für das Sony Ericsson K800i folgende Parameter in der Datei einzutragen:

```
config : Linux, Bluetooth Verbindung
port = 00:         :18
# Mit der Bluetooth Adresse des Telefons ersetzen
model = AT
connection = bluetooth
rfcomm_channel = 2
```

Holen Sie die passenden Parameter für Ihr Telefon aus dem Gnokii-Wiki (*http://wiki.gnokii.org/index.php*) und tragen Sie sie in die Konfigurationsdatei ein. Mit dem Kommando

```
sudo nano .gnokiirc
```

öffnen Sie die Datei und tragen die Parameter ein. Wenn Sie die Beispieldatei verwenden, dann achten Sie auch darauf, andere gleichlautende Attribute per vorangestelltem Lattenzaun-Symbol # auszukommentieren, damit diese nicht doppelt und möglicherweise fehlerhaft beim Start von Gnokii ausgelesen werden.

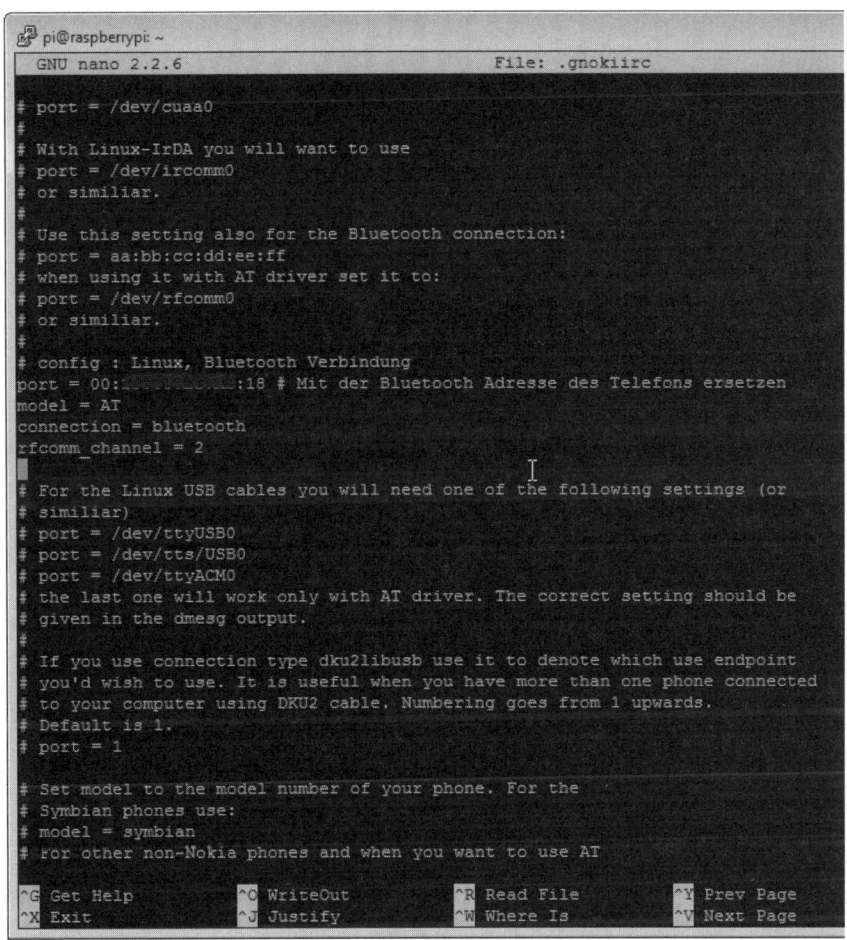

```
pi@raspberrypi: ~
  GNU nano 2.2.6                              File: .gnokiirc

# port = /dev/cuaa0
#
# With Linux-IrDA you will want to use
# port = /dev/ircomm0
# or similiar.
#
# Use this setting also for the Bluetooth connection:
# port = aa:bb:cc:dd:ee:ff
# when using it with AT driver set it to:
# port = /dev/rfcomm0
# or similiar.
#
# config : Linux, Bluetooth Verbindung
port = 00:          :18 # Mit der Bluetooth Adresse des Telefons ersetzen
model = AT
connection = bluetooth
rfcomm_channel = 2

# For the Linux USB cables you will need one of the following settings (or
# similiar)
# port = /dev/ttyUSB0
# port = /dev/tts/USB0
# port = /dev/ttyACM0
# the last one will work only with AT driver. The correct setting should be
# given in the dmesg output.

# If you use connection type dku2libusb use it to denote which use endpoint
# you'd wish to use. It is useful when you have more than one phone connected
# to your computer using DKU2 cable. Numbering goes from 1 upwards.
# Default is 1.
# port = 1

# Set model to the model number of your phone. For the
# Symbian phones use:
# model = symbian
# For other non-Nokia phones and when you want to use AT

^G Get Help      ^O WriteOut      ^R Read File     ^Y Prev Page
^X Exit          ^J Justify       ^W Where Is      ^V Next Page
```

Bild 2.3: Übertragen Sie die Konfigurationseinstellungen für das Telefon in die Gnokii-Konfiguration.

Die Konfigurationsdatei muss für alle lokalen User, die später auch Gnokii einsetzen dürfen, in das Home-Verzeichnis kopiert werden. Grundsätzlich ist das auf dem Raspberry Pi der User `pi`. Wollen Sie also mit FHEM, ähnlich wie bei der im Abschnitt »Türklingelbenachrichtigung per E-Mail« beschriebenen Mail-Benachrichtigung, auch SMS verschicken, muss die Konfigurationsdatei im Home-Verzeichnis des Benutzers `fhem` abgelegt werden. Doch zuvor prüfen Sie, ob die eben angepasste Konfigurationsdatei überhaupt funktioniert. Mit dem Kommando

```
gnokii --identify
```

prüfen Sie, ob das Telefon überhaupt vom Raspberry Pi bzw. von Gnokii erkannt wird.

```
pi@raspberrypi /etc/xdg $ gnokii --identify
GNOKII Version 0.6.30
Couldn't read /home/pi/.config/gnokii/config config file.
Gnokii serial_open: open: No such file or directory
Couldn't open FBUS device: No such file or directory
Gnokii serial_open: open: No such file or directory
Couldn't open FBUS device: No such file or directory
Gnokii serial_open: open: No such file or directory
Couldn't open FBUS device: No such file or directory
Telephone interface init failed: Command failed.
Quitting.
Command failed.
pi@raspberrypi /etc/xdg $
```

Bild 2.4: Gnokii läuft zwar, jedoch noch nicht fehlerfrei: Hier fehlt offensichtlich ein Verzeichnis für die Konfigurationsdatei.

In diesem Beispiel moniert Gnokii mit der Fehlermeldung Couldn't read /home/pi/. config/gnokii/config config file ein fehlendes Verzeichnis für die Konfigurationsdatei – auch entgegen den Wiki-Einträgen heißt die Konfigurationsdatei hier doch wieder config und nicht .gnokiirc. Die kurze Verwirrung wird wieder besser, nachdem folgende Kommandos im Terminal auf die Reise geschickt wurden:

```
mkdir -p /home/pi/.config/gnokii
mv /home/pi/.gnokiirc /home/pi/.config/gnokii/config
```

Anschließend starten Sie Gnokii erneut:

```
gnokii --identify
```

Die Fehlermeldung verschwindet und, wie könnte es anders sein, eine neue taucht auf: In diesem Fall hat nämlich der Raspberry Pi mit dem Telefon Kontakt aufgenommen, und dieses hat als Verbindungsbestätigung eine Bluetooth-Verbindungs-PIN angefordert. Die Standard-PIN in solchen Fällen lautet 0000, doch hier wird sie abgewiesen – Gnokii liefert eine Fehlermeldung:

```
pi@raspberrypi ~ $ gnokii --identify
GNOKII Version 0.6.30
Orphaned line: config : Linux, Bluetooth Verbindung
If in doubt place this line into [global] section.
Can't connect: Connection refused
Telephone interface init failed: Command failed.
Quitting.
Command failed.
pi@raspberrypi ~ $ hcitool scan
Scanning ...
        00:        :18        K800i
pi@raspberrypi ~ $ bluez-simple-agent hci0 00:
```

Bild 2.5: Obwohl die Bluetooth-Sichtbarkeit aktiviert ist, ist eine Verbindung nicht möglich – aufgrund offensichtlicher Sicherheitsprobleme (Connection refused).

Hier brachte das manuelle Setzen der Bluetooth-Verbindungs-PIN mithilfe des Kommandos

```
cd /user/bin
sudo sudo bluez-simple-agent hci0 00:        :18
```

den durchschlagenden Erfolg, um den Raspberry Pi und das Telefon miteinander zu koppeln.

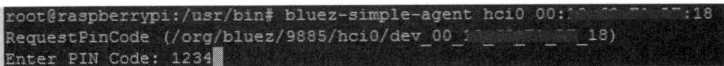

```
root@raspberrypi:/usr/bin# bluez-simple-agent hci0 00:         :18
RequestPinCode (/org/bluez/9885/hci0/dev_00_             _18)
Enter PIN Code: 1234
```

Bild 2.6: Nun lässt sich eine PIN festlegen, die Sie auf dem Telefon zum Pairing mit dem Raspberry Pi verwenden können.

Das Pairing funktionierte in diesem Fall jedoch auch nicht auf Anhieb: Aufgrund des sehr kurzen Zeitintervalls für die Bestätigung der PIN auf dem Telefon sollten Sie eine einfache PIN nutzen. Nach mehreren Anläufen mit einer schnell zu tippenden PIN ist die Zwangsheirat von Raspberry Pi und Sony Ericsson über Bluetooth letztendlich erfolgreich.

2.1.2   SMS-Versand über die Kommandozeile

Sind der Raspberry Pi und das Telefon nun miteinander gekoppelt, dann prüfen Sie mit dem Gnokii-Kommando

```
gnokii --monitor
```

die Umgebungsvariablen bzw. die Konfiguration des verbundenen Telefons. Hier wird allerhand ausgegeben, es ist interessant, welche Informationen zutage treten. Falls Sie sich einmal gefragt haben, woher die Kartenapplikation auf dem Smartphone Ihren Standort so genau kennt – hier ist die Lösung:

Obwohl die Positionen der Handymasten und deren Zuordnung zur CellID zu den gut gehüteten Geheimnissen der Mobilfunkbetreiber gehören und eigentlich nicht öffentlich gemacht werden, sammeln Dienste wie Google, Apple und dergleichen so viele Rohdaten (Zelle und Position) wie möglich, um daraus die eine wahrscheinliche Position des Zellmittelpunkts (bzw. des Mastenstandorts) zu berechnen.

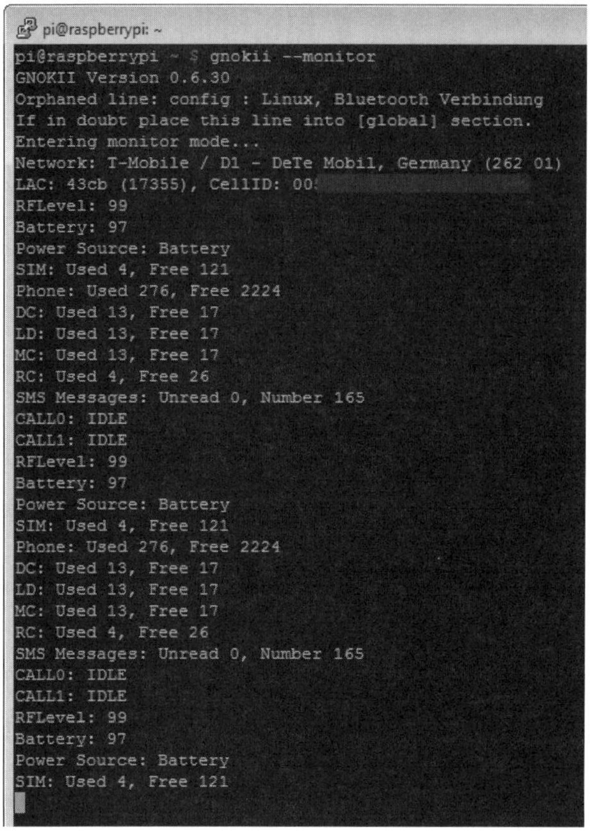

```
pi@raspberrypi: ~
pi@raspberrypi ~ $ gnokii --monitor
GNOKII Version 0.6.30
Orphaned line: config : Linux, Bluetooth Verbindung
If in doubt place this line into [global] section.
Entering monitor mode...
Network: T-Mobile / D1 - DeTe Mobil, Germany (262 01)
LAC: 43cb (17355), CellID: 005
RFLevel: 99
Battery: 97
Power Source: Battery
SIM: Used 4, Free 121
Phone: Used 276, Free 2224
DC: Used 13, Free 17
LD: Used 13, Free 17
MC: Used 13, Free 17
RC: Used 4, Free 26
SMS Messages: Unread 0, Number 165
CALL0: IDLE
CALL1: IDLE
RFLevel: 99
Battery: 97
Power Source: Battery
SIM: Used 4, Free 121
Phone: Used 276, Free 2224
DC: Used 13, Free 17
LD: Used 13, Free 17
MC: Used 13, Free 17
RC: Used 4, Free 26
SMS Messages: Unread 0, Number 165
CALL0: IDLE
CALL1: IDLE
RFLevel: 99
Battery: 97
Power Source: Battery
SIM: Used 4, Free 121
```

Bild 2.7: Jeder Mobilfunkmast verfügt über eine eindeutige Bezeichung – die CellID. Damit ist eine genaue Ortung des Geräts mit einfachen Mitteln möglich.

Abseits der technischen Spielereien können Sie mit Gnokii nun auch bequem per Kommandozeile eine SMS versenden: Mit einem simplen echo-Befehl, der zwecks Ausgabe auf Gnokii umgeleitet wird:

```
echo "Das ist eine Test-SMS vom Raspberry Pi" | gnokii --sendsms
+4917977XXXXX
```

schicken Sie eine Nachricht auf die Handynummer, die Sie am besten mit der internationalen Vorwahl +49 einleiten.

```
pi@raspberrypi: ~
pi@raspberrypi ~ $ gnokii --identify
GNOKII Version 0.6.30
Orphaned line: config : Linux, Bluetooth Verbindung
If in doubt place this line into [global] section.
IMEI       : 35          1
Manufacturer : Sony Ericsson
No flags section in the config file.
Model        : Sony Ericsson K800
Product name : Sony Ericsson K800
Revision     : R1CB001 060608 0119
pi@raspberrypi ~ $ echo "Das ist eine Test-SMS vom Raspberry Pi" | gnokii --sendsms +49
GNOKII Version 0.6.30
Orphaned line: config : Linux, Bluetooth Verbindung
If in doubt place this line into [global] section.
SMS Send failed (Unknown error - well better than nothing!!)
pi@raspberrypi ~ $
```

Bild 2.8: Unknown Fehler: Gnokii ist ratlos. Tatsächlich liegt die Ursache beim Mobilfunkbetreiber bzw. bei der eingelegten SIM-Karte, die nicht für den Empfang und Versand der Datendienste konfiguriert ist.

Im Beispiel wurde eine Multi-SIM von T-Mobile verwendet – nutzen Sie für das betagte Handy eine zusätzliche Karte für das SMS-Gateway, dann funktioniert das Versenden der SMS so lange nicht, bis die eingelegte Karte über die Nummer *222#* für den Empfang und Versand der Datendienste konfiguriert wurde. So werden sämtliche SMS-Nachrichten auch auf das SMS-Gateway geschickt.

```
pi@raspberrypi ~ $ echo "Das ist eine Test-SMS vom Raspberry Pi" | gnokii --sendsms +49179
GNOKII Version 0.6.30
Orphaned line: config : Linux, Bluetooth Verbindung
If in doubt place this line into [global] section.
Send succeeded with reference 21!
pi@raspberrypi ~ $
```

Bild 2.9: Ist das Telefon bzw. die SIM-Karte für den Empfang und Versand der Datendienste konfiguriert, funkioniert auch der Versand der SMS über die Kommandozeile.

Nun können Sie die Benachrichtigungsfunktion per SMS in der Smart-Home-Logik einsetzen. Dafür gibt es zahlreiche Anwendungsszenarien. Ist etwa der DSL-Internetzugang gestört, können Sie sich umgehend per SMS benachrichtigen lassen.

```
#!/bin/sh
ping -c 5 www.google.de
if [[ $? != 0 ]]; then
    date '+%Y-%m-%d %H:%M:%S WWW Verbindung nicht verfuegbar'| gnokii --
sendsms +4917977XXXXX
else
    date '+%Y-%m-%d %H:%M:%S Verbindung verfuegbar'
    echo "Web verfuegbar"
fi
```

So ein Shell-Skript, mit dem Sie eine Webseite im Netz regelmäßig darauf überprüfen, ob sie verfügbar ist oder nicht, ist recht schnell geschrieben. Im letzteren Fall geben Sie die entsprechende Nachricht auf das Handy.

2.1.3   Raspberry Pi über SMS-Nachrichten steuern

Kann der Raspberry Pi über ein gekoppeltes Handy SMS-Nachrichten versenden, dann kann er naturgemäß auch SMS-Nachrichten empfangen und verarbeiten. Somit lassen sich sicherheitsrelevante Dinge steuern – zum Beispiel ein Tür- oder Garagenschloss, das über die GPIO-Pins des Raspberry Pi verbunden ist. So braucht der Raspberry Pi nicht einmal über Ethernet oder WLAN mit dem Heimnetz oder Internet verbunden zu sein, es reicht die Bluetooth-, Kabel- oder Infrarot(IrDA)-Verbindung aus, um Aktionen anzustoßen und für die Heimautomation zu nutzen.

```
pi@raspberrypi ~ $ gnokii --smsreader
GNOKII Version 0.6.30
Orphaned line: config : Linux, Bluetooth Verbindung
If in doubt place this line into [global] section.
Entered sms reader mode...
SMS received from number: 4917
Got message 157: !RASPI!WO
SMS received from number: 4917
Got message 158: !RASPI!WO!ALARM!
```

Bild 2.10: Mit dem Kommando `gnokii --smsreader` prüft der Gnokii-Daemon, ob beim verbundenen Telefon neue SMS-Nachrichten eingegangen sind.

Ähnlich wie beim TAN-Verfahren der Banken können Sie SMS-Nachrichten anpassen und kodieren. Zu diesem Zweck hinterlegen Sie auf dem Raspberry Pi entsprechende Befehle, Programme und Skripte, die beim Eingang von bestimmten Nachrichten von definierten Rufnummern automatisch ausgeführt werden. Haben Sie beispielsweise den Haustürschlüssel vergessen, dann lässt sich so einfach per SMS der Türöffner bedienen, wenn die SMS einen bestimmten Befehl bzw. eine Befehlssequenz auf dem Raspberry Pi auslöst, die ihrerseits das Schalten des GPIO-Ausgangs auslöst, der mit dem elektronischen Türöffner gekoppelt ist.

Sie haben es in der Hand, selbst einen SMS-Watchdog zu bauen und die nötigen Sicherheitsabfragen oder Texterkennungs-Patterns festzulegen. Im nachstehenden Beispiel mit dem Erkennungs-Pattern in Form des !RASPI!-Befehls reicht der simple grep-Befehl auf das Gnokii-Kommando aus, um den gewünschten Befehl an den Raspberry Pi zu übermitteln. Mit dem Befehl

```
gnokii --getsms ME 1 end | grep \!RASPI\! | grep -v grep | cut -d'!' -f3
```

scannt Gnokii den kompletten SMS-Nachrichten-Eingang und extrahiert bei einem Vorkommen des Musters !RASPI! den dort angehängten Befehl, der anschließend beispielsweise in einem case-Konstrukt abgefragt werden kann. Soll die Nachricht gelöscht werden, sorgt die Option -d beim Gnokii-Kommando dafür, dass der SMS-Nachrichteneingang nach dem Auslesen gelöscht wird. Ein Skript zum Weiterverarbeiten des SMS-Befehls kann ähnlich wie dieses Beispiel gestaltet werden – dabei können Sie sich nach Lust und Laune verwirklichen:

```
$ #!/bin/bash
# ------------------------------------------------------------
# Smart-Home mit Raspberry Pi-Projekte
# E.F.Engelhardt, Franzis Verlag, 2013
# ------------------------------------------------------------
# Skript: smscheck.sh
CMD=$(gnokii --getsms ME 1 end | grep \!RASPI\! | grep -v grep | cut -d'!' -f3)
GNOKIIBIN="/usr/bin/gnokii"
# echo $CMD
case $CMD in
  WO)
    RCMD="\usr\local\bin\sendgps-sms.sh"
    echo "GPS Koordinaten wurden an SMS-Nummer geschickt"
    echo WO -> $CMD
    ;;
  ALARM)
    RCMD="\usr\local\bin\fhem2mail ALARM"
    RCMD2="\usr\local\bin\shutdown.sh·ALL"
    echo "ALARM-Meldung wurde verschickt, Router, Rechner, NAS, Drucker
shutdown"
    echo ALARM -> $CMD
    ;;
  TUERAUF)
    RCMD="\usr\local\bin\opendoor.sh"
    echo "Notfall-Tueroeffner wurde von §§ ausgeloest!"
    echo TUERAUF -> $CMD
    ;;
  *)
    echo "FEHLER" #$CMD
    ;;
esac
echo $RCMD
```

Um nun über das Handy bzw. über eine SMS oder durch andere Ereignisse, wie an den Raspberry Pi angeschlossene Schalter und Sensoren, einen anderen Stromkreis über ein Relais oder einen Schalter zu steuern, nutzen Sie die dafür vorgesehenen GPIO-Pins auf dem Raspberry Pi.

2.2 Schalter im Eigenbau: GPIO ausreizen

Neben der USB- und Netzwerkschnittstelle lädt vor allem die sogenannte GPIO-Schnittstelle (General Purpose Input/Output) des Raspberry Pi zum Basteln und Ausprobieren ein. So bringen Sie nicht nur innerhalb kurzer Zeit eine LED auf einem

Steckboard zum Leuchten, sondern realisieren ganze Schaltungen und Fernbedienungen mit dem Raspberry Pi.

Entweder Sie setzen auf Lösungen der Marke Eigenbau oder auf durchaus hilfreiche Unterstützung in Form zusätzlich zu erwerbender Steckboards wie das PiFace-Board (ca. 34 Euro inklusive Versand) oder das umfangreich bestückte Erweiterungsboard Gertboard (ca. 42 Euro inklusive Versand), das nach seinem Schöpfer Gert van Loo benannt ist. Dieses war bis dato ausschließlich als Bausatz erhältlich, mittlerweile ist die Platine über den britischen Elektronikdistributor *Farnell/element14* (*http://uk.farnell.com*) komplett erhältlich. Damit lassen sich Motoren und Roboter steuern, Türen öffnen, Geräte und Licht ein- und ausschalten und vieles mehr.

Im Rahmen der Heimautomation ist solch ein Erweiterungsboard meist zu sperrig, somit ist eine Lösung über 1-Wire oder den Eigenbau die bessere Alternative. Grundvoraussetzung ist der Zugriff per Software auf die Schnittstelle bzw. die Funktionen der einzelnen GPIO-Pins. Dafür stehen zahlreiche Möglichkeiten zur Verfügung, die in den nachfolgenden Projekten anhand praktischer Beispiele erklärt werden.

2.2.1   GPIO-Pin-Belegung aufgeklärt

Abhängig von der Raspberry-Pi-Version sind die Pin-GPIO-Bezeichnungen leicht unterschiedlich. Um nach Kauf und Lieferung zu kontrollieren, welche Version des Raspberry Pi geliefert wurde, nutzen Sie die Kommandozeile. Mit dem Befehl

```
cat /proc/cpuinfo
```

lassen Sie sich die Hardwareinformationen – in diesem Beispiel die CPU-Prozessorinformationen – ausgeben. Im der tabellarischen Ausgabe suchen Sie nach dem Eintrag Revision – hier steht für den Code 1 das Modell A.

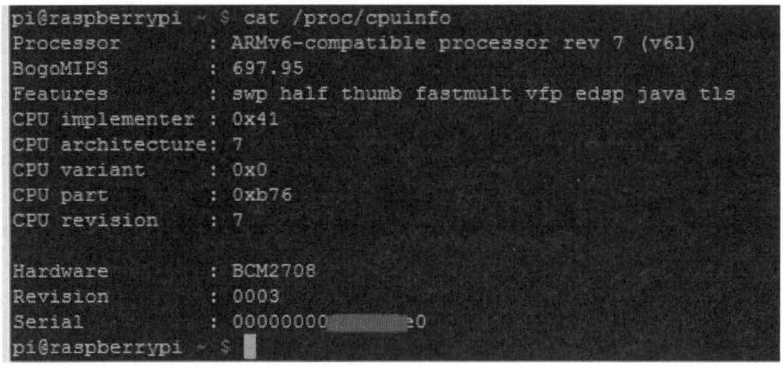

Bild 2.11: Für den B-Nachfolger bzw. eine weitere, unwesentlich geänderte Revision 3 wird der Code 2 genutzt. Für das Modell B, Revision 2 werden die Codes 4, 5 und 6 genutzt.

Für die Nummerierung der Pins auf der Platine ist es egal, welche Revision der Raspberry Pi hat – die Zählrichtung ausgehend von Pin 1 ist immer dieselbe.

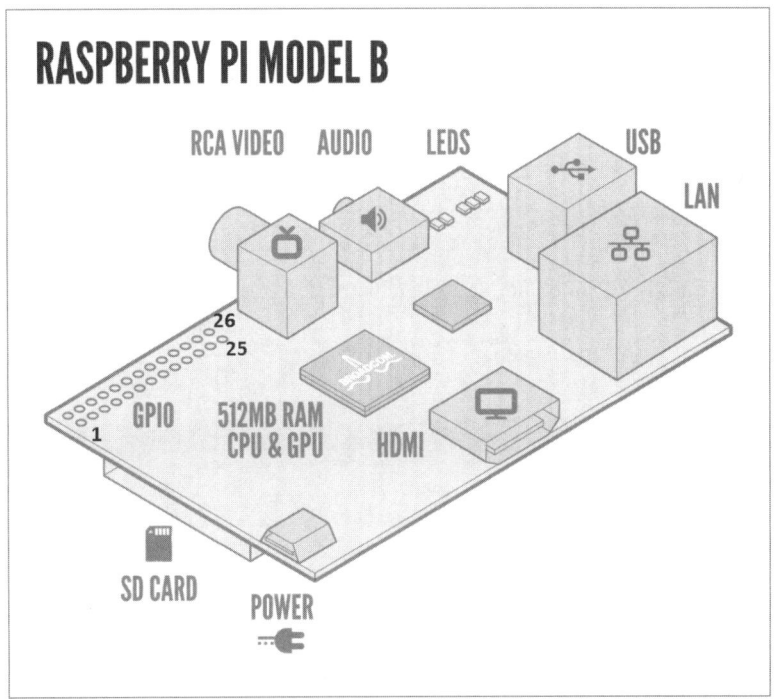

Bild 2.12: Der grundsätzliche Aufbau des Raspberry Pi und der GPIO-Pin-Leiste (Grafik: *raspberrypi.org*)

In Sachen C-Programmierung und Shell-Zugriff lohnt es sich, die kostenlose WiringPi-API näher zu betrachten. Ähnlich wie die oben genannte Python-Bibliothek bietet sie einfacheren Zugriff auf die GPIO-Pins des Raspberry Pi.

2.2.2   GPIO-Zugriff ohne Umwege mit WiringPi

Warum das Rad neu erfinden, wenn es an nahezu jeder Ecke einen Reifenhändler gibt? Gerade beim Erstellen von Shell-Skripten in C oder Python ist der Umgang mit den GPIO-Anschlüssen relativ einfach gelöst. Für mehr Möglichkeiten beim Programmieren und vor allem mehr Übersicht sorgt die Auslagerung von Funktionen in eine API-Schnittstelle (*Advanced Programming Interface*). Im Rahmen dieses Buchs greifen wir auf die äußerst praktische WiringPi-API des Entwicklers Gordon Drogon (*https://projects. drogon.net/raspberry-pi/wiringpi/download-and-install/*) zurück.

Doch bevor Sie diese API installieren, achten Sie darauf, das System auf dem Raspberry Pi auf den aktuellen Stand zu bringen. Wie gewohnt, nutzen Sie dafür das entsprechende update- bzw. upgrade-Programm von Raspian:

```
sudo apt-get update
sudo apt-get upgrade
```

Haben Sie die GIT-Versionsverwaltung auf dem Raspberry Pi installiert, dann klonen Sie das WiringPi-Paket auf Ihren Computer. Dies erledigen Sie mit dem Kommando:

```
git clone git://git.drogon.net/wiringPi
```

Falls Sie die GIT-Versionsverwaltung noch nicht installiert haben, holen Sie dies entweder per Kommando:

```
sudo apt-get install git-core
```

nach oder laden WiringPi traditionell per wget-Befehl auf den Raspberry Pi:

```
wget http://project-downloads.drogon.net/files/wiringPi.tgz
tar xfz wiringPi.tgz
cd wiringPi/wiringPi
make
sudo make install
cd ../gpio
make
sudo make install
```

Bild 2.13: Traditionell: WiringPi erhalten Sie nach wie vor auch im *tgz*-Paket, das Sie allerdings zunächst per tar-Befehl entpacken und per make-Befehl kompilieren müssen.

Im Falle der GIT-Versionsverwaltung ist der Quellcode bereits per Klon im aktuellen Verzeichnis – wechseln Sie per `cd`-Kommando dorthin:

```
cd wiringPi
git pull origin
```

Mit dem letzten Befehl stellen Sie sicher, dass Sie auch die aktuellste Version verwenden, anschließend erstellen bzw. installieren Sie die WiringPi-API auf dem Raspberry Pi. Dazu nutzen Sie das auf *www.buch.cd* zu findende Skript `build`, das Sie mit dem Kommando

```
./build
```

starten. In unserem Fall richtet das `build`-Skript die API komplett ein, sodass Sie umgehend die bereitgestellten Funktionen nutzen können.

2.2.3   WiringPi: die Pin-Belegung im Detail

Etwas sperrig ist beim Umgang mit der WiringPi-Bibliothek eine erneute Zuordnung der GPIO-Pin-Bezeichnung für die Nutzung mit WiringPi. Dies sorgt auf den ersten Blick für Verwirrung, doch in der Praxis und beim Programmieren müssen Sie sich zunächst nicht mehr um die unterschiedlichen Raspberry-Pi-Revisionen kümmern, falls Sie einen GPIO direkt ansprechen möchten. So reicht es beispielsweise aus, mit dem Befehl

```
gpio mode 8 out
gpio write 8 1
```

den Pin Nr. 3 auf der Raspberry-Pi-Platine mit GPIO-0 bei Revision 1 anzusprechen, während er bei Revision 2 des Modells B mit GPIO-2 anzusprechen wäre.

Alt-Func-tion	Wirin gPi-Pin	Modell A/B Rev. 2	Modell B Rev. 1	P	GPIO Sockel	P	Modell B Rev 1	Modell A / B Rev. 2	Wirin g Pi-Pin	Alt-Function
		3,3V	3,3V	1	O O	2	5V	5V		
I2C0_SDA	8	GPIO-2	GPIO-0	3	O O	4	NOTUSE	NOTUSE		
I2C0_SCL	9	GPIO-3	GPIO-1	5	O O	6	GND	GND		
	7	GPIO-4	GPIO-4	7	O O	8	GPIO-14	GPIO-14	15	UART0_TXD
GND		NOTUSE	NOTUSE	9	O O	10	GPIO-15	GPIO-15	16	UART0_RXD
	0	GPIO-17	GPIO-17	11	O O	12	GPIO-18	GPIO-18	1	

Alt-Function	WiringPi-Pin	Modell A/B Rev. 2	Modell B Rev. 1	P	GPIO Sockel		P	Modell B Rev 1	Modell A/B Rev. 2	WiringPi-Pin	Alt-Function
PCM_DIN	2	GPIO-27	GPIO-21	13	O	O	14	NOTUSE	NOTUSE		GND
	3	GPIO-22	GPIO-22	15	O	O	16	GPIO-23	GPIO-23	4	
		NOTUSE	NOTUSE	17	O	O	18	GPIO-24	GPIO-24	5	
SPI0_MOSI	12	GPIO-10	GPIO-10	19	O	O	20	NOTUSE	NOTUSE		GND
SPI0_MISO	13	GPIO-9	GPIO-9	21	O	O	22	GPIO-25	GPIO-25	6	
SPI0_SCLK	14	GPIO-11	GPIO-11	23	O	O	24	GPIO-8	GPIO-8	10	SPI0_CE0_N
GND		NOTUSE	NOTUSE	25	O	O	26	GPIO-7	GPIO-7	11	SPI0_CE1_N

Ohne WiringPi-Bibliothek wären Sie zunächst gezwungen zu prüfen, mit welchem Raspberry Pi Sie es überhaupt zu tun haben, um dann im zweiten Schritt davon eine angepasste Funktion mit der Nutzung des entsprechenden GPIO-Anschlusses zu bauen. Diesen Aufwand können Sie sich beim Programmieren mit Verwendung der WiringPI-API sparen.

2.2.4   Nummer 5 lebt: GPIO-API im Einsatz

Wenden Sie obige Übersicht in Sachen Pin-Zuordnung an, dann entspricht beispielsweise der Anschluss GPIO 24 in der Tabelle dem WiringPi-Pin Nr. 5. Bei der Nutzung der WiringPi-API geben Sie zunächst an, ob der zu nutzende Pin als Aus- oder als Eingang genutzt werden soll. Anschließend erfolgt die Schaltung des Pins per write-Parameter:

```
gpio mode 5 out
gpio write 5 1
gpio write 5 0
```

Zunächst wird der Ausgangs-Mode aktiviert, dann der Stromkreis mit dem entsprechenden GPIO-Pin geschlossen und schließlich mit dem Setzen des Werts 0 wieder geöffnet.

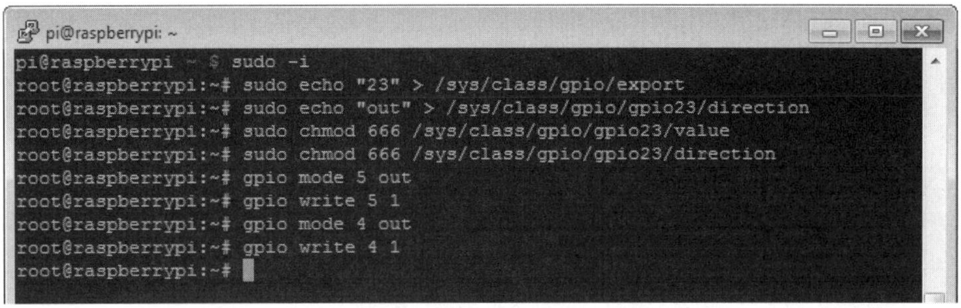

```
pi@raspberrypi: ~
pi@raspberrypi ~ $ sudo -i
root@raspberrypi:~# sudo echo "23" > /sys/class/gpio/export
root@raspberrypi:~# sudo echo "out" > /sys/class/gpio/gpio23/direction
root@raspberrypi:~# sudo chmod 666 /sys/class/gpio/gpio23/value
root@raspberrypi:~# sudo chmod 666 /sys/class/gpio/gpio23/direction
root@raspberrypi:~# gpio mode 5 out
root@raspberrypi:~# gpio write 5 1
root@raspberrypi:~# gpio mode 4 out
root@raspberrypi:~# gpio write 4 1
root@raspberrypi:~#
```

Bild 2.14: Viel Tipparbeit beim Schalten mehrerer GPIO-Pins: Hier weichen Sie besser auf ein Shell-Skript aus.

Sollen mehrere WiringPi-Pins auf einmal geschaltet werden, zum Beispiel bei einer LED-Lichterkette, dann wechseln Sie einfach die WiringPi-Pin-Nummer.

```
gpio mode 4 out
gpio write 4 1
gpio write 4 0
```

Der Aufruf funktioniert, eine etwaige LED an GPIO-23 leuchtet und wird per write 4 0 wieder abgeschaltet. Dennoch gibt es etwas zu bemäkeln: Das mag ja als Lösung für zwei Pins erträglich sein, bei mehr als zwei Pins ist es jedoch sinnvoller, in der Shell mit einer for-Schleife zu arbeiten. Das ist nicht nur schneller und spart Tipparbeit, sondern ist auch übersichtlicher:

```
for i in 0 4 5 ; do gpio mode $i out; done
for i in 0 4 5 ; do gpio write $i 1; done
for i in 0 4 5 ; do gpio write $i 0; done
```

Für die bestimmte Abfolge und Steuerung der Anschlüsse lagern Sie die Logik in ein Shell-Skript aus. Hier haben Sie nicht nur die volle Kontrolle und Übersicht, sondern sparen sich auch viel Tipparbeit, gerade wenn Sie mit vielen GPIO-Anschlüssen auf dem Raspberry Pi experimentieren. Doch grundsätzlich zeigt der Umgang mit den Steuerbefehlen auf der Konsole, dass die Schaltung erfolgreich bestückt wurde und funktioniert: Im Beispiel sind nun beide LEDs einfach per Kommandozeile mit der WiringPi-API steuerbar.

2.3 PIR-Wachhund im Selbstbau

Mit den zahlreichen GPIO-Anschlüssen ist der Raspberry Pi gerade für Bastler nicht nur das ideale Spielzeug, er lässt sich auch für sinnvolle Dinge nutzen, wie etwa eine Tür- oder Raumüberwachung. Das dazu notwendige PIR-Modul (PIR steht für **P**assiver **I**nfrarot-**B**ewegungsmelder) ist für kleines Geld auf einschlägigen Auktionsseiten im Netz zu finden. Die Lieferanten solcher Billigmodule sitzen jedoch meist in Hongkong, und die Lieferung dauert manchmal bis zu drei Wochen, doch der Preis von 2 Euro für

10 PIR-Module entschädigt für die Wartezeit. Vergessen Sie dabei die Zollgebühren nicht! Die kleineren PIR-Module sind im Vergleich teurer, sie kosten pro Stück je nach Händler und Wartezeit 1 bis 2 Euro.

Bild 2.15: Groß und klein: Das linke PIR-Modul hat in etwa den Durchmesser einer 1-Euro-Münze. Das PIR-Modul rechts ist deutlich kleiner und kostet im Einkauf circa 1 Euro.

Egal ob Sie das kleine oder das große PIR-Modul verwenden: Diese Infrarot-Module benötigen eine Versorgungsspannung von 5 V – auch die Signalleitung liefert passende 3 V –, sodass der Anschluss am Raspberry Pi direkt ohne irgendwelche Lötarbeiten erfolgen kann. Lediglich beim kleineren Modul sind die Kabel für den Anschluss an den Raspberry Pi zu verlöten. Nutzen Sie am besten Jumper-Kabel, die sich nach dem Löten einfach an die entsprechenden Pins am Raspberry Pi stecken lassen.

Bild 2.16: Sehr praktisch: Die 5V-, Out- und GND-Anschlüsse können direkt zur Pin-Leiste des Raspberry Pi geführt werden.

Die drei Pins des PIR-Moduls werden folgendermaßen mit dem Raspberry Pi verbunden:

PIR-Pin	Raspberry-Pi-Pin-Nr.	GPIO-Bezeichnung	WiringPi – Pin Nr.
5V	2	-	-
Out	26	GPIO-7	11
GND	6	-	-

Bei den größeren Modulen sind dieselben Pins mit einer dreifach-Steckerleiste einfach zu erreichen. Nutzen Sie einfach die Jumper-Kabel für den Anschluss des PIR-Moduls am Raspberry Pi.

Bild 2.17: Pin-Belegung von links nach rechts: GND / Out / 5V: Damit können Sie sich direkt mit dem Raspberry Pi verbinden.

So kommt der Anschluss GND an Pin 6 (Masse), 5 V an den 5-Volt-Anschlusspin 2, und der Zustand *Out* wird in diesem Beispiel an GPIO 7 (Pin 26) beim Raspberry Pi gesteckt. Ist die WiringPi-API installiert, checken Sie zunächst die Standard-Pin-Belegungen.

```
pi@raspberryPiBread: ~
pi@raspberryPiBread ~ $ gpio readall
+----------+------+---------+------+-------+
| wiringPi | GPIO |  Name   | Mode | Value |
+----------+------+---------+------+-------+
|        0 |   17 | GPIO 0  | IN   | Low   |
|        1 |   18 | GPIO 1  | IN   | Low   |
|        2 |   27 | GPIO 2  | IN   | Low   |
|        3 |   22 | GPIO 3  | IN   | Low   |
|        4 |   23 | GPIO 4  | IN   | Low   |
|        5 |   24 | GPIO 5  | IN   | Low   |
|        6 |   25 | GPIO 6  | IN   | Low   |
|        7 |    4 | GPIO 7  | IN   | Low   |
|        8 |    2 | SDA     | ALT2 | High  |
|        9 |    3 | SCL     | ALT2 | High  |
|       10 |    8 | CE0     | IN   | Low   |
|       11 |    7 | CE1     | IN   | Low   |
|       12 |   10 | MOSI    | IN   | Low   |
|       13 |    9 | MISO    | IN   | Low   |
|       14 |   11 | SCLK    | IN   | Low   |
|       15 |   14 | TxD     | ALT2 | High  |
|       16 |   15 | RxD     | ALT2 | High  |
|       17 |   28 | GPIO 8  | IN   | Low   |
|       18 |   29 | GPIO 9  | IN   | Low   |
|       19 |   30 | GPIO10  | IN   | Low   |
|       20 |   31 | GPIO11  | IN   | Low   |
+----------+------+---------+------+-------+
pi@raspberryPiBread ~ $
```

Bild 2.18: WiringPi-API im Einsatz: Mit dem Kommando `gpio readall` liefert der Raspberry den Status sämtlicher Pin-Einstellungen der GPIO-Stiftleiste zurück.

Im nächsten Schritt erstellen Sie ein einfaches Skript, das Ihnen die Zustandsänderung des GPIO-Eingangs anzeigt.

2.3.1 Shell-Skript für Bewegungsmelder

Mit dem Nano-Editor erstellen Sie ein Skript – in diesem Beispiel ist es die Datei *piri.sh* – und definieren dort zunächst den genutzten Pin-Anschluss auf dem Rasperry Pi. Hier ist der Out-Ausgang des Sensors auf den Eingang GPIO-7 (Pin 26) des Raspberry Pi gesteckt. Dieser Pin-Anschluss ist gleichbedeutend mit der WiringPi-Nummer 11. Anschließend legen Sie mit dem gpio mode-Kommando die Richtung des GPIO-Pins fest. Dann geht es in die While-Schleife, in der der Zustand des Eingangs per gpio read-Befehl permanent abgefragt wird.

```bash
#!/bin/bash
# ------------------------------------------------------
# Smart-Home mit Raspberry Pi-Projekte
# E.F.Engelhardt, Franzis Verlag, 2013
# ------------------------------------------------------
# Skript: piri.sh
#
# GPIO7 = Pin 26 = wiringPi-Pin 11
piri="11"
gpio mode $piri in
PiriBin=/usr/local/bin/piri.sh
LockFile=/var/lock/subsys/piri  ## Define Lock Datei
echo "PIRI Modul im Einsatz (Beenden mit: CTRL-C)"
while true; do
sleep 2
if [ $(gpio read $piri) -eq  0 ]; then
    echo "Ready";
   else
    echo "Bewegung"
   fi
done
exit 0
# ------------------------------------------------------
```

Das Skript starten Sie, nachdem es zuvor mit chmod +x auf ausführbar gesetzt wurde. Bei der Ausführung befindet sich das Skript sozusagen in der Dauerschleife (konkret der while-Schleife) und prüft permanent den Status des GPIO-7 ab. Meldet der Bewegungsmelder eine Zustandsänderung, wird dies auf der Konsole angezeigt, ansonsten wird eine Ready-Meldung ausgegeben.

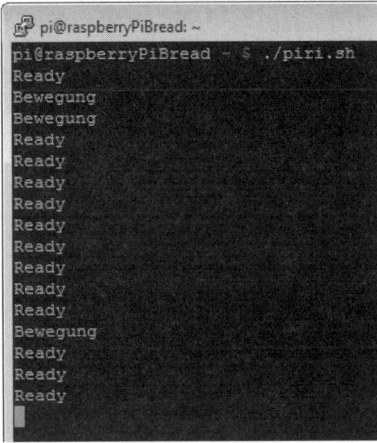

Bild 2.19: Das Beispielskript bei der Ausführung: Wird eine Bewegung erkannt, dann wird der Output-Pin auf der PIR-Platine auf den Zustand high gesetzt, was wiederum beim GPIO-Eingang auf dem Raspberry Pi für eine Zustandsänderung sorgt.

Erfolgt hingegen keine Bewegung am PIR-Modul, dann ist der Output-Pin auf der PIR-Platine auf 0 Volt gesetzt, der GPIO-Eingang auf dem Raspberry Pi ist dann sozusagen im Leerlauf.

2.3.2 PIR im Dauereinsatz: das Skript als Daemon nutzen

Ist die Schaltung gelötet und das Skript wunschgemäß programmiert, dann soll dieses Skript nicht nur automatisch beim Start des Raspberry Pi gestartet und ausgeführt werden, sondern auch brav im Hintergrund arbeiten und nur dann aktiv werden, wenn beispielsweise der Bewegungsmelder anschlägt. Zudem soll der Raspberry Pi parallel auch noch andere Dinge erledigen – das Skript soll als Hintergrundprozess arbeiten. Dafür bietet Linux die sogenannten Daemons an, mit denen Sie ein Programm oder ein Skript als Hintergrunddienst arbeiten lassen können. Geben Sie auf der Konsole beispielsweise das Kommando

```
ps ax
```

ein, werden sämtliche Prozesse, also parallel laufende Programme, übersichtlich angezeigt. Ziel ist es, das entwickelte Skript automatisch als Daemon laufen zu lassen. Dafür nutzen Sie das daemon-Werkzeug, das Sie mit dem Kommando

```
sudo apt-get install daemon
```

auf dem Raspberry Pi installieren. Anschließend klärt der Befehl daemon -h in der Konsole über die Funktionsvielfalt des Tools auf. Grundsätzlich legen Sie das Shell-Skript (hier piri.sh) im lokalen Verzeichnis /usr/local/bin ab und erstellen dafür zusätzlich ein Startskript im Verzeichnis /etc/init.d – in diesem Beispiel mit der Bezeichnung piri. Je nachdem, welche Parameter und Konfigurationen für die Ausführung des Skripts notwendig sind, sind sie in einer eigenen Datei ausgelagert (hier piri.cfg) und werden über das Startskript gegebenenfalls miteingebunden.

```
sudo mkdir -p /etc/piri
sudo touch /etc/piri/piri.cfg
sudo nano /etc/init.d/piri
```

Für das Startskript `piri` im Verzeichnis `/etc/init.d` reichen auf die Schnelle zunächst folgende Zeilen aus:

```
#!/bin/bash
### BEGIN INIT INFO
# Provides:          piri
# Required-Start:    $local_fs $remote_fs $network $syslog $named
# Required-Stop:     $local_fs $remote_fs $network $syslog $named
# Default-Start:     2 3 4 5
# Default-Stop:      0 1 6
# X-Interactive:     true
# Short-Description: Start/stop Piri
### END INIT INFO
# -------------------------------------------------------
# Smart-Home mit Raspberry Pi-Projekte
# E.F.Engelhardt, Franzis Verlag, 2013
# -------------------------------------------------------
# Start-Skript: piri -> muss in /etc/init.d
# benoetigt /usr/local/bin/piri.sh
#
# -------------------------------------------------------
SCRIPTNAME="${0##*/}"
SCRIPTNAME="${SCRIPTNAME##[KS][0-9][0-9]}"
PiriBin=/usr/local/bin/piri.sh
PiriCfg=/etc/piri/piri.cfg
PiriName=piri
LockFile=/var/lock/piri
case "$1" in
  start)
        # Start daemon...
        echo -n "Starting Piri: "
        daemon --unsafe $PiriBin -c $PiriCfg -d --name=$PiriName
        echo
        touch $LockFile
        ;;
  stop)
        # Stop daemons...
        echo -n "Shutting down Piri: "
        daemon --stop --name $PiriName
#GEWALT        $0 kill
        ;;
  kill)
        # kill daemons...
```

```
        echo -n "Killing Piri: "
        while [ 1 ]; do
         PID=`ps hax | grep "daemon --unsafe $PiriBin" | grep "$PiriCfg" |
grep -v grep | cut -d' ' -f1 | head -n1`
         [ "$PID" = "" ] && exit
         echo "killing process [$PID]"
         kill -9 $PID
        done
        rm -f $LockFile
        ;;
  restart)
        $0 stop
        $0 start
        ;;
  status)
        daemon --running --name $PiriName
        ;;
  *)
        echo "Usage: piri {start|stop|restart|kill|status}"
        exit 1
esac

exit 0
# -------------------------------------------------------
```

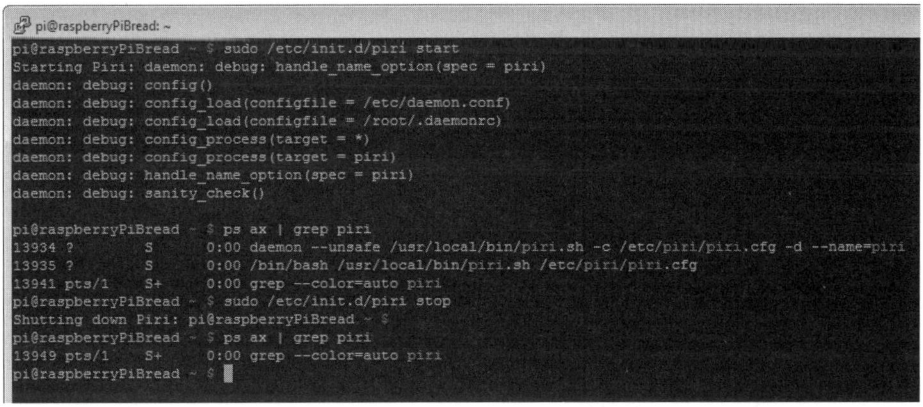

Bild 2.20: Starten und Beenden erfolgreich: Durch den Daemon kann das Selbstbau-Skript automatisch beim Rechnerstart wie ein Systemdienst gestartet und beim Herunterfahren gestoppt werden.

Damit sind die Voraussetzungen geschaffen, das selbstgebaute Skript automatisch beim Start vom Raspberry Pi im Hintergrund zu starten und zu betreiben. Nun müssen Sie das Start-Skript in die gewünschten Runlevel-Verzeichnisse verlinken. Grundsätzlich ist jedem Runlevel ein eigenes Verzeichnis unterhalb von Verzeichnis */etc/* zugeordnet. Jedes Start-Stop-Skript besitzt zwei Verknüpfungen:

Die Start-Verknüpfung beginnt mit dem Buchstaben S (Start), die Stop (Kill)-Verknüpfung mit dem Buchstaben K.

Grundsätzlich werden die Runlevels beim Start nacheinander ausgeführt, zunächst diejenigen, die mit K beginnen, anschließend jene mit S. Soll nun das gewünschte Skript beispielsweise als Dienst im Runlevel 2 laufen, so legen Sie in */etc/rc2.d* einen S-Link dafür an und in allen verbleibenden Runlevel-Verzeichnissen einen passenden K-Link. Die Abarbeitungsreihenfolge der Kill- und Start-Links wird durch die Nummerierung festgelegt. So wird beispielsweise K12Skriptname vor dem K34Testprogramm beendet. Darum müssen Sie sich jedoch nicht direkt kümmern und keine ln-Befehle im Terminal absetzen.

Die Reihenfolge und das ganze Drumherum liest der Befehl update-rc.d aus dem umfangreichen Kommentarteil im obigen Skript ein, der sich zwischen ### BEGIN INIT INFO und ### END INIT INFO befindet. Idealerweise nutzen Sie dieses als Vorlage. Anschließend fügen Sie das Skript mit dem Befehl update-rc.d in die entsprechende Runlevel ein:

```
sudo update-rc.d piri defaults
```

Um zu überprüfen, ob nun alles ordnungsgemäß in den Runlevels verlinkt ist, nutzen Sie den Befehl:

```
cd /etc
ls -l rc* | grep piri
```

Möchten Sie das Skript wieder aus den Runlevels entfernen, nutzen Sie das Kommando:

```
sudo update-rc.d piri remove
```

Haben Sie das Skript bzw. den Dienst aus den Runlevels entfernt, sollten Sie ihn vorsichtshalber abschließend beenden:

```
sudo invoke-rc.d piri stop
```

Damit ist gewährleistet, dass beim nächsten Herunterfahren des Raspberry Pi die Dienste auch sauber beendet sind und diesbezüglich keine Fehlermeldungen erscheinen.

2.3.3 WiringPi-API und Python

Um nun auch die Wiring-Pi-API mit der Skriptsprache Python nutzen zu können, installieren Sie die beiden Pakete *python-dev python-setuptools* mit dem Kommando

```
sudo -i
apt-get install python-dev python-setuptools
```

auf den Raspberry Pi. Anschließend klonen Sie das Git-Paket *WiringPi-Python.git* lokal auf die Speicherkarte, initialisieren das Repo-Paket und installieren die Python-Quellen mit dem auf *www.buch.cd* zur Verfügung stehenden *setup.py*-Skript.

```
git clone https://github.com/WiringPi/WiringPi-Python.git
cd WiringPi-Python
git submodule update --init
sudo python setup.py install
```

Die Dokumentation zur WiringPi finden Sie auf der Seite des Autors (*https://projects.drogon.net/raspberry-pi/wiringpi/*). Grundsätzlich werden WiringPi und die Zugriffsmethode/Zählung auf die GPIO-Pins, bevor die zur Verfügung stehenden Funktionen genutzt werden können, einfach per `import wiringpi` im Python-Code definiert Diese legen Sie über den Schalter

```
wiringpi.wiringPiSetupSys // -> /sys/class/gpio Definition mit GPIO Zählung
wiringpi.wiringPiSetup // sequentielle Pin Zählung
wiringpi.wiringPiSetupGpio // GPIO Pin Zählung
```

fest. Beachten Sie, dass Sie beim Einsatz der `/sys/class/gpio`-Methode zunächst die entsprechenden GPIO-Pins per `export`-Funktion zur Verfügung stellen müssen. In der Praxis sollten Sie sich auf eine systemweite einheitliche Nutzung festlegen. Hier hat sich die GPIO-Pin-Zählung bewährt, die sich auch einfach mit der Raspberry-Pi-GPIO-Bibliothek nutzen lässt. Diese steht in der aktuellsten Version kostenlos auf *http://pypi.python.org/pypi/RPi.GPIO* zum Download bereit.

2.4 Briefkastenalarm und Benachrichtigung im Eigenbau

Egal ob Bewegungssensor oder Schalter oder beides zusammen: Haben Sie einmal das Zusammenspiel der GPIO-Pins mit der Schaltung auf dem Steckboard und dem anschließenden Ansteuern per Shell-Skript, Perl oder Python verstanden, dann lässt sich nahezu jedes beliebige Gadget zu Hause realisieren, wie zum Beispiel ein Briefkasten-alarm. So brauchen Sie nicht mehrmals am Tag zum Briefkasten zu rennen, sondern lassen sich bequem per Signal, Mail oder SMS benachrichtigen, wenn die Briefkasten-klappe betätigt wurde. Auf den ersten Blick ist dies für manche eine »geekige« Spielerei, doch gerade für behinderte Menschen kann so etwas eine sinnvolle Bereicherung und Hilfe im Alltag darstellen, auch wenn die vorgestellte Lösung keinen Schutz vor unge-betenen Rechnungen oder Werbesendungen im Briefkasten bietet.

Der Einbau in einen Briefkasten ist nicht immer problemlos möglich und hängt natür-lich auch mit den Gegebenheiten vor Ort zusammen. So ein kleiner Reed-Schalter oder Druckschalter kann jedoch mit etwas Klebstoff und Kabelbindern so an einem Briefkas-ten montiert werden, dass dieser auch weiter wie gewohnt benutzbar bleibt. Prinzipiell ist die Anwendung auch nicht auf einen Briefkasten beschränkt, Sie können auch einen

Reed-/Magnetkontakt an der Eingangstür oder am Fenster anbringen und diese Zustandsänderung am Raspberry Pi weiterverarbeiten.

Dieses Projekt ist also variabel und kann nach Wunsch angepasst werden. Für die Verkabelung der Anschlüsse der Sensoren oder Schalter zum Raspberry Pi reicht prinzipiell dünner, isolierter Telefondraht aus, sodass der Raspberry Pi bequem und sicher innerhalb der eigenen vier Wände betrieben werden kann. Ist der Raspberry Pi mit einem WLAN-USB-Nano-Adapter versehen, sind Sie in Sachen Aufstellort noch flexibler und benötigen nur noch einen Stromanschluss.

2.4.1 Reed-Schalter und Sensoren im Einsatz

Reed-Schalter sind nichts anderes als Schalter, die sich über einen Magneten schalten lassen. Mit dieser Technologie sind in der Regel die Tür- bzw. Fensterkontakte und Signalgeber versehen. Sie lassen sich jedoch auch mit relativ wenig Aufwand in einer eigenen Schaltung, wie etwa in einem Briefkasten als Postzustellungsbenachrichtigung, einsetzen. Auch die Bauform des Schalters müssen Sie bei der Entwicklung einer Schaltung berücksichtigen.

Einen Schalter gibt es in der Bauform »Öffner« oder »Schließer«. Ein Schließer sorgt beim Betätigen für das Schließen des Stromkreises, während der Öffner den Stromkreis unterbricht. Zusätzlich gibt es Wechselschalter. Diejenigen, die eine neue Verbindung herstellen, bevor die alte getrennt wird, werden als »brückend« bezeichnet. Schalter, die den alten Stromkreis hingegen zuerst trennen, werden auch als nicht brückende Schalter bezeichnet.

Das Vorhandensein eines Schalters lässt sich gut auf dem Steckboard demonstrieren. Hier reicht in der Regel ein einfacher Stromkreis mit einer LED. Ist der Schalter geschlossen, dann ist es auch der Stromkreis, und die verbundene LED leuchtet. Bei geöffnetem Stromkreis ist die LED erloschen. In der vorgestellten Schaltung wird das Ausschalten anhand einer zweiten LED demonstriert.

In diesem Beispiel ist der Stromkreis geschlossen, und die grüne LED leuchtet. Wird der Schalter betätigt, wird der zweite Stromkreis geschlossen, die rote LED zum Leuchten gebracht und gleichzeitig die grüne LED abgeschaltet.

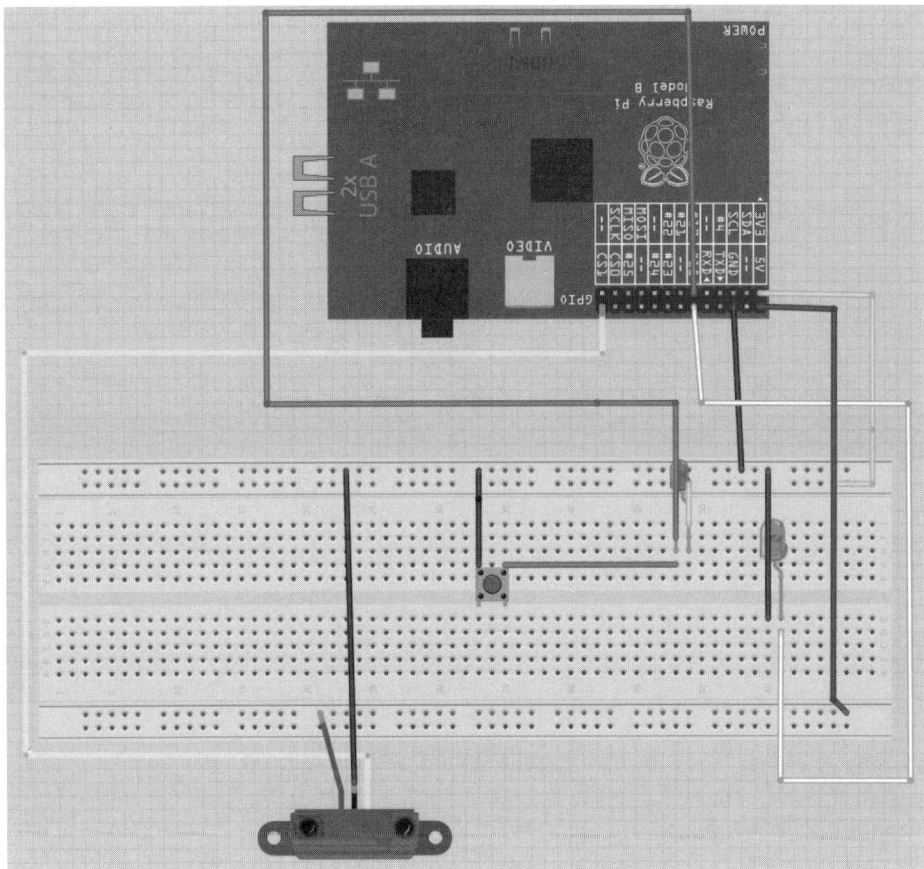

Bild 2.21: Diese LEDs mit 3,3 V benötigen beim Raspberry Pi keinen vorgeschalteten Widerstand.

Um auf Nummer sicher zu gehen, lässt sich der Schalter zusätzlich mit einem Licht- oder Bewegungssensormodul (in obiger Abbildung links unten, angeschlossen an GND, 5 V und GPIO-7) kombinieren, damit ausschließend Alarm oder eine Benachrichtigungsfunktion ausgelöst wird, wenn die Briefkastenklappe betätigt wird.

2.4.2 Shell-Skript für Schaltereinsatz

Mit den GPIO-Ein- und Ausgängen des Raspberry Pi können Sie nahezu alle Schaltkreise und Schalter überwachen und beispielsweise ein Relais bzw. einen Optokoppler schalten. In diesem Fall müssen Sie auch in der Steuerlogik (siehe Beispielskript unten) nicht nur die GPIO-Pins mit den betreffenden Anschlüssen der Schaltung verbinden, sondern auch im Skript eindeutig referenzieren und nutzen.

Aus Gründen der Übersichtlichkeit wurde in diesem Beispiel als Variable die Farbe der in der Schaltung genutzten LEDs verwendet. GPIO-17 ist für die rote LED, GPIO-18 für die grüne LED zuständig, und der GPIO-Eingang 07 wird in diesem Fall für den Bewegungssensor genutzt und anfangs über eine `init()`-Funktion auf ihre Startparameter initialisiert.

```bash
#!/bin/bash
# ----------------------------------------------------
# Smart-Home mit Raspberry Pi-Projekte
# E.F.Engelhardt, Franzis Verlag, 2013
# ----------------------------------------------------
# Skript: piriblink.sh
#
red=0 # ist GPIO 17 - Pin 11
green=1 # ist GPIO 18 - Pin 12
piri=11 # ist GPIO 07 - Pin 26
# --------------------------------------------------------------
# funktion init
# GPIO einstellen und LEDs initialisieren fuer Reed-Schalter
# --------------------------------------------------------------
init ()
{
  echo initialisieren...
  gpio mode $piri in
  gpio mode $piri up
  gpio mode $red in
  gpio mode $red up
  gpio mode $green out
  gpio write green 1
}
# --------------------------------------------------------------
# Schaltung initialisieren und ab in Schleife
# --------------------------------------------------------------
init
# schleife bis ctrl-c Abbruch
echo "PIRI Modul im Einsatz (Beenden mit: CTRL-C)"
while true; do
if [ $(gpio read $piri) -eq  0 ]; then
# keine bewegung
# -> ist schalter geschlossen
  if [ `gpio read $red` = 1 ]; then
    gpio write $green 1
  else
# -> ist schalter nicht geschlossen
    gpio write $green 0;
  fi
else
# kein schalter betaetigt
  gpio write $green 0;
```

```
    echo "Bewegung"
fi
sleep 0.1
done

exit 0
# -------------------------------------------------------------------
```

Nach dem Initialisieren geht das Skript umgehend in die (Dauer-)while-Schleife, die im laufenden Betrieb mit der Tastenkombination $\boxed{\text{Strg}}$ + $\boxed{\text{C}}$ abgebrochen werden kann, und prüft am GPIO-Eingang des Bewegungssensors, ob hier eine Zustandsänderung eingetreten ist oder nicht. Wird eine Bewegung gemeldet, dann erlischt die leuchtende grüne LED, und die Meldung *Bewegung* erscheint auf der Konsole.

Falls keine Bewegung erfolgt, kann die grüne LED trotzdem per manuellen Druck auf den Schalter ausgeschaltet werden, hier wird der Status des GPIO-Eingangs GPIO-17 geprüft. Liegt dort ein Signal an, leuchtet die rote LED. Die vorgestellte Briefkasten-schaltung kann für viele weitere Zwecke eingesetzt werden. Mit einer angeschlossenen Kamera können Sie die Schaltung, in diesem Fall ohne Schalter, als Kamera-Auslösersteuerung für eine im Vogelhaus montierte Kamera einsetzen.

2.5   Fotograf im Vogelhaus: Paparazzi Raspberry Pi

Paparazzi Pi im Eigenbau: Wie ein Schalter oder ein Sensor, beispielsweise ein PIR-Bewegungsmelder, erfolgreich mit dem Raspberry Pi gekoppelt werden kann, ist nach dem obigen Reed-Schalter-Experiment kein großes Geheimnis mehr. Im nächsten Schritt schließen Sie einfach eine Webcam über den USB-Anschluss an.

Dabei ist grundsätzlich nur darauf zu achten, dass die angeschlossene Kamera auch als /dev/video-Device erkannt wird. Prüfen Sie zunächst mit dem dmesg-Befehl auf der Konsole, ob die Kamera vom System überhaupt erkannt wurde. Falls ja, dann prüfen Sie zunächst, ob die Kamera auch als sogenannter Gerätelink im Raspberry Pi zur Verfügung steht:

```
ls /dev/video*
```

Ausgabe:

```
/dev/video0
```

Anschließend nutzen Sie obiges Shell-Skript (Datei: *piriblink.sh*) und integrieren dort die Steuerung der Kamera. Nimmt der PIR-Sensor eine Bewegung wahr, soll umgehend ein Befehl an die angeschlossene Kamera weitergeleitet werden, um eine Aufnahme zu erstellen.

2.5.1   Fotograf im Vogelhaus: fswebcam via Shell nutzen

Stecken Sie die USB-Webcam in den USB-Anschluss und prüfen Sie per `dmesg` bzw. `lsusb`-Kommando, ob das Gerät auch ordnungsgemäß vom System erkannt worden ist. In der Regel ist die Kamera als Videodevice `/dev/video0` im System eingehängt. Für die Nutzung der Kamera auf der Kommandozeile ist das Werkzeug `fswebcam` vorgesehen, das Sie mit dem Kommando

```
sudo apt-get install fswebcam
```

auf den Raspberry Pi installieren. Per `man fswebcam` erfahren Sie mehr über den Funktionsumfang des Werkzeugs.

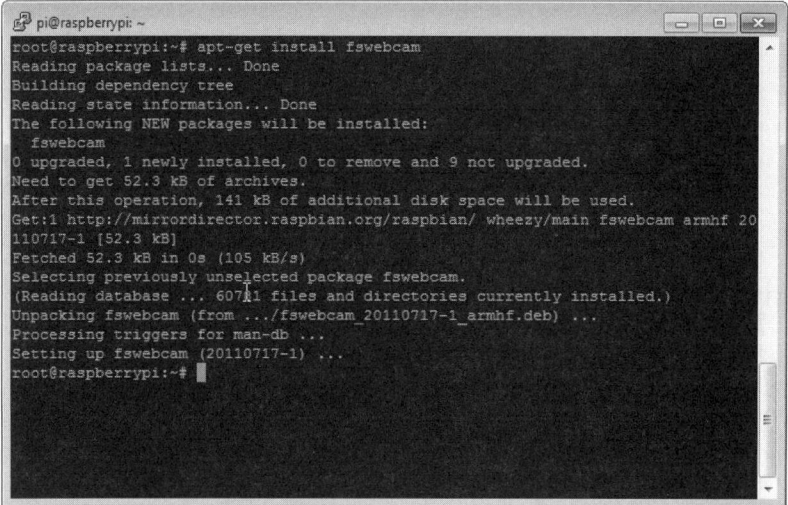

Bild 2.22: Wie gewohnt: Per `apt-get install`-Kommando ziehen Sie das fehlende Paket `fswebcam` auf den Raspberry Pi nach.

In diesem Fall starten Sie mit dem Kommando

```
/usr/bin/fswebcam -r 320x240 -i 0 -d /dev/video0 --jpeg 95 --shadow --title
"Raspi im Vogelhaus" --subtitle "Yummi-Front" --info "Monitor: Active" -v
/var/tmp/mailpic.jpg
```

eine Aufnahme und legen diese zunächst im Verzeichnis */var/tmp* mit der Bezeichnung *mailpic.jpg* ab. Prüfen Sie per `ls /var/tmp`-Kommando, ob `fswebcam` hier erfolgreich eine Aufnahme abgelegt hat oder nicht. Für den regelmäßigen, wiederkehrenden Einsatz nutzen Sie den `fswebcam`-Befehl in einer Schleife oder koppeln das Kommando im Skript mit dem Bewegungsmelder: Ausschließlich in dem Fall, dass der Sensor eine Bewegung feststellt, wird über `fswebcam` eine Aufnahme erstellt.

2.5.2 Kamera und Bewegungsmelder: Piri-Skript aufbohren

Im Folgenden wird das obige Skript (Datei: *piriblink.sh*) als Vorlage genutzt und das beschriebene fswebcam-Kommando mit dem angeschlossenen Sensor gekoppelt. Daneben sind noch LEDs integriert, die zwar nicht zwingend vorhanden sein müssen, jedoch einen zusätzlichen optischen Nutzen auf dem Steckboard bringen.

Bei der endgültigen Lösung auf der Platine können Sie diese jedoch einsparen und auf die entsprechenden Codezeilen verzichten (Variablen red und green, GPIO 17 (Pin 11) bzw. GPIO 18 (Pin 12)).

In diesem Skript wird nach Erkennung einer Bewegung in dem Konstrukt if ["$(ls /dev/video0)"]; then zunächst geprüft, ob das Gerät /dev/video0 zur Verfügung steht.

Wenn ja, wird eine Aufnahme erstellt und gespeichert. Ist keine Kamera angeschlossen, erfolgt nur eine Bildschirmmeldung (*KEIN Videodevice an Raspberry Pi angeschlossen*).

```bash
#!/bin/bash
# -----------------------------------------------------
# Smart-Home mit Raspberry Pi-Projekte
# E.F.Engelhardt, Franzis Verlag, 2013
# -----------------------------------------------------
# Skript: piriblinkcam.sh
#
red=0 # ist GPIO 17 - Pin 11
green=1 # ist GPIO 18 - Pin 12
piri=11 # ist GPIO 07
FILENAME=$(date +"%m-%d-%y|||%H%M%S")
MAILFILE="/var/tmp/mailpic.jpg"
# -----------------------------------------------------------
#  funktion init
#  GPIO einstellen und LEDs initialisieren fuer Reed-Schalter
# -----------------------------------------------------------
init ()
{
   echo initialisieren...
   gpio mode $piri in
   gpio mode $piri up
   gpio mode $foto out
   gpio mode $red in
   gpio mode $red up
   gpio mode $green out
   gpio write green 1
}
# -----------------------------------------------------------
# Schaltkreis einschalten
# -----------------------------------------------------------
```

```
init
# schleife bis ctrl-c
while true; do
if [ $(gpio read $piri) -eq  0 ]; then
  if [ `gpio read $red` = 1 ]; then
    gpio write $green 1
  else
    gpio write $green 0;
  fi
else
  gpio write $green 0;
  echo "Bewegung"
  echo "-> erstelle Aufnahme"
    if [ "$(ls /dev/video0)" ]; then
      echo "Videodevice an Raspberry Pi angeschlossen"
      /usr/bin/fswebcam -r 320x240 -i 0 -d /dev/video0 --jpeg 95 --shadow
--title "Raspi im Vogelhaus" --subtitle "Yummi-Front" --info "Monitor:
Active" -v $MAILFILE
      cp ${MAILFILE} /var/tmp/${FILENAME}.jpg
    else
      echo "KEIN Videodevice an Raspberry Pi angeschlossen"
    fi
fi
sleep 0.1
done
exit 0
# -----------------------------------------------------------------------
```

Der farblich hinterlegte Bereich wurde in diesem Skript ergänzt, um die Zusammenarbeit einer am Raspberry Pi angeschlossenen USB-Kamera mit dem Bewegungsmelder
zu ermöglichen.

```
pi@raspberryPiBread: ~
pi@raspberryPiBread ~ $ ./piriblinkcam.sh
initialisieren...
Bewegung
-> erstelle Aufnahme
ls: cannot access /dev/video0: No such file or directory
KEIN Videodevice an Raspberry Pi angeschlossen
Bewegung
-> erstelle Aufnahme
ls: cannot access /dev/video0: No such file or directory
KEIN Videodevice an Raspberry Pi angeschlossen
Bewegung
-> erstelle Aufnahme
ls: cannot access /dev/video0: No such file or directory
KEIN Videodevice an Raspberry Pi angeschlossen
Bewegung
-> erstelle Aufnahme
ls: cannot access /dev/video0: No such file or directory
KEIN Videodevice an Raspberry Pi angeschlossen
Bewegung
-> erstelle Aufnahme
ls: cannot access /dev/video0: No such file or directory
KEIN Videodevice an Raspberry Pi angeschlossen
Bewegung
-> erstelle Aufnahme
ls: cannot access /dev/video0: No such file or directory
KEIN Videodevice an Raspberry Pi angeschlossen
Bewegung
-> erstelle Aufnahme
ls: cannot access /dev/video0: No such file or directory
KEIN Videodevice an Raspberry Pi angeschlossen
Bewegung
-> erstelle Aufnahme
```

Bild 2.23: Bewegung erkannt: Nun prüft das Skript, ob eine USB-Webcam angeschlossen ist. Hier ist das nicht der Fall. Die Bewegung wird zwar registriert, löst jedoch keine Aufnahme aus.

Das war es zunächst. Sie können die Fotos nach Wunsch über WLAN auf ein externes Speichermedium, etwa über eine NFS- oder Samba-Freigabe in Ihrem Heimnetz auslagern. Alternativ richten Sie einen automatisierten E-Mail-Versand ein, mit dem die gemachten Aufnahmen aus dem Vogelhaus automatisch in das E-Mail-Postfach gelangen.

2.5.3 Ohne Strom nix los: Akkupack auswählen

Hängt das Vogelhaus im Garten an einem Baum und ist keine Steckdose in Sicht, dann können Sie sich idealerweise im Handyzubehörmarkt bedienen und den Raspberry Pi sozusagen als mobile Lösung nutzen. Wichtig ist eine Ausgangsspannung von 5 V. Damit der Raspberry Pi auch entsprechend Power bekommt und wenigstens eine Zeit lang betrieben werden kann, empfehle ich einen Akku mit mindestens 700 mAh, besser mehr.

Folgende Akkupacks sind mehr oder weniger geeignet, der Vergleich zeigt aber auch, dass nicht allein der Preis kaufentscheidend sein soll. In diesem Fall haben wir uns beim umfangreichen Sortiment des Münchner Kommunikationsexperten Niebauer GmbH (*www.niebauer.com*) bedient und die Raspberry Pi-tauglichen Akkupacks miteinander verglichen.

Produkt	Kapazität	Bemerkung	Preis
Samsung ext. Akkupack EEB-EI1C weiß	9.000 mAh	inkl. 30-Pin-Datenkabel, Micro-USB-Datenkabel	ca. 80 €
Raikko USB AccuPack 5200	5200 mAh	USB-Daten-/Ladekabel samt Adapter im Lieferumfang, Netzteil dabei, lange Ladezeit	ca. 40 €
Conceptronic Universal USB Power Pack	1500 mAh	USB-Daten-/Ladekabel samt Adapter im Lieferumfang, kompakt und leicht	ca. 50 €
Sanyo Eneloop KBC-L2B	1000 mAh	Micro, Mini-USB-Anschluss, Netzteil dabei, 130 Gramm, sehr lange Ladezeit	ca. 40 €
Anker Astro 3E	10000 mAh	USB-Adapter im Lieferumfang, kein Netzteil, flaches Design, sehr lange Ladezeit	ca. 100 €

Mit einer Kapazität von 9000 mAh laden Sie ein Smartphone wie das iPhone 4S oder das Samsung Galaxy S3 vier- bis fünfmal vollständig auf. Vom Preis-Leistungs-Verhältnis und Gewicht her stellt das Raikko USB AccuPack 5200 von Niebauer in Sachen Akku-Einsatz für den Raspberry Pi den besten Kompromiss dar. Das Kraftpaket eignet sich vor allem wegen der Bauform und des geringen Gewichts ideal für den Einsatz im Vogelhaus-Projekt.

2.5.4 Vogelhaus-Montage: kleben und knipsen

Je nach verwendetem Raspberry-Pi-Gehäuse und Größe des genutzten Vogelhauses kommt es darauf an, wo bzw. wie Sie den Raspberry Pi unterbringen. Bei größeren Modellen wie beispielsweise dem Modell Eigenbau lässt sich der Raspberry schön unter dem Dach des Vogelhauses unterbringen, für die Kabel der Kamera müssen jedoch passende Öffnungen geschaffen werden. Diese Arbeiten kommen aber erst zum Schluss.

Zunächst passen Sie die Komponenten genau ein. Dabei lautet die Empfehlung, den Platz für die Elektronik etwas großzügiger zu bemessen und somit auch ein größeres Vogelhaus zu bauen oder anzuschaffen. Bei diesem Prototypen musste die Elektronik aufgrund der beengten Verhältnisse außerhalb des Vogelhauses Platz finden, lediglich der Bewegungssensor und das Kameramodul hatten im Vogelhaus noch Platz. Das war wohl auch der Grund, warum sich in den zwei Wochen, in denen das Vogelhaus in Betrieb war, kein Vogel blicken ließ.

Bild 2.24: Vogelhaus-Erlkönig mit Bewegungsmelder: Der Platzbedarf für Kamera und Verkabelung ist nicht zu unterschätzen. In diesem Fall mussten der Raspberry Pi und der Akkublock außerhalb des Vogelhauses provisorisch mit Klebeband und Kabelbinder befestigt werden.

Nutzen Sie hingegen ein großzügig bemessenes Vogelhaus und locken die Piepmätze mit einem Meisenknödel, dann stehen die Chancen gut, dass im Vogelhaus-Einsatz viele Fotos geschossen werden. Bei einer zu klein geratenen Speicherkarte im Raspberry Pi ist auch aus Speicherplatzgründen der sofortige Versand des Bildes per WLAN eine gute Sache.

2.6 Raspberry Pi unter Strom: Smart Home im Eigenbau

Smart Home im Eigenbau hat naturgemäß nur dann richtig Sinn, wenn Sie auch einen Überblick haben, wie viel Strom das Haus oder die Wohnung bzw. die einzelnen Verbraucher darin komplett benötigen. Zu den späteren Optimierungen und Neuanschaffungen von Stromverbrauchern gehören auch passende Messmöglichkeiten. Der geringe Stromverbrauch des Raspberry Pi kommt natürlich Ihrer Energiebilanz zugute. Weniger Strom für Messeinrichtungen bedeutet weniger Kosten und Mess-Overhead insgesamt.

Ideal ist gerade bei den vermeintlichen Stromfressern eine Live-Verbrauchsanzeige, geteilt nach Stromkreis. Manche Lösungen bieten gar die Möglichkeit, Grenzwerte festzulegen und je nach Verbrauch eine automatische Benachrichtigung und/oder einen Schaltvorgang auszulösen.

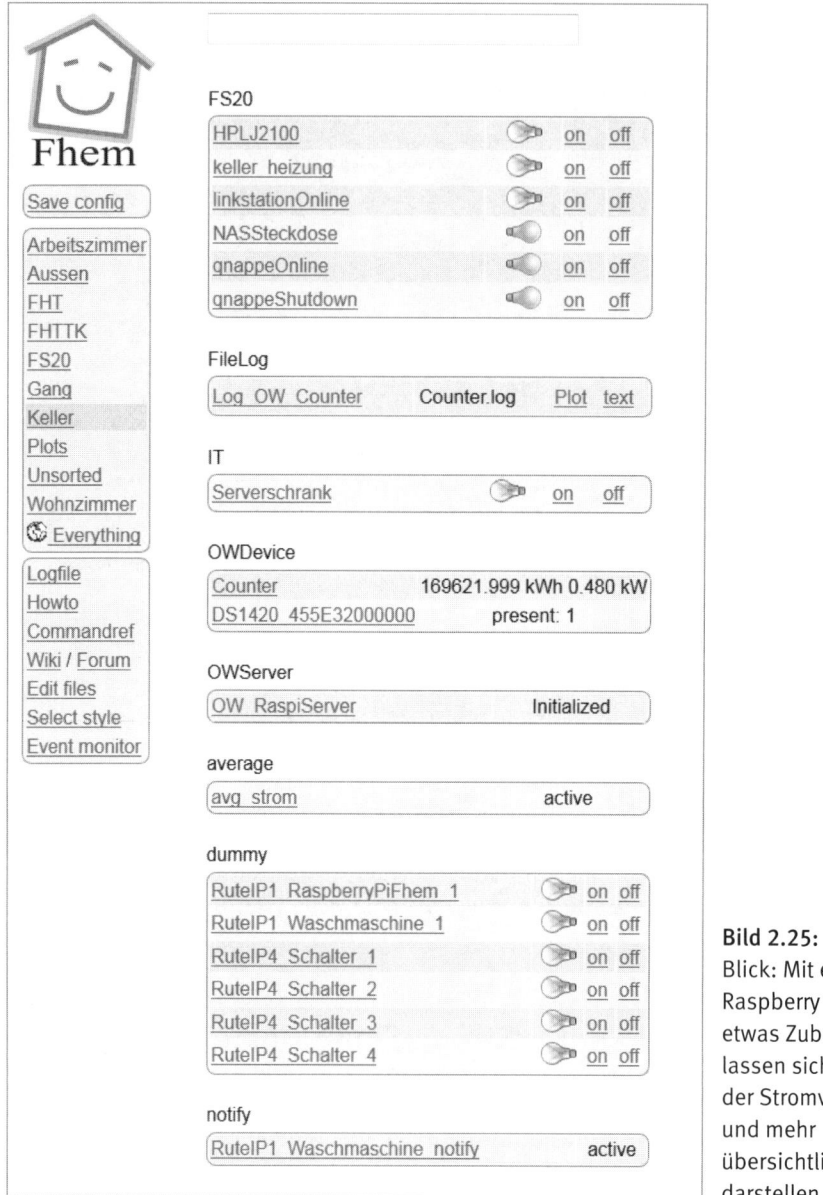

Bild 2.25: Alles im Blick: Mit einem Raspberry Pi und etwas Zubehör lassen sich auch der Stromverbrauch und mehr übersichtlich darstellen.

Lief früher jährlich ein zweibeiniger Ableser durch die Straßen und nahm den Zählerstand für den Energieversorger auf, ist diese Arbeit heutzutage so gut wie verschwunden. Entweder beruht der Verbrauch auf Schätzwerten oder der Zählerstand wird von den Eigentümern bzw. Mietern selbst mitgeteilt. Der Trend geht heutzutage zu einer selbstständigen Übermittlung der Verbrauchswerte an den Versorger. Wer noch den Überblick über seinen Stromverbrauch haben möchte, der kann diesen heute selbst mit einem klassischen Stromzähler mit Drehscheibe elektronisch und automatisiert erfassen. Die Bastelgemeinde und kleinere Elektronikanbieter im Internet bieten entsprechende Lösungen, um an die Zählerdaten zu gelangen, damit sie über den Computer oder besser über ein 1-Wire-Netzwerk weiterverarbeitet werden können.

Moderner als die betagte Drehscheibe ist beispielsweise der elektronische Haushaltszähler (abgekürzt eHZ), der meist auch mehrere unterschiedliche Tarife (beispielsweise Tages- und Nachtstrom) verwalten kann. Gerade mit der Anschaffung bzw. dem Einbau einer Photovoltaikanlage wird ein neuer Stromzähler notwendig, der auch den Strom mitzählen kann, der in das Stromnetz des Anbieters eingespeist wird. Dieser Zweirichtungszähler hat neben der Digitalanzeige an der Vorderseite eine Infrarotdiode (IR-Diode), die die aktuellen Zählerstände ausgibt. Somit fällt die klassische Zählscheibe weg, die Digitalanzeige lässt sich auch nicht anzapfen, doch die Zählerdaten eines eHz lassen sich über eine IR-Diode auslesen sowie auf das Netzwerk übertragen, was eine zusätzliche Anschaffung eines IR-Lesekopfs notwendig macht.

Wie bei der Zählscheibenlösung ist auch hier der Selbstbau der Hardware für Bastelbegeisterte mit einem überschaubaren Aufwand möglich. Wer auf eine fertige Lösung zurückgreifen möchte, der wird am Markt fündig. Eine gute Fundgrube ist die Webseite *www.volkszaehler.org* – dort gibt es auch gut dokumentierte Anleitungen für den Selbstbau eines Zählscheibenzählers oder des IR-Lesekopfs (*http://wiki.volkszaehler.org/ hardware/controllers/ir-schreib-lesekopf-usb-ausgang*).

Die klassischen eHZ-Haushaltszähler kommen mit dem Datenprotokoll *SML* (Smart Message Language) und bieten alle 1 bis 4 Sekunden eine lastabhängige SML-Sendung im Push-Betrieb, die anschließend entgegengenommen und decodiert werden muss. Wer sich für den Aufbau, das Format sowie die Dekodierung der SML-Frames interessiert, erhält im PDF-Dokument der Firma iTrona GmbH (*http://www.itrona.ch/stuff/F2-2_PJM_5_Beschreibung SML Datenprotokoll V1.2_26.04.2011.pdf*) weitere Hinweise und Informationen.

Wesentlich moderner als die Drehzählscheibe und die erste Generation der eHZ-Stromzähler sind vollelektronische Drehstromzähler, die neben einer digitalen Anzeige des Verbrauchs auf dem Minidisplay auch eine sogenannte S0-Schnittstelle für die Verbrauchsdaten mitbringen. Diese lassen sich mithilfe eines Daten-Loggers mitprotokollieren und auf dem Raspberry Pi weiterverarbeiten. Anhand des Drehstromzählers Eltako DSZ12D-3x65A mit Display, der über die S0-Schnittstelle mit einem 1-Wire-Dual-S0 Zählermodul verbunden ist, wird diese Lösung nachfolgend dargestellt. Sie können aber auch andere Drehstromzähler verwenden, die eine S0-Schnittstelle mitbringen.

Bild 2.26: Drehstromzähler mit Drehscheibe: So oder ähnlich sind seit Jahrzehnten die Stromzähler der Energieversorger aufgebaut.

2.6.1   Einbau und Anschluss eines Drehstromzählers

Es gibt Dinge, die macht man selbst und spart dabei viel Geld. Es gibt jedoch auch Dinge, die lässt man aus Sicherheitsgründen lieber von Fachpersonal erledigen: Arbeiten wie der Einbau und Anschluss eines (zusätzlichen) Drehstromzählers und das Verkabeln der Hutschienenkomponenten im Sicherungs- bzw. Schaltkasten gehören definitiv dazu.

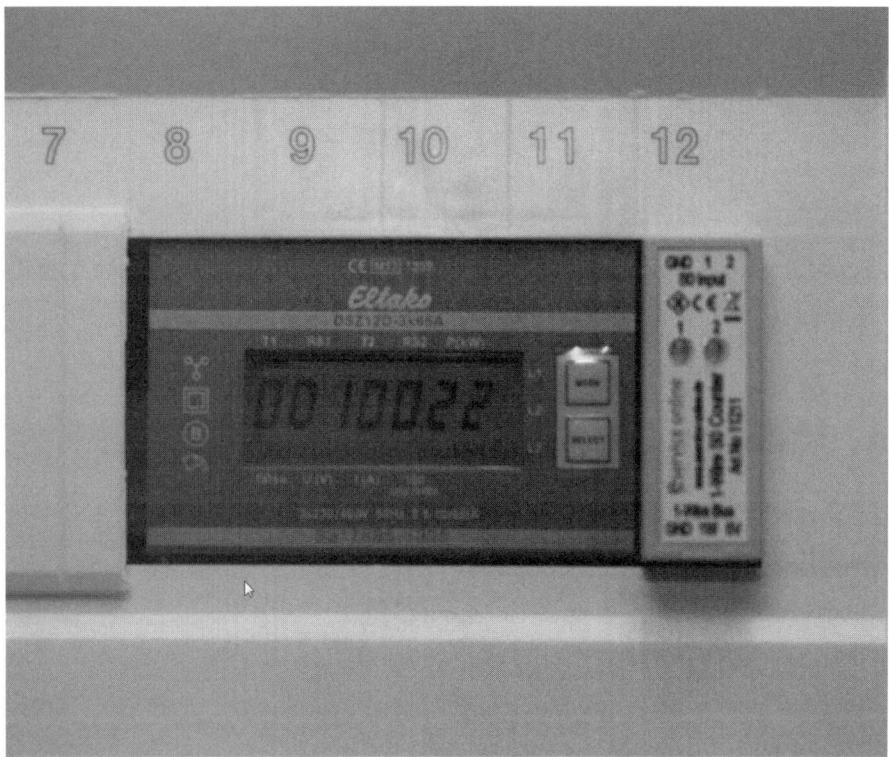

Bild 2.27: Der Anschluss des Eltako DSZ12D-3x65A ist vom Fachmann relativ schnell erledigt, vorausgesetzt, auf der Hutschiene ist noch genügend Platz.

Der Stromzähler wird anschließend mit einem zweiadrigen Kabel mit dem Zählmodul über den S0-Bus verbunden. Der (−)-Anschluss des Stromzählers wird hier zur Masse (GND), der (+)-Anschluss wird zu Eingang 1 (1) des S0-Anschlusses geführt. Vom Zählmodul wird anschließend das 1-Wire-Kabel (dreiadrig, mit GND, Daten, 5-V-Leitung) zum 1-Wire-USB-Adapter geführt, der wiederum mit dem Raspberry Pi über die USB-Schnittstelle verbunden wird.

2.6.2 1-Wire-USB-Connector im Einsatz

Für den Anschluss von 1-Wire-Geräten am Raspberry Pi haben Sie mehrere Möglichkeiten. Neben der GPIO-Selbstbaulösung, die im Heizungstemperaturprojekt im Abschnitt 2.19.1 »Steckboard sei Dank: Temperaturmessung im Eigenbau« beschrieben wird, ist für die bequeme 1-Wire-Fraktion ein passender USB-Adapter wie der DS9490R die einfachste Lösung.

Bild 2.28: Links der blaue DS9490R (DS1490F), rechts der schwarze DS9097U-COM-to-1-Wire-USB-Adapter

Hier werden 1-Wire-Geräte wie beispielsweise Temperaturfühler oder das Counter-Modul für den Smart-Home-Zähler einfach mit dem RJ11-Stecker verbunden. Am besten nutzen Sie dafür ein sechsadriges Telefonkabel – von sechs Adern werden im Falle des DS1490F nur die ersten drei (Pin 1–3) benötigt. Alternativ besorgen Sie sich einen RJ11/RJ12-zu-RJ45-Adapter, um normale Patch-Kabel für den 1-Wire Bus zu nutzen. In unserem Beispielfall wurden die 1-Wire Pins wie folgt auf das RJ45-Kabel geführt:

PIN-RJ12 (Buchse)	Signal	Beschreibung	Kabel RJ45	PIN-RJ45
Pin 1	VDD	5-V-Ausgang	weiß/braun	7
Pin 2	GND	Masse	grün	6
Pin 3	OW	1-Wire-Daten	weiß/blau	5
Pin 4	OW_OW	1-Wire-Daten-GND-Return	-	4
Pin 5	SUSO	USB Suspend Out	-	3
Pin 6	NC	Keine Verbindung	-	2

Hinweis: Beachten Sie den Unterschied zwischen dem RJ11- und dem RJ12-Standard. Üblicherweise nutzen Sie für 1-Wire auf dem Raspberry Pi und den USB-Adaptern RJ12-Stecker und -Kabel. Zwar besitzt RJ11 ebenfalls sechs Pins, es sind bei einem RJ11-Kabel jedoch nur vier bestückt, da die beiden äußeren Leitungen (1 und 6) fehlen. Achten Sie darauf, dass in der Tabelle die Pin-Zählung der RJ12-Buchse absteigend, weil spiegelverkehrt, erfolgt.

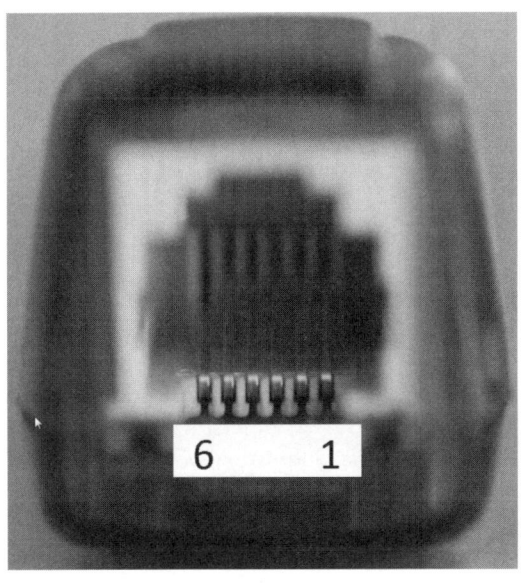

Bild 2.29: Rückwärtszählen: Bei der RJ11/RJ12-Buchse ist die Zählrichtung der Pins absteigend, weil spiegelverkehrt.

Das entspricht der Pin-Belegung, wenn Sie in die Steckerbuchse des USB-Adapters blicken. Sobald das 1-Wire-Kabel angeschlossen ist, testen Sie zunächst den Bus – werden alle Geräte ordnungsgemäß erkannt und funktionieren sie einwandfrei?

Für 1-Wire nutzen Sie die drei Kabelanschlüsse GND (Ground), Daten (DATA) und 5 V (VDD). Grundsätzlich darf der 1-Wire Bus bis zu 100 Meter lang werden und kann auch Abzweigungen und Verästelungen (Stern-Topologie) haben. Die angeschlossenen Geräte werden anhand ihrer eindeutigen 64-Bit-ID unterschieden. Beachten Sie, dass es je nach USB-Adapter und verwendetem Chip bezüglich der Pin-Belegung zu erheblichen Unterschieden kommen kann. Beispielsweise ist der obige DS9097U-USB-COM-Adapter laut Datenblatt mit nachstehender Pin-Belegung bestückt.

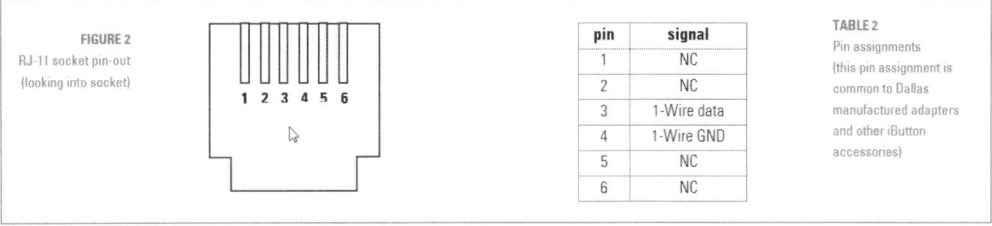

Bild 2.30: Die Pin-Belegung des DS9097U: Daten auf Pin 3, Masse auf Pin 4. Der 5V-Stromanschluss muss hier extern bezogen werden.

Der schwarze DS9097U-COM-to-1-Wire-USB-Adapter nutzt von den sechs Anschlüssen nur zwei. Die jeweils äußeren beiden Kabelverbindungen (1, 2 und 5, 6) sind nicht bestückt. Pin 3 führt hier 1-Wire-Daten, Pin 4 ist für die Masse (GND) vorgesehen. Gerade beim Einsatz mit dem Raspberry Pi ist es jedoch sinnvoll, sich auf eine einheitliche 1-Wire-Strategie zu einigen. Hier wird die 3-adrige Technik mit Masse (GND), Daten und 5-V-Stromversorgung präferiert, um für zukünftige Anwendungszwecke gewappnet zu sein. Im Folgenden wird der DS9490R für den Anschluss der 1-Wire-Komponenten genutzt und anschließend mittels owfs mit dem Dateisystem des Raspberry Pi gekoppelt.

2.6.3   1-Wire-Bus und 1-Wire-USB-Connector prüfen

Gerade beim Einsatz eines 1-Wire-USB-Connectors wie des DS9490R mit RJ11/12-Buchse ist es zu Testzwecken sinnvoll, die eingesetzten 1-Wire-Geräte sowie die Verdrahtung vor dem praktischen Einsatz auf ihre ordnungsgemäße Funktion zu testen. Mit dem DS9490 koppeln Sie einen kompletten 1-Wire-Bus an den USB-Port. Dieser wird über die libusb-Bibliothek angesteuert, die von *OWFS* unterstützt wird. Die einfachste Möglichkeit ist die eigens dafür vorhandene Software *OneWireViewer*, die kostenlos auf den Webseiten von Maxim Integrated (*www.maximintegrated.com/ products/ibutton/software/1wire/OneWireViewer.cfm*) zur Verfügung steht.

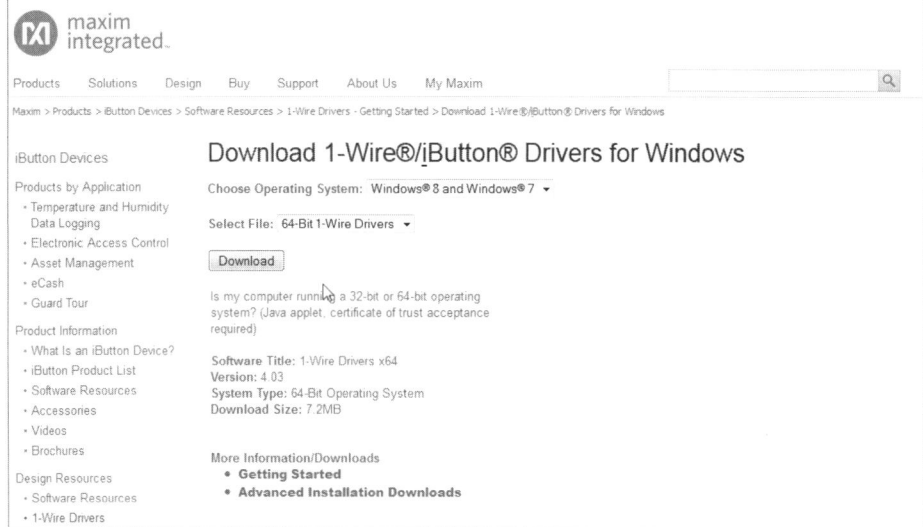

Bild 2.31: *www.maximintegrated.com/products/ibutton/software/tmex/:* Dort laden Sie sich die Treiber für den USB-1-Wire-Adapter herunter, der sich neben dem Raspberry Pi auch auf einem Windows-PC einsetzen lässt.

Nach dem Download starten Sie die Installation und klicken diese bis zum Ende durch. Hierbei werden der passende USB-Treiber sowie die Software zum Auslesen des 1-Wire-Bus installiert. Wichtig ist, dass der USB-1-Wire-Adapter noch nicht am Windows-PC eingesteckt ist, dies sollten Sie erst nach Abschluss der Installation tun.

Bild 2.32: Da der 1-Wire-Treiber im Rahmen der Softwareinstallation mit auf dem Windows-PC installiert wird, sollte der USB-Adapter auch erst nach Abschluss der Installation am USB-Anschluss eingesteckt werden.

Nach Abschluss der Installation kann der USB-Adapter in den USB-Anschluss gesteckt werden. Nach einem Augenblick werden die passenden Treiber initialisiert und in Betrieb genommen. Anschließend wird der 1-Wire-Adapter im Windows-Gerätemanager im Bereich *1-Wire* geführt.

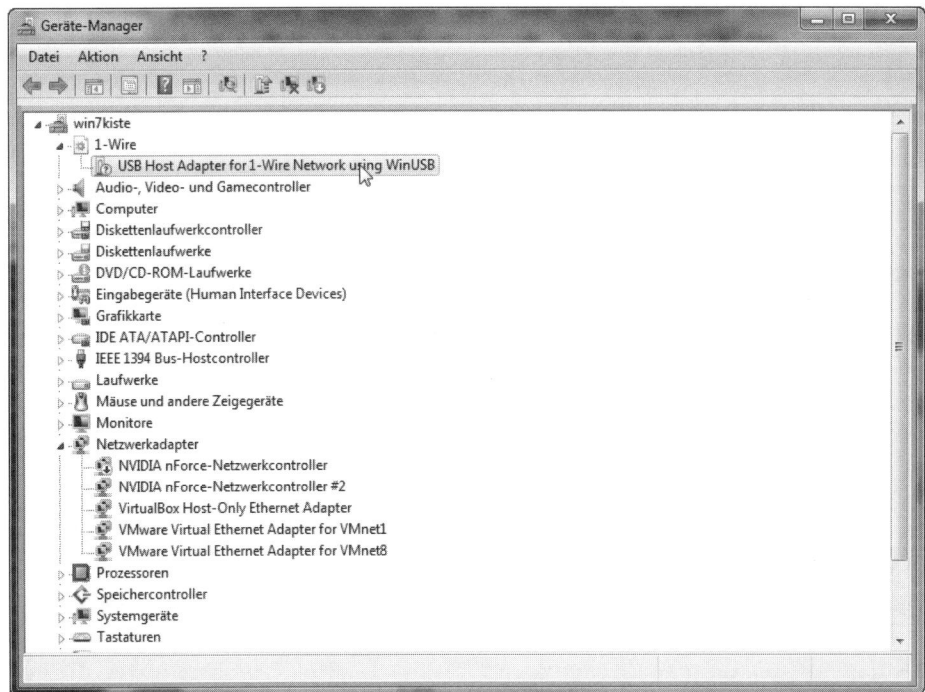

Bild 2.33: Erfolgreich initialisiert und betriebsbereit: der 1-Wire-Adapter am USB-Anschluss

Ist der USB-Adapter gesteckt und wurde am 1-Wire-Kabel das eine oder andere 1-Wire-Gerät angeschlossen, dann werden die erkannten Devices in der Übersicht des gestarteten *OneWireViewer*, den Sie in der Programmgruppe von Windows finden, mit ihrer Geräte-ID gelistet.

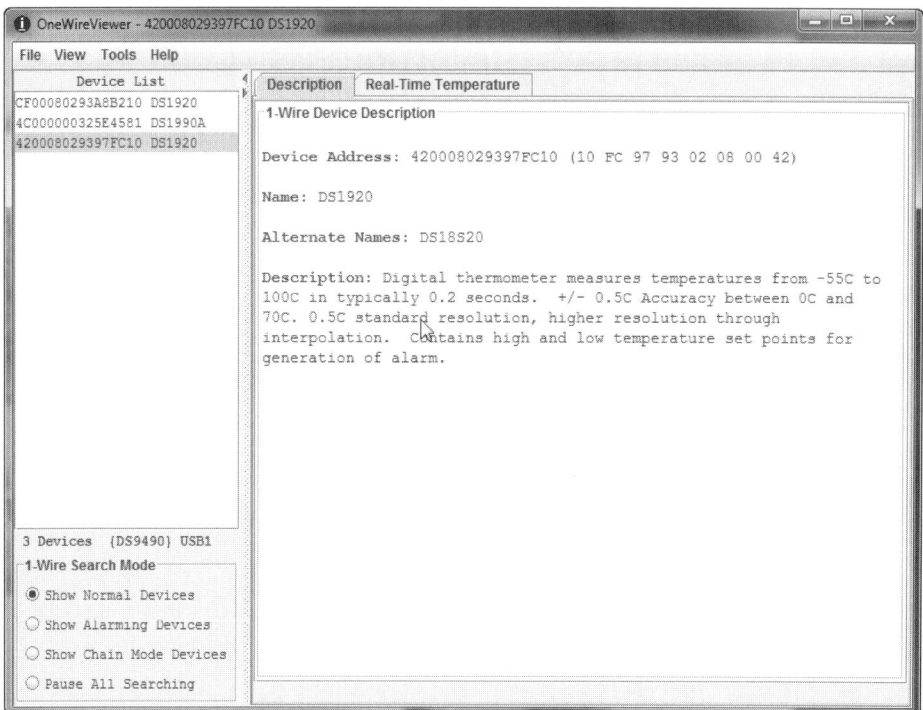

Bild 2.34: Ordnungsgemäß bestückt: In diesem Beispiel werden zwei Temperaturfühler (hier: DS1920) mit dem USB-Adapter gekoppelt.

Anschließend können Sie über das Register *Real-Time Temperature* die aktuelle Temperatur des Sensors abfragen und in einem Diagramm darstellen lassen. Funktioniert die 1-Wire-Schaltung, stecken Sie den USB-Adapter vom Windows-PC ab. Nun kann der USB-Adapter auf dem Raspberry Pi samt den angeschlossenen Komponenten zum Einsatz kommen.

2.6.4   OWFS: kompilieren und installieren

Das Wichtigste vorweg: Für den Zugriff auf die Daten des 1-Wire-Bus gibt es unter Linux bzw. dem Raspberry Pi verschiedene Möglichkeiten. Neben dem betagteren *DigiTemp*-Verfahren und *w1retap* ist das OWFS (1-Wire-Filesystem) sehr verbreitet. Auch in diesem Abschnitt kommt es zum Einsatz. Zunächst bringen Sie den Raspberry Pi per `apt-get update && apt-get upgrade` auf den aktuellsten Stand und installieren dann `fuse` und `libusb` samt abhängiger Pakete auf den Raspberry Pi. Je nachdem, wie viele Pakete fehlen, kann sich die Installation etwas ziehen. Anschließend holen Sie sich die aktuellste Version von OWFS-Dateisystem (*http://sourceforge.net/projects/owfs/files/*), die Sie am besten per vorangestelltem `wget` auf den Raspberry Pi laden und danach per `tar`-Kommando entpacken.

```
sudo -i
apt-get update && apt-get upgrade
apt-get install fuse-utils libfuse-dev libfuse2 automake autoconf autotools-
dev  gcc g++ libtool libusb-dev fuse-utils libfuse-dev swig  tcl8.4-dev
php5-dev
wget http://downloads.sourceforge.net/project/owfs/owfs/2.9p0/owfs-
2.9p0.tar.gz
tar -xzf owfs-2.9p0.tar.gz
cd owfs-2.9p0/
./configure -enable-usb -enable-owfs -enable-w1
```

Wechseln Sie in das Verzeichnis und bereiten Sie per `./configure` das Kompilieren von OWFS vor: Schalten Sie die USB-Unterstützung sowie den 1-wire- und OWFS-Support mit den angegebenen Optionen ein. Nach einem kurzen Moment sollte eine Rückmeldung in Form einer etwas längeren Bildschirmmeldung erscheinen, die Sie dann auf `DISABLED`-Einträge prüfen.

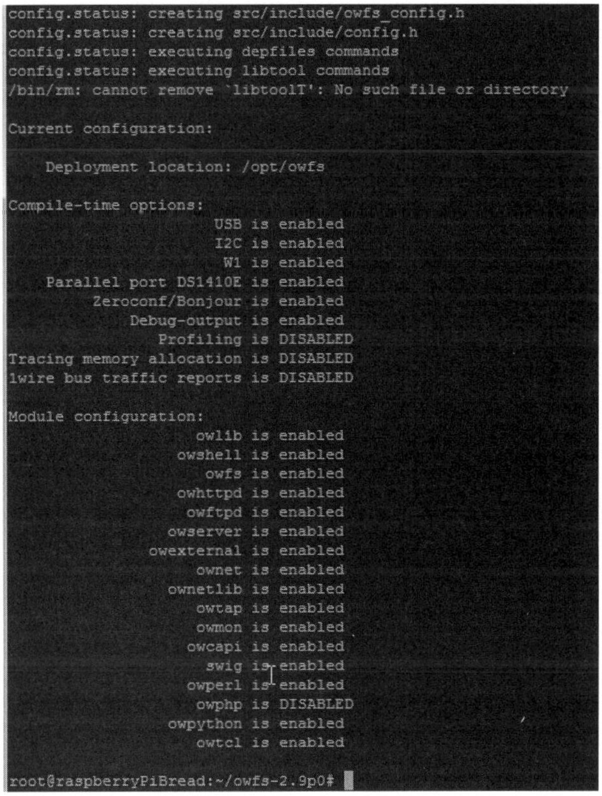

Bild 2.35: Falls hier eine Meldung `owfs is DISABLED` erscheint, sollten Sie prüfen, ob in Sachen `fuse`-Installation noch abhängige Pakete fehlen.

Erscheint die obige Bildschirmausgabe, dann fahren Sie mit folgendem Kommando fort, um owfs auf dem Raspberry Pi zu kompilieren.

```
make && make install
```

Dafür können Sie rund 30 Minuten auf dem Raspberry Pi einplanen. Die restlichen Arbeiten für owfs sind schnell erledigt. Legen Sie anschließend im Filesystem für den Mountpoint ein Verzeichnis an. Hier wird das Verzeichnis /owfs genutzt und im nächsten Schritt die Berechtigung per chmod gesetzt.

```
mkdir -p /owfs
chmod 777 /owfs
```

Nun lässt sich das owfs-Filesystem auf das angelegte Verzeichnis mounten (hier mit USB-Option), nachdem Sie mit modprobe den fuse-Treiber initialisiert haben. Damit es nach einem Neustart des Rechners auch funktioniert, sollten Sie in die Datei /etc/modules das Modul fuse eintragen.

```
modprobe fuse
ls -la /owfs
/opt/owfs/bin/owfs --Celsius --usb /owfs
```

Je nachdem, wie viele 1-Wire-Geräte sich auf dem Bus tummeln, kann unter Umständen ein mehrmaliges Mounten des Verzeichnisses nötig werden. Für den späteren Einsatz in einer Nicht-root-Umgebung sollten Sie schon einmal die Nutzung von fuse in der Datei /etc/fuse.conf konfigurieren.

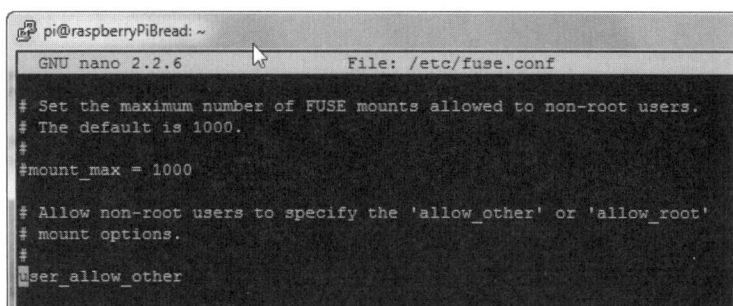

Bild 2.36: Hier entfernen Sie einfach vor dem Eintrag user_allow_other das vorangestellte Lattenzaunsymbol #, um den Eintrag zu aktivieren.

Das Unmounten des Filesystems erfolgt, falls nötig, mit dem Kommando:

```
fusermount -u /owfs
```

Beachten Sie, dass für den OWFS-Betrieb immer das Kernel-Modul und die Bibliothek von fuse benötigt werden. In der Regel sollten Sie fuse über /etc/modules automatisch starten lassen, damit auch OWFS grundsätzlich betriebsbereit ist. Durch die Abbildung über virtuell bereitgestellte Dateien in das Dateisystem sind nun sämtliche Standard-Dateioperationen wie Lesen, Schreiben, Verzeichnisliste auf dem 1-Wire-Bus möglich. Manche Funktionen wie Erstellen, Löschen oder Umbenennen von Dateien innerhalb des 1-Wire-Filesystems sind naturgemäß nicht möglich – hier steht nur der Umweg über einen symbolischen Link zur Verfügung. Nach dem Aktivieren des `fuse`-Treibers sollte anschließend der `ls`-Befehl die angeschlossenen 1-Wire-Komponenten zeigen.

```
ls -la /owfs
cat /owfs/10.B2A893020800/temperature
```

Mit dem `cat`-Kommando lassen sich nun die Attribute der angeschlossenen 1-Wire-Geräte auslesen.

```
pi@raspberryPiBread ~ $ sudo -i
root@raspberryPiBread:~# modprobe fuse
root@raspberryPiBread:~# sudo ls -la /owfs
total 8
drwxrwxrwx  2 root root 4096 Apr 26 21:18 .
drwxr-xr-x 23 root root 4096 Apr 26 21:18 ..
root@raspberryPiBread:~# /opt/owfs/bin/owfs --Celsius --usb /owfs
DEFAULT: ow_usb_msg.c:(295) Opened USB DS9490 bus master at 1:4.
DEFAULT: ow_usb_cycle.c:(191) Set DS9490 1:4 unique id to 81 45 5E 32 00 00 00 4C
root@raspberryPiBread:~# sudo ls -la /owfs
total 4
drwxr-xr-x  1 root root    8 Apr 28 16:03 .
drwxr-xr-x 23 root root 4096 Apr 26 21:18 ..
drwxrwxrwx  1 root root    8 Apr 28 16:03 10.B2A893020800
drwxrwxrwx  1 root root    8 Apr 28 16:03 10.FC9793020800
drwxrwxrwx  1 root root    8 Apr 28 16:03 81.455E32000000
drwxr-xr-x  1 root root    8 Apr 28 16:03 alarm
drwxr-xr-x  1 root root    8 Apr 28 16:03 bus.0
drwxr-xr-x  1 root root    8 Apr 28 16:03 settings
drwxrwxrwx  1 root root    8 Apr 28 16:03 simultaneous
drwxr-xr-x  1 root root    8 Apr 28 16:03 statistics
drwxr-xr-x  1 root root   32 Apr 28 16:03 structure
drwxr-xr-x  1 root root    8 Apr 28 16:03 system
drwxr-xr-x  1 root root    8 Apr 28 16:03 uncached
root@raspberryPiBread:~# cat /owfs/10.B2A893020800/temperature
       23.5root@raspberryPiBread:~#
```

Bild 2.37: Über den `cat`-Befehl lesen Sie die Temperaturen der angeschlossenen Sensoren aus. In diesem Beispiel werden 23,5 Grad Celsius gemessen.

Nun sind der USB-Adapter sowie der 1-Wire-Bus auf dem Raspberry Pi betriebsbereit. Im nächsten Schritt schließen Sie den 1-Wire-Zähler für den Drehstromzähler an, um den gemessenen Stromverbrauch auf dem Raspberry Pi darzustellen, damit dieser an weitere Frontends zwecks Darstellung und Weiterverarbeitung übermittelt werden kann. Besser ist es, für weitere Zwecke die OWFS-Konfiguration in einer eigenen Datei, `/etc/owfs.conf`, unterzubringen und diese beim Start des jeweiligen Daemons anzugeben.

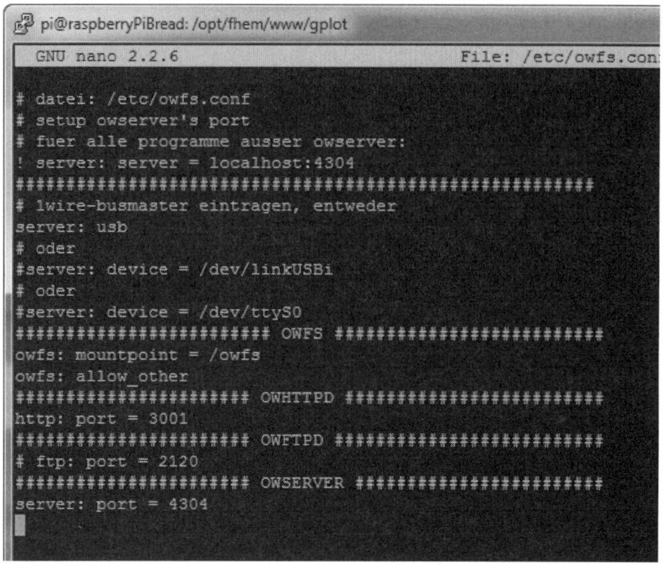

Bild 2.38: In der `owfs`-Konfigurationsdatei legen Sie den genutzten Port (`4304`), den `http`-Port (hier: `3001`) sowie den Mountpoint (hier: `/owfs`) und die Zugriffsberechtigungen (`allow_other`) fest.

Sind die `owfs`-Parameter in der Konfigurationsdatei festgelegt worden, dann können Sie die gewünschten `owfs`-Dienste starten. Hier stehen neben dem klassischen `owserver`-Dienst ein HTTP- und ein FTP-Dienst zur Verfügung, die mittels der festgelegten `conf`-Datei automatisch konfiguriert werden. Die entsprechenden Dienste würden Sie in diesem Fall wie folgt starten:

```
/opt/owfs/bin/owfs --Celsius -c /etc/owfs.conf
/opt/owfs/bin/owhttpd -c /etc/owfs.conf
/opt/owfs/bin/owserver -c /etc/owfs.conf
```

Ohne Konfigurationsdatei müssten Sie die einzelnen Parameter im Aufruf händisch angeben. Beispielsweise beim Start des HTTPD-Servers für OWFS würde der Aufruf

```
/opt/owfs/bin/owhttpd -p 3001 --usb
```

lauten, um den HTTP-Server auf Port `3001` zu konfigurieren. Nach dem Start lassen sich die Dienste wie gewohnt über `kill` oder `killall` beenden. In diesem Beispiel reicht das folgende Kommando, um beispielsweise den laufenden HTTP-Server zu beenden:

```
killall owhttpd
```

Damit Sie beim Neustart des Raspberry Pi die Dienste nicht mehr manuell starten müssen, ist im Verzeichnis `/etc/init.d` für jeden Dienst, hier `owserver` und `owfs`, ein passendes Startskript zu erstellen. Sie können sich an den vorhandenen Dateien orientieren, eine Datei kopieren, umbenennen und die entsprechenden Pfade anpassen. In diesem Startskript passen Sie die Variable `DAEMON` an – das ist das Verzeichnis, in dem sich die `owfs`-Installation bzw. die Binaries befinden.

In der CONFFILE legen Sie den Pfad zur besprochenen conf-Datei fest:

```
sudo nano /etc/init.d/owfs
```

Mit folgendem Inhalt:

```
#!/bin/sh
### BEGIN INIT INFO
# Provides: owfs
# Required-Start: $remote_fs $syslog $network $named
# Required-Stop: $remote_fs $syslog $network $named
# Should-Start: owfs
# Should-Stop: owfs
# Default-Start: 2 3 4 5
# Default-Stop: 0 1 6
# Short-Description: 1-wire file system mount & update daemon
# Description: Start and stop 1-wire file system mount & update daemon.
### END INIT INFO
CONFFILE=/etc/owfs.conf
DESC="1-Wire file system mount"
NAME="owfs"
DAEMON=/opt/owfs/bin/$NAME
case "$1" in
start)
echo "Starting $NAME"
$DAEMON -c $CONFFILE
# --Celsius --usb /owfs
;;
stop)
echo "Stopping $NAME"
killall $NAME
;;
*)
echo "Usage: $N {start|stop}" >&2
exit 1
;;
esac
exit 0
```

Je nachdem welche OWFS-Dienste Sie einsetzen möchten, legen Sie für jeden weiteren (hier owhttpd und owserver) jeweils noch ein passendes Startskript an. Zu guter Letzt sorgen Sie dafür, dass die Skripts auch für jedermann ausführbar sind:

```
sudo chmod +x /etc/init.d/ow*
```

und starten anschließend die gewünschten Dienste. Mit dem Kommando

```
sudo netstat -tulpn | grep ow
```

können Sie bequem prüfen, ob der entsprechende `owfs`-Dienst auch an seinem konfigurierten Port erreichbar ist. Anschließend fügen Sie das Skript bzw. die Skripte mit dem Befehl `update-rc.d` in die entsprechenden Runlevels ein:

```
sudo update-rc.d owfs defaults
sudo update-rc.d owserver defaults
```

Um zu überprüfen, ob nun alles ordnungsgemäß in den Runlevels verlinkt ist, nutzen Sie den Befehl:

```
cd /etc
ls -l rc* | grep owfs
```

bzw.:

```
ls -l rc* | grep owserver
```

Möchten Sie beispielsweise das Skript `owfs` wieder aus den Runlevels entfernen, nutzen Sie das Kommando:

```
sudo update-rc.d owfs remove
```

Haben Sie das Skript bzw. den Dienst aus den Runlevels entfernt, sollten Sie ihn vorsichtshalber abschließend beenden:

```
sudo invoke-rc.d owfs stop
```

Damit ist gewährleistet, dass beim nächsten Herunterfahren des Raspberry Pi die Dienste auch sauber beendet sind und diesbezüglich keine Fehlermeldungen erscheinen. Grundsätzlich ist der Daemon `owserver` für die Zusammenarbeit mit dem Raspberry Pi und FHEM ausreichend. Wer stattdessen oder zusätzlich mit selbst gebauten Programmen und Skripten auf die 1-Wire-Daten zugreifen möchte, nutzt den OWFS-Daemon.

2.6.5 Zählermodul am Raspberry Pi in Betrieb nehmen

Über das 1-Wire-Netzwerk kann das Zählermodul jetzt mit dem Raspberry Pi, aber auch mit jedem anderen Computer gekoppelt werden, sofern dort eine passende 1-Wire-Schnittstelle zur Verfügung steht. Mit der 1-Wire-Schnittstelle fragen Sie das Zählermodul des montierten Stromzählers ab und ermitteln damit ständig den aktuellen Verbrauch. Das Zählermodul lässt sich mit wenigen Bausteinen selbst zusammenbauen, oder aber Sie kaufen sich eine Fix-und-Fertig-Lösung.

Dazu geben Sie einfach in eine Suchmaschine die Suchbegriffe »s0 zähler 1-wire DS2423« ein und wählen aus den verfügbaren Angeboten das günstigste aus. Im Rahmen dieses Projekts kam das 1-Wire-Dual-S0-Zählermodul (Art. Nr.: 11211) der Firma eService Online zum Einsatz.

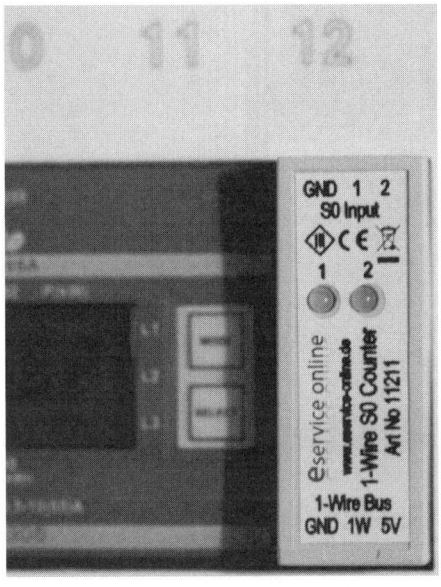

Bild 2.39: Das Zählermodul wird auf der Hutschiene im Sicherungskasten neben dem Stromzähler montiert. Auf der Oberseite wird der zweiadrige S0-Anschluss mit dem Stromzähler verbunden, auf der Unterseite wird der 1-Wire-Bus (dreiadrig) GND 1 W und 5 V angeschlossen.

In diesem Beispiel ist die Pin-Belegung aus dem Temperaturprojekt noch bekannt. Legen Sie einfach die entsprechenden Kabel auf die dazugehörigen Anschlüsse, die wie folgt beschaltet sind:

1-Wire-USB-Adapter PIN-RJ11 (Buchse)	Signal	Beschreibung	Kabel RJ45 / PIN-RJ45	Anschluss 1-Wire-Dual-S0-Zählermodul
Pin 1	VDD	5-V-Ausgang	weiß/braun / 7	5V (Pin 3)
Pin 2	GND	Masse	grün / 6	GND (Pin 1)
Pin 3	OW	1-Wire-Daten	weiß/blau / 5	1W (Pin 2)

Im nächsten Schritt prüfen Sie, ob der 1-Wire-Zähler vom Raspberry Pi ordnungsgemäß erkannt wurde und entsprechende Werte darstellt. In diesem Fall bietet das 1-Wire-Dual-S0-Zählermodul zwei Anschlüsse an, von denen in diesem Beispiel Anschluss 1 für den Stromzähler eingesetzt wird. Wer beispielsweise noch den Zählerstand des Gaszählers, der Solaranlage und dergleichen verfolgen möchte, hat schon ein zweites Zählmodul in petto. Mit dem Kommando

```
sudo ls -la /owfs
```

halten Sie auf dem 1-Wire-Bus Ausschau nach einem neuen Gerät. In diesem Fall ist neben dem USB-Adapter ausschließlich das 1-Wire-Dual-S0-Zählermodul aktiv, das sich mit der eindeutigen ID 1D.00C90F000000 im System eingenistet hat. Dank des OWFS-Dateisystems können Sie nun in das /owfs/1D.00C90F000000-Verzeichnis navigieren und die Zählwerte auslesen.

```
mc [root@raspberryPiBread]:/etc
root@raspberryPiBread:/opt# sudo ls -la /owfs
total 4
drwxr-xr-x  1 root root     8 Apr 29 15:55 .
drwxr-xr-x 23 root root  4096 Apr 26 21:18 ..
drwxrwxrwx  1 root root     8 Apr 29 16:27 1D.00C90F000000
drwxrwxrwx  1 root root     8 Apr 29 16:27 81.455E32000000
drwxr-xr-x  1 root root     8 Apr 29 15:55 bus.0
drwxr-xr-x  1 root root     8 Apr 29 15:55 settings
drwxr-xr-x  1 root root     8 Apr 29 15:55 statistics
drwxr-xr-x  1 root root    32 Apr 29 15:55 structure
drwxr-xr-x  1 root root     8 Apr 29 15:55 system
drwxr-xr-x  1 root root     8 Apr 29 15:55 uncached
root@raspberryPiBread:/opt# sudo ls -la /owfs/1D.00C90F000000/
total 0
drwxrwxrwx 1 root root   8 Apr 29 16:27 .
drwxr-xr-x 1 root root   8 Apr 29 15:55 ..
-r--r--r-- 1 root root  16 Apr 29 15:55 address
-rw-rw-rw- 1 root root 256 Apr 29 15:55 alias
-r--r--r-- 1 root root  12 Apr 29 16:27 counters.A
-r--r--r-- 1 root root  25 Apr 29 16:27 counters.ALL
-r--r--r-- 1 root root  12 Apr 29 16:27 counters.B
-r--r--r-- 1 root root   2 Apr 29 15:55 crc8
-r--r--r-- 1 root root   2 Apr 29 15:55 family
-r--r--r-- 1 root root  12 Apr 29 15:55 id
-r--r--r-- 1 root root  16 Apr 29 15:55 locator
-rw-rw-rw- 1 root root 512 Apr 29 15:55 memory
-rw-rw-rw- 1 root root  12 Apr 29 16:27 mincount
drwxrwxrwx 1 root root   8 Apr 29 16:27 pages
-r--r--r-- 1 root root  16 Apr 29 15:55 r_address
-r--r--r-- 1 root root  12 Apr 29 15:55 r_id
-r--r--r-- 1 root root  16 Apr 29 15:55 r_locator
-r--r--r-- 1 root root  32 Apr 29 15:55 type
root@raspberryPiBread:/opt#
```

Bild 2.40: Der Stand der angeschlossenen Zähler wird jeweils in einer eigenen Datei (*counters.A* und *counters.B*) sowie in einer gemeinsamen Datei (*counters.ALL*) fortlaufend geschrieben und ist nicht zurücksetzbar.

Die genutzten Zählerdateien lassen sich nun mit den dafür vorgesehenen Werkzeugen auslesen. Wer einmal einen kurzen Blick auf die Kommandozeile erhaschen möchte, nutzt entweder das `tail -f`- oder das `less`-Kommando, um den Zählerstand der jeweiligen Datei anzuzeigen.

2.6.6   FHEM-Konfiguration für Stromzähler

Bevor Sie den S0-Zähler in FHEM integrieren, sollten Sie zunächst sicherstellen, dass der Zugriff auf die 1-Wire-Daten per OWFS auf der Kommandozeile funktioniert, der notwendige `owserver`-Daemon aktiv ist und, wie in diesem Beispiel, auf den richtigen Port läuft (hier: 4304). Dies prüfen Sie zunächst auf der Konsole mit dem `sudo netstat -tulpn`-Kommando.

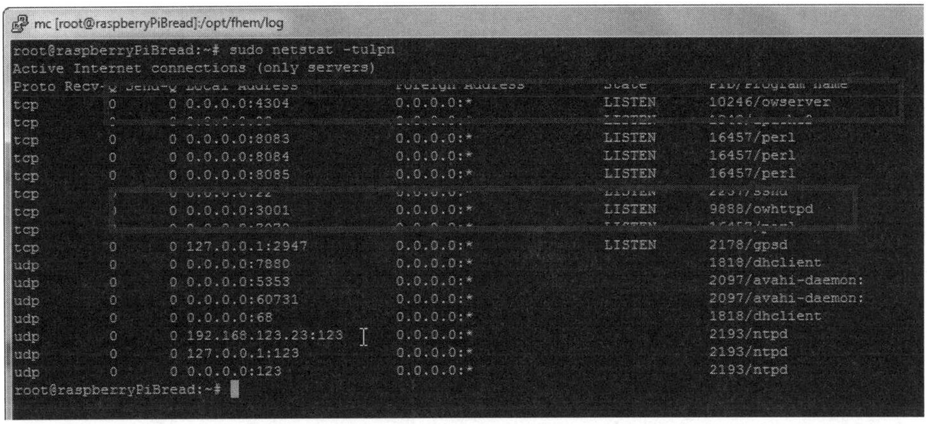

Bild 2.41: Für das ordnungsgemäße Zusammenspiel mit FHEM muss `netstat` auf dem konfigurierten Port (4304) lauschen. Der HTTP-Server (owhttpd) ist hingegen für den FHEM-Betrieb nicht notwendig und in diesem Beispiel zur Kontrolle aktiviert.

Steht der konfigurierte Port im Heimnetz zur Verfügung, kann FHEM auf dem Raspberry Pi konfiguriert werden. Definieren Sie den Port-Anschluss auf demselben Raspberry Pi, auf dem FHEM ausgeführt wird, würde auch stattdessen der `localhost`-Eintrag funktioneren. Das FHEM-Modul `OWServer` benötigt zwingend ein installiertes und funktionierendes OWFS und bildet für FHEM den 1-Wire-Serverdienst ab. Das dazugehörige `OWDevice`-Modul ergänzt diesen um eine Gerätekomponente, über die die angeschlossenen Module definiert werden. Bei aktivierter `autocreate`-Funktion von FHEM in der `fhem.cfg` geschieht dies nach einem Neustart über `shutdown restart` automatisch, und Sie brauchen nur die gewünschten Attribute nachzufeuern. In diesem Beispiel wurde der Stromzähler wie folgt in der `fhem-cfg` definiert:

```
# ---------------------------------------------------------------
define OW_RaspiServer OWServer 192.168.123.23:4304 # IP-Adresse des Pi mit
1Wire
attr OW_RaspiServer room Keller
# ---------------------------------------------------------------
define Counter OWDevice 1D.00C90F000000 60
attr Counter model DS2423
attr Counter polls counters.A
attr Counter room Keller
attr Counter stateFormat { sprintf("%.3f kWh  %.3f kW",
ReadingsVal("Counter","consumption","?"),
ReadingsVal("Counter","power","?"));; }
attr global userattr offset
attr Counter offset 169526.15 # Offset zw.Stromverbrauch 1Wire-Counter und
tats.Wert Stromzaehler
attr Counter userReadings consumption {
ReadingsVal("Counter","counters.A",0)/1000.0+AttrVal("Counter","offset",0);;
}, power differential { 3.6*ReadingsVal("Counter","counters.A",0);; }  #
```

```
# ---------------------------------------------------------------
define avg_strom average Counter:(power|consumption).*
attr avg_strom room Keller
# ---------------------------------------------------------------
```

Die 120 bei define OW_DualCounter OWDevice stehen für das Abfrage-Intervall in Sekunden, in dem der Zustand des definierten 1-Wire Device abgefragt werden soll. Der 1-Wire-Busmaster wird ebenfalls erkannt und von FHEM angezeigt.

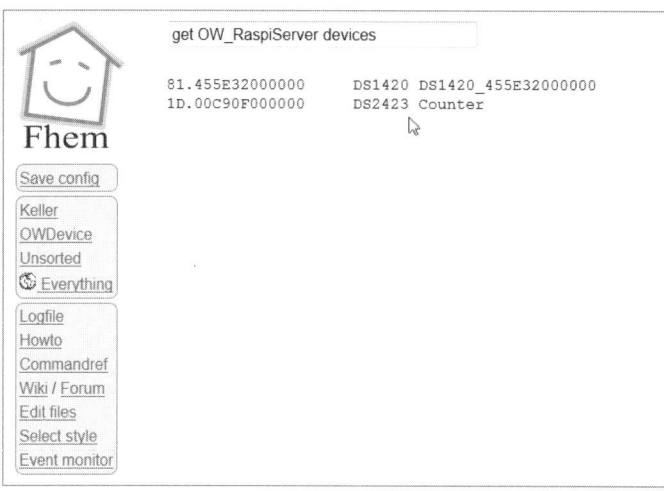

Bild 2.42: Angeschlossene Geräte auslesen: Mit dem Kommando get OW_RaspiServer devices fragen Sie den 1-Wire-Bus nach verfügbaren Geräten ab und listen diese mit ihrer eindeutigen ID auf.

Für die Darstellung der Verbrauchskurve können Sie eigens eine Grafik nutzen. Grundsätzlich wird beim Einsatz der autocreate-Funktion auch automatisch ein Weblink (Plots) erstellt. Mit der Angabe der Filelog-Datei geben Sie zunächst die Datenquelle für die Darstellung an und definieren die Filterkriterien (hier: Counter:counters.A.* |Counter:counters.All.*).

```
# alternativer Pfad - je nach fhem-Installation:
# define Log_Counter FileLog /opt/fhem/log/Counter.log Counter: usw...
define Log_OW_Counter FileLog /var/log/fhem/Counter.log
Counter:counters.A.*|Counter:counters.All.*
attr Log_OW_Counter logtype power4:Plot,text
attr Log_OW_Counter room Keller
```

Zu guter Letzt konfigurieren Sie das logtype-Attribut des FileLog (hier: power4). Damit wird festgelegt, welche Plotvorlagedatei (.gplot) zum Einsatz kommen soll. Welche bei FHEM hier zur Verfügung stehen, finden Sie im linken Menü bei Edit files heraus, auch mit passenden Beispieldateien. Die gnuplot-Dateien enthalten die zugehörigen FileLog-Beispiele.

2.7 Raspberry Pi als elektronischer Wetterfrosch

Eine für den Raspberry Pi kompatible Wetterstation muss nicht teuer sein. Geeignet sind grundsätzlich alle USB-Wetterstationen, die auch für den Linux-Betrieb eingesetzt werden können. Vor allem gehört eine Wetterstation nicht mehr zu den unerschwinglichen Gadgets. Bereits in der Preisklasse von 100 bis 150 Euro bekommen Sie Geräte, die sich für die Heimautomation prima eignen. Gerade wenn es um die Steuerung von Rollläden, Bewässerungsanlagen im Garten, Schalten von Temperaturen usw. geht, liefern die Messwerte einer Wetterstation hilfreiche Informationen. Bessere Wetterstationen liefern sogar eine Wettervorhersage, auf die Sie sich in etwa so gut verlassen können wie auf die professionellen Wettervorhersagen im Fernsehen.

So können Sie beispielsweise abschätzen, ob im Sommer der Garten in den nächsten Tagen intensiver bewässert oder ob im Winter der Heizungszulauf aufgedreht werden muss. Auch die automatische Dokumentation des Wetterverlaufs oder tägliche Daten bezüglich Luftdruck, Temperatur, Luftfeuchtigkeit, Windstärke, -richtung und -wahrscheinlichkeit oder gar für Allergiker nützliche Angaben über den Pollenflug sind je nach Modell der Wetterstation möglich.

Bild 2.43: Viele Kabelbinder: Um die Wetterstation stabil zu befestigen, nutzen Sie am besten solide Kabelbinder oder Schraubschellen aus Metall, damit der Mast der Wetterstation auch Wind und Wetter standhält. Prüfen Sie die Kabelbinder spätestens alle sechs Monate auf ihre Stabilität, da sie durch den Einfluss von Wind und Wetter mit der Zeit spröde werden und dann leicht brechen können.

Für den gemeinsamen Einsatz mit dem Raspberry Pi eignet sich vorzugsweise eine Wetterstation, wie beispielsweise eine Elecsa AstroTouch 6975, Watson W-8681, WH-1080PC, WH1080, WH1081, WH3080 etc., die mit einer USB-Schnittstelle zur Datenübertragung ausgestattet ist und in der Regel auch für den Windows-Einsatz eine passende *EasyWeather für Windows*-Software (siehe: *www.foshk.com*) im Lieferumfang hat. Diese wird naturgemäß auf dem Raspberry Pi nicht benötigt, stellt aber indirekt sicher, dass die Wetterstation auch eine Weiterverarbeitung der Messwerte über USB unterstützt. Auch ist dann die notwendige softwareseitige Unterstützung des kostenlosen *pywss*-Projekts (*http://jim-easterbrook.github.io/pywws/doc/en/html/index.html*) sichergestellt, mit dem Sie das Auslesen der Daten der Wetterstation und die Übertragung auf den Raspberry Pi realisieren. Die Darstellung und Aufbereitung der Daten erfolgt anschließend mit einem passenden Webfrontend in Form eines *pywss*-kompatiblen Templates, das ebenfalls im Internet zum Nulltarif zur Verfügung steht.

2.7.1   USB-Wetterstation in Betrieb nehmen

Das A und O ist die Kopplung der Wetterstation mit dem Raspberry Pi, was in der Regel über die USB-Schnittstelle erfolgt. Die Wetterstation wird wie jedes andere USB-Gerät in den `/dev`-Knoten des Dateisystems eingehängt, und die entsprechenden Treiber werden automatisch geladen. Möchten Sie auf Nummer sicher gehen, dann prüfen Sie mit dem `lsusb`-Kommando zusätzlich nach dem Vorhandensein der Wetterstation. In diesem Beispiel wirft `lsusb` den Eintrag *Dream Link WH1080 Weather Station / USB Missile Launcher* aus.

```
 pi@fhemraspian: ~
[    11.345896] EXT4-fs (mmcblk0p2): re-mounted. Opts: (null)
[    11.941994] bcm2835 ALSA card created!
[    11.947116] bcm2835 ALSA chip created!
[    11.952580] bcm2835 ALSA chip created!
[    11.954529] bcm2835 ALSA chip created!
[    11.959391] bcm2835 ALSA chip created!
[    11.961235] bcm2835 ALSA chip created!
[    11.965497] bcm2835 ALSA chip created!
[    11.970611] bcm2835 ALSA chip created!
[    20.694223] smsc95xx 1-1.1:1.0: eth0: link up, 100Mbps, full-duplex, lpa 0xCDE1
[    35.186972] Bluetooth: Core ver 2.16
[    35.189050] NET: Registered protocol family 31
[    35.189511] Bluetooth: HCI device and connection manager initialized
[    35.189526] Bluetooth: HCI socket layer initialized
[    35.189535] Bluetooth: L2CAP socket layer initialized
[    35.189580] Bluetooth: SCO socket layer initialized
[    35.267509] Bluetooth: BNEP (Ethernet Emulation) ver 1.3
[    35.267541] Bluetooth: BNEP filters: protocol multicast
[    35.286957] Bluetooth: RFCOMM TTY layer initialized
[    35.287004] Bluetooth: RFCOMM socket layer initialized
[    35.287019] Bluetooth: RFCOMM ver 1.11
[    36.719408] Adding 102396k swap on /var/swap.  Priority:-1 extents:1 across:102396k SS
[    38.521284] warning: process `colord-sane' used the deprecated sysctl system call with 8.1.2.
[    47.358175] bcm2708 watchdog, heartbeat=10 sec (nowayout=0)
[    49.092104] watchdog stopped
[186121.404258] usb 1-1.3: new low-speed USB device number 5 using dwc_otg
[186121.513712] usb 1-1.3: New USB device found, idVendor=1941, idProduct=8021
[186121.513742] usb 1-1.3: New USB device strings: Mfr=0, Product=0, SerialNumber=0
[186121.542331] hid-generic 0003:1941:8021.0001: hiddev0,hidraw0: USB HID v1.00 Device [HID 1941:8021]
 -bcm2708_usb-1.3/input0
pi@fhemraspian ~ $
```

Bild 2.44: Nach dem Einstecken des USB-Kabels der Wetterstation prüfen Sie mit dem `dmesg`-Kommando die gerätespezifischen Parameter wie Hersteller und Produkt-ID.

Falls noch nicht vorhanden, müssen die Pakete `git` und `python-dev` installiert werden.

```
sudo apt-get install git
sudo apt-get install python-dev
```

Aus Übersichtlichkeitsgründen erstellen Sie zunächst im `/home`-Verzeichnis ein entsprechendes Download-Verzeichnis, in diesem Beispiel wird dies schlicht `downloads` genannt.

```
cd ~
mkdir downloads
cd downloads
```

Anschließend laden Sie die benötigten Pakete für die Inbetriebnahme der Wetterstation auf dem Raspberry Pi in das `~\downloads`-Verzeichnis. Hier benötigen Sie die entsprechenden aktuellen Versionen des Cython-Pakets (Zwitter aus C und Python, in diesem Beispiel Version Cython-0.18) sowie der Library `libusb-1.0` (genutzte Version `libusb-1.0.9`). Zusätzlich klonen Sie das git-Archiv von `cython-hidapi` auf den Raspberry Pi.

```
wget http://www.cython.org/release/Cython-0.18.tar.gz
wget http://sourceforge.net/projects/libusb/files/libusb-1.0/libusb-
1.0.9/libusb-1.0.9.tar.bz2
git clone https://github.com/gbishop/cython-hidapi.git
```

Im nächsten Schritt packen Sie die heruntergeladenen Pakete im `downloads`-Verzeichnis zunächst aus, bevor Sie zur Installation und zum Kompilieren schreiten:

```
tar xvzf Cython-0.18.tar.gz
tar xvjf libusb-1.0.9.tar.bz2
```

Nun kompilieren Sie das Cython-Paket auf dem Raspberry Pi, was einige Zeit in Anspruch nehmen kann, und fahren mit dem `libusb`-Paket fort.

```
pi@fhemraspian: ~/downloads/libusb-1.0.9
checking poll.h presence... yes
checking for poll.h... yes
checking sys/timerfd.h usability... yes
checking sys/timerfd.h presence... yes
checking for sys/timerfd.h... yes
checking whether TFD_NONBLOCK is declared... yes
checking whether to use timerfd for timing... yes
checking for struct timespec... yes
checking for sigaction... yes
checking sys/time.h usability... yes
checking sys/time.h presence... yes
checking for sys/time.h... yes
checking for gettimeofday... yes
configure: creating ./config.status
config.status: creating libusb-1.0.pc
config.status: creating Makefile
config.status: creating libusb/Makefile
config.status: creating examples/Makefile
config.status: creating doc/Makefile
config.status: creating doc/doxygen.cfg
config.status: creating config.h
config.status: executing depfiles commands
config.status: executing libtool commands
pi@fhemraspian ~/downloads/libusb-1.0.9 $ make
make  all-recursive
make[1]: Entering directory `/home/pi/downloads/libusb-1.0.9'
Making all in libusb
make[2]: Entering directory `/home/pi/downloads/libusb-1.0.9/libusb'
  CC     libusb_1_0_la-core.lo
  CC     libusb_1_0_la-descriptor.lo
```

Bild 2.45: Bitte warten: Das Kompilieren von Cython und `libusb` dauert auf dem Raspberry Pi einige Minuten.

Führen Sie Schritt für Schritt folgende Befehle auf der Konsole aus:

```
cd ~/downloads/Cython-0.18
sudo python setup.py install
cd ~/downloads/libusb-1.0.9
./configure
make
sudo make install
```

Nach dem Kompilieren passen Sie die Datei `setup.py` im Verzeichnis `~/downloads/cython-hidapi` an und ändern dort zwei Umgebungsvariablen für das heruntergeladene und kompilierte `libusb-1.0`-Paket.

```
cd ~/downloads/cython-hidapi
nano setup.py
```

Die Änderungen nehmen Sie am besten mit einem Editor wie `nano` vor.

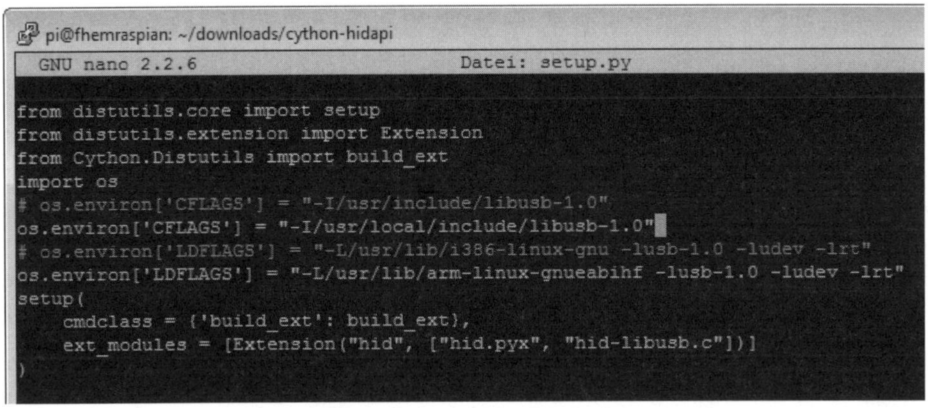

```
pi@fhemraspian: ~/downloads/cython-hidapi
GNU nano 2.2.6                          Datei: setup.py

from distutils.core import setup
from distutils.extension import Extension
from Cython.Distutils import build_ext
import os
# os.environ['CFLAGS'] = "-I/usr/include/libusb-1.0"
os.environ['CFLAGS'] = "-I/usr/local/include/libusb-1.0"
# os.environ['LDFLAGS'] = "-L/usr/lib/i386-linux-gnu -lusb-1.0 -ludev -lrt"
os.environ['LDFLAGS'] = "-L/usr/lib/arm-linux-gnueabihf -lusb-1.0 -ludev -lrt"
setup(
    cmdclass = {'build_ext': build_ext},
    ext_modules = [Extension("hid", ["hid.pyx", "hid-libusb.c"])]
)
```

Bild 2.46: Die alten Einträge kommentieren Sie einfach mit dem Lattenzaun-Symbol # aus.

Wesentlich sind hier die beiden nachstehend mit dem #-Symbol markierten Zeilen mit den Variablen 'CFLAGS' und 'LDFLAGS'– die neuen Einträge bringen angepasste Pfadangaben für die spätere Installation mit.

```
# os.environ['CFLAGS'] = "-I/usr/include/libusb-1.0"
# os.environ['LDFLAGS'] = "-L/usr/lib/i386-linux-gnu -lusb-1.0 -ludev -lrt"
os.environ['CFLAGS'] = "-I/usr/local/include/libusb-1.0
os.environ['LDFLAGS'] = "-L/usr/lib/arm-linux-gnueabihf -lusb-1.0 -ludev -
lrt"
```

Anschließend kopieren Sie noch die Datei libudev.so.0 in das /usr/lib/arm-linux-gnueabihf/-Verzeichnis und starten die Installation.

```
sudo cp /lib/arm-linux-gnueabihf/libudev.so.0 /usr/lib/arm-linux-
gnueabihf/libudev.so
sudo python setup.py install
```

Nun sind die Voraussetzungen für den Betrieb von *pywws* auf dem Raspberry Pi erfüllt. Im nächsten Schritt installieren Sie das eigentliche Programm, das die Synchronisation der Daten und die Kopplung des Raspberry Pi mit der Wetterstation übernimmt.

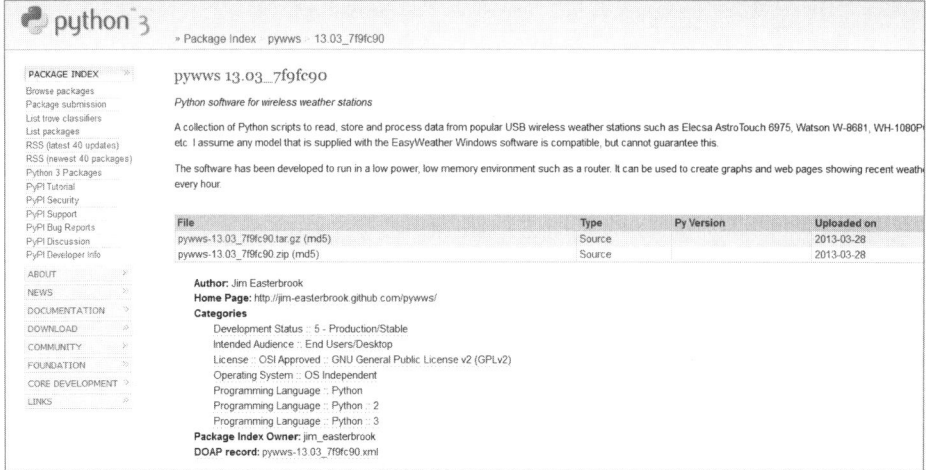

Bild 2.47: Immer auf den aktuellsten Stand: Die passende Python-Software für die Wetterstation erhalten Sie auf *http://pypi.python.org/pypi/pywws/*.

Die aktuellste Version von *pywws* beziehen Sie von *http://pypi.python.org/pypi/pywws/* und speichern sie im */home/pi/*-Verzeichnis ab.

```
cd ~
wget https://pypi.python.org/packages/source/p/pywws/pywws-
13.03_7f9fc90.tar.gz
```

In diesem Fall wird die Version *pywws-13.03* von *pywws* genutzt, die Sie wie gewohnt mit dem `tar`-Kommando im aktuellen Verzeichnis entpacken und anschließend dem Verzeichnis einen umgänglicheren Namen – hier *weather* – spendieren:

```
tar xvzf pywws-13.03_7f9fc90.tar.gz
mv pywws-13.03_7f9fc90/ /home/pi/weather
```

Falls noch nicht geschehen, schließen Sie nun die Wetterstation per USB-Kabel am Raspberry Pi an und starten auf der Kommandozeile einmal einen Testlauf, ob sich die bisherigen umfangreichen Installationsarbeiten schon gelohnt haben oder nicht. Anschließend legen Sie noch ein paar Verzeichnisse an, die später für die beispielhafte Webseitendarstellung gebraucht werden.

```
mkdir -p /home/pi/weather/templates
mkdir -p /home/pi/weather/graph_templates
mkdir -p /home/pi/weather/data
mkdir -p /home/pi/weather/temp
```

Wechseln Sie in das Verzeichnis ~/weather/code und starten Sie das im *pywss*-Paket enthaltene Testskript TestWeatherStation.py von der Kommandozeile:

```
cd ~/weather/code
sudo python TestWeatherStation.py
```

Anschließend sollte die Bildschirmausgabe ähnlich wie die folgende aussehen: Zahlreiche Werte im Hexadezimalsystem werden ausgeworfen.

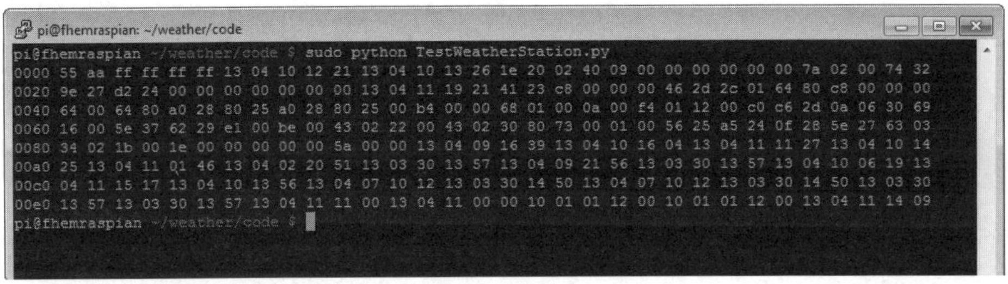

Bild 2.48: Testlauf erfolgreich: *pywss* funktioniert prinzipiell, nun können Sie das Python-Werkzeug auf Ihre Anforderungen zuschneiden.

Im nächsten Schritt nutzen Sie das RunModule.py-Skript, um initial die auf der Wetterstation verfügbaren Daten auf den Raspberry Pi zu laden. Beachten Sie, dass das Datenverzeichnis angegeben wird, in dem anschließend auch die Daten der Wetterstation dauerhaft gespeichert werden sollen. Sind Sie der Meinung, dass Sie diese Daten besser von der Speicherkarte des Raspberry Pi fernhalten und stattdessen ein anderes Medium wie beispielsweise eine Netzwerkfreigabe oder einen angeschlossenen USB-Stick nutzen sollten, dann ist diese Freigabe vorher zu mounten und bereitzustellen.

```
cd ~/weather/code
sudo python RunModule.py LogData -vvv ~/weather/data
```

Es fällt auf, dass das vorangestellte sudo-Kommando für den Aufruf des Python-Skripts benötigt wird. Damit das in der späteren Verwendung in den Skripten nicht mehr benötigt wird, gehen Sie wie folgt vor: Zunächst geben Sie dem Standardbenutzer pi die Rechte, die Daten von der Wetterstation über USB auf den Raspberry Pi zu übertragen. Legen Sie dafür zunächst eine Systemgruppe mit der Bezeichnung weather an und fügen den Benutzer pi dieser Gruppe hinzu.

```
sudo addgroup --system weather
sudo adduser pi weather
```

Anschließend prüfen Sie über den dmesg-Befehl die Vendor- und Product-ID für die genutzte Wetterstation.

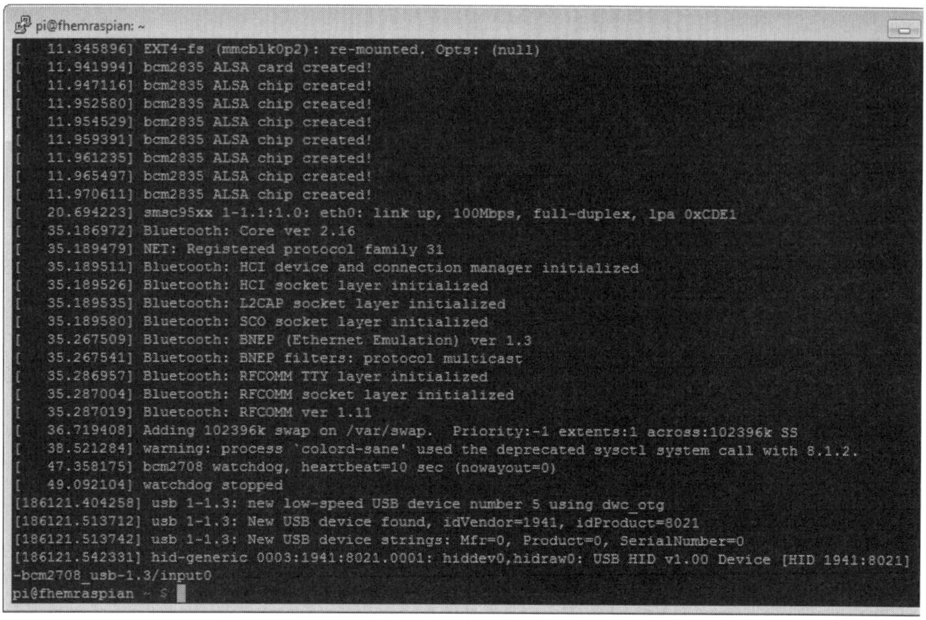

Bild 2.49: Nach dem Einstecken des USB-Kabels der Wetterstation klärt dmesg auf: auf der Suche nach der Vendor- und Product-ID.

Suchen Sie dort nach dem String hid-generic – in diesem Beispiel wird die gewünschte Zahlenreihe bei [HID 1941:8021] angezeigt.

```
hid-generic 0003:1941:8021.0001: hiddev0,hidraw0: USB HID v1.00 Device [HID
1941:8021]
```

Je nach eingesetzter Wetterstation kann die Vendor- und Product-ID unterschiedlich sein, nutzen Sie also die Nummern, die dmesg | grep HID auswirft. In diesem Beispiel ist die Vendor-ID 1941 und die Product-ID 8021. Im nächsten Schritt legen Sie mit nano eine neue Regel für die Wetterstation an:

```
sudo nano /etc/udev/rules.d/39-weather-station.rules
```

und tragen dort Folgendes ein:

```
ACTION!="add|change", GOTO="rpi_end"
SUBSYSTEM=="usb", ATTRS{idVendor}=="1941", ATTRS{idProduct}=="8021",
GROUP="weather"
LABEL="rpi_end"
```

Beachten Sie die entsprechenden Werte für die Vendor- und Product-ID, die Sie natürlich an die anpassen, die der zuvorige dmesg | grep HID-Aufruf ermittelt hat. Speichern Sie anschließend die Datei. Für die grafische Darstellung der Temperaturverläufe etc. wird auf dem Raspberry Pi noch das Paket gnuplot benötigt. Für den FTP-Zugriff wird der FTPD-Daemon installiert.

```
sudo apt-get install gnuplot
sudo apt-get install ftpd
```

Wer hingegen die Daten nicht lokal auf dem Raspberry Pi, sondern optional auf einem entfernten Webserver präsentieren möchte, überträgt die Daten vom Raspberry Pi aus dorthin. Für den (sicheren) Transfer der Daten über FTP benötigen Sie noch den entsprechenden Client, den Sie mit den beiden Kommandos nachinstallieren:

```
sudo apt-get install python-paramiko
sudo apt-get install python-pycryptopp
```

Öffnen Sie nun die Konfigurationsdatei *weather.ini*, die in diesem Beispiel (durch obigen Aufruf mittels `sudo python RunModule.py LogData -vvv ~/weather/data`) im Datenverzeichnis *~/weather/data* automatisch angelegt wurde. In diesem Fall kommt die Billigwetterstation made in China vom Typ WH3080 zum Einsatz. Dementsprechend lautet in diesem Beispiel der Eintrag im Bereich `[config]` `ws type 3080` statt 1080. Auch die Pfadangaben im `[path]`-Block wurden wie folgt angepasst:

```
[paths]
work = /home/$USER/weather/temp/
templates = /home/$USER/weather/templates/
graph_templates = /home/$USER/weather/graph_templates/
```

Die durch das Attribut `fixec block` markierten Einträge werden automatisch befüllt. Im Bereich `[live]` lässt sich auch eine automatische Twitter-Veröffentlichung einstellen. Doch bis es so weit ist, sollten Sie zunächst das Datenintervall der Wetterstation für Ihren Einsatzzweck einrichten.

Grundsätzlich ist die Wetterstation ab Werk in der Regel in einem halbstündigen Logging-Intervall konfiguriert, das heißt, alle 30 Minuten werden die aktuellen Daten wie Temperatur, Windgeschwindigkeit usw. in den Speicher geschrieben, was je nach Wetterstation eine dreimonatige Datenhistorie möglich macht. Im Rahmen der sofortigen Veröffentlichung im Heimnetz oder im Internet sind 30 Minuten manchmal etwas zu träge, bei der Weiterverarbeitung über den Raspberry Pi sorgt ein Abfrageintervall von fünf Minuten für eine relativ zeitnahe Aktualisierung der Daten. Das erledigen Sie mit dem Befehl:

```
cd ~/weather/code
python SetWeatherStation.py -r 5
```

Im nächsten Schritt richten Sie dafür einen sogenannten Cron-Job ein, um die Daten automatisiert in das Datenverzeichnis des Webservers hochladen zu können.

```
pi@fhemraspian: ~
  GNU nano 2.2.6                          Datei: /home/pi/weather/data/weather.ini

[config]
ws type = 3080
logdata sync = 1
day end hour = 24
rain day threshold = 0.2
gnuplot encoding = iso_8859_1

[fixed]
station clock = 1365984240.69
sensor clock = 1366051947.91
pressure offset = 71.6
fixed block = {'data_changed': 0, 'unknown_18': 0, 'timezone': 0, 'data_count': 1747, 'min':

[paths]
work = /home/pi/weather/temp/
templates = /home/pi/weather/text/
graph_templates = /home/pi/weather/plot/

[live]
services = []
twitter = []
plot = []
text = []

[logged]
services = []
twitter = []
plot = ['rose_1hr.png.xml', 'rose_12hrs.png.xml']
text = ['1hrs.txt', '6hrs.txt', '6hrs_html_cp.txt', 'forecast_icon.txt']
last update = 2013-04-15 18:54:01

[hourly]
last update = 2013-04-15 18:04:01
plot = ['24hrs_full_features.png.xml', '24hrs.png.xml', 'rose_24hrs.png.xml']
text = ['feed_hourly.xml', '24hrs.txt']
twitter = []
services = []

[daily]
last update = 2013-04-14 23:04:02
plot = ['7days.png.xml', '2012.png.xml', '28days.png.xml', 'rose_7days_nights.png.xml']
text = ['feed_daily.xml', 'forecast_week.txt', '7days.txt', 'allmonths.txt']
twitter = []
services = []
```

Bild 2.50: Die Datei *weather.ini* befindet sich im Datenverzeichnis von *pywss* (in diesem Beispiel in *~/weather/data*). Dort passen Sie die Datenablage der Wetterstation auf die *pywss*-Konfiguration an.

2.7.2 pywss: mit crontab regelmäßig Daten holen

Dafür erstellen Sie im Verzeichnis /usr/local/bin/ mit dem Nano-Editor einfach ein neues Skript – hier mit der Bezeichnung weatherupload – mit dem Befehl:

```
sudo nano /usr/local/bin/weatherupload
```

und tragen dort folgende Zeilen ein:

```
#!/bin/bash
cd /home/pi/weather/code
```

```
python Hourly.py -vvv /home/pi/weather/data
chown pi:pi /home/pi/weather/data/* -R
```

Unter Linux braucht das passende Skript natürlich auch die nötigen Ausführen-Rechte, anschließend fügen Sie dieses Skript in die crontab-Datei hinzu.

```
sudo chmod +x /usr/local/bin/weatherupload
sudo nano /etc/crontab
```

Bevor das crontab-Skript aktiv wird, sollten Sie es einmal per manuellen Aufruf über die Kommandozeile testen. Anschließend sollten hier die Messwerte in das definierte Datenverzeichnis geschrieben werden.

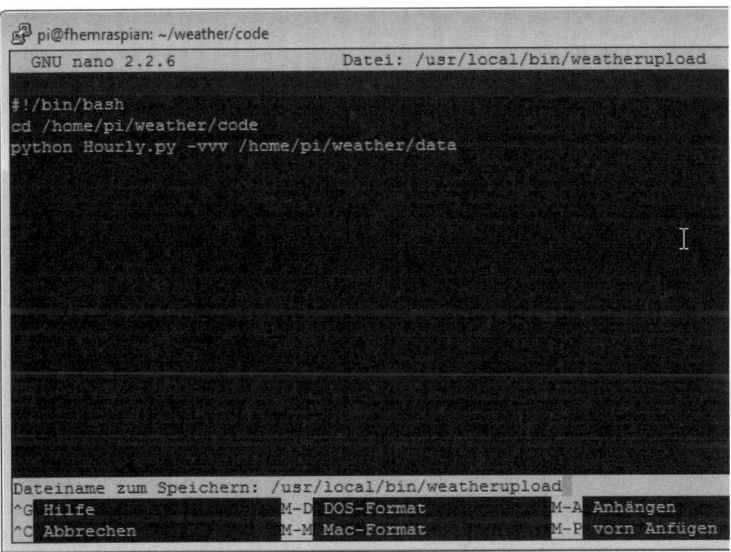

Bild 2.51: Der Wechsel per cd-Befehl ist zwingend notwendig, damit das Skript den Python-Aufruf auch erfolgreich starten kann.

Nun sind die ersten Voraussetzungen für die automatische Wetterfee geschaffen. Liegen die Daten in den txt-Dateien im definierten Datenverzeichnis von *pywss* vor, dann ist der Königsweg natürlich die Anzeige der Messwerte auf einer optisch ansprechenden Oberfläche, die Sie in Ihrem Heimnetz (oder auch über das Internet) zur Verfügung stellen können.

2.7.3 Wettervorhersage zu Hause: Raspberry Pi als Wetterfrosch

Dafür nutzen Sie einfach einen Webserver, gepaart mit dem passenden Template, um die aktuellen Daten darzustellen. Damit sich der Aufwand in Grenzen hält, nutzen Sie einfach ein kostenlos verfügbares Template, das Sie an Ihre persönlichen Zwecke anpassen können. In diesem Fall nutzen wir das nach Registrierung auf *http://weatherbyyou.com* kostenlos verfügbare Template für *pywss* mit der Bezeichnung *pywws_Weather_Nature_Template.zip.*

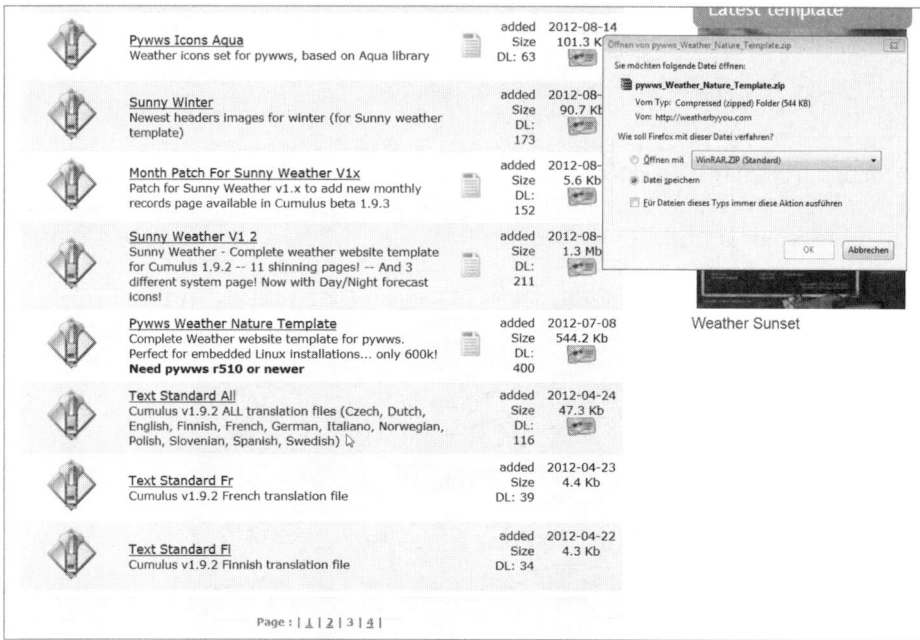

Bild 2.52: Unter der URL *http://weatherbyyou.com/dl.php* finden Sie für diverse Wetterstationen angepasste Templates, Buttons und mehr.

Nach dem Download in das Home-Verzeichnis `/home/pi` wird die Datei in das root-Verzeichnis des Webservers entpackt. Da der Raspberry Pi in unserem Fall mehrere Server- und Webserver-Dienste wie AirPrint, Cacti, Cups, FHEM usw. auf Apache-Basis bereitstellt, bekommt auch die Wetter-Webseite ein »eigenes« Verzeichnis auf dem Webserver. Dafür legen Sie im Verzeichnis `/var/www` ein neues Verzeichnis an und entpacken die Datei *pywws_Weather_Nature_Template.zip* in dieses Verzeichnis.

```
sudo -i
mkdir -p /var/www/wetter
cd /var/www/wetter
cp /home/pi/pywws_Weather_Nature_Template.zip /var/www/wetter
unzip pywws_Weather_Nature_Template.zip
```

Wer keinen Apache-Webserver auf seinem Raspberry Pi installiert hat, holt dies mit den folgenden Kommandos nach:

```
apt-get update
apt-get install apache2 php5
```

Jetzt ist der Apache-Webserver prinzipiell startklar und das Template über die Webadresse

```
http:\\<IP-Adresse-Raspberry-Pi>\wetter\
```

im Heimnetz erreichbar. Um die Daten an Ihre persönliche Umgebung anzupassen, können Sie die im root-Verzeichnis liegende *index.php* nach Ihrem Geschmack ändern. Für das Design der Webseite inklusive Grafiken, Buttons und Abbildungen sind neben *index.php* und *styles.css* die beiden Verzeichnisse `/var/www/wetter/data` und `/var/www/wetter/images` relevant. Starten Sie anschließend die (unkonfigurierte) Wetter-Webseite, dann sollte sich die »nackte« Webseite in einer ähnlichen Form wie nachstehende Abbildung präsentieren.

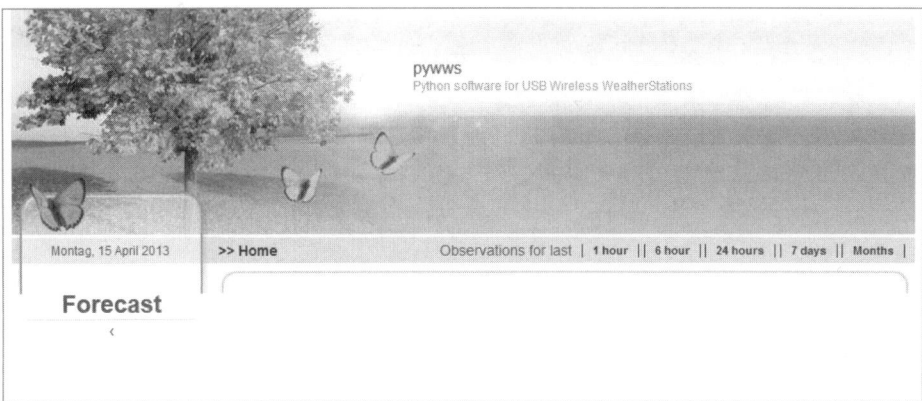

Bild 2.53: Grundinstallation erfolgreich: Nun befüllen Sie das Template mit den eigenen Messwerten. Dies gelingt jedoch nur dann, wenn in der *index.php* die Zeile `require_once` `('data/forecast_icon.txt')` auch erfolgreich verarbeitet werden kann – im Verzeichnis *data* muss also die Datei *forecast_icon.txt* vorhanden sein.

Aus dem `/var/www/wetter`-Verzeichnis kopieren/verschieben Sie noch die beiden Verzeichnisse `plot` und `text` in das Verzeichnis der *pywws*-Installation. Dies erledigen Sie in diesem Beispiel mit den beiden Kommandos:

```
mv /var/www/wetter/plot /home/pi/weather/
mv /var/www/wetter/text /home/pi/weather/
```

Bleibt das Template stehen und wird nicht mit Daten befüllt, dann liegt das in der Regel an einem kleinen Bug: Die *index.php* sucht die Datei *data/forecast_icon.txt*, die allerdings nach der Installation nicht vorhanden war. Hier wurde im Quick&Dirty-Verfahren die vorhandene Datei *forecast_icon_9am.txt* kurzerhand nach *forecast_icon.txt* kopiert.

```
sudo cp /var/www/wetter/data/forecast_icon_9am.txt
/var/www/wetter/data/forecast_icon.txt
```

Zu guter Letzt konfigurieren Sie die im Datenverzeichnis von *pywws* (hier: /home/pi/weather/data) liegende *weather.ini*-Konfigurationsdatei und ändern den Eintrag:

```
graph_templates = /home/$USER/weather/graph_templates/
```

in:

```
graph_templates = /home/$USER/weather/plot/
```

und passen gemäß der im Template beigefügten *Readme*-Datei die nachstehend genannten Einträge an:

```
[hourly]
last update =
plot = ['24hrs_full_features.png.xml', '24hrs.png.xml',
'rose_24hrs.png.xml']
text = ['feed_hourly.xml', '24hrs.txt']
twitter = []
services = []


[logged]
last update =
plot = ['rose_1hr.png.xml', 'rose_12hrs.png.xml']
text = ['1hrs.txt', '6hrs.txt', '6hrs_html_cp.txt', 'forecast_icon.txt']
twitter = []
services = []

[daily]
last update =
plot = ['7days.png.xml', '2012.png.xml', '28days.png.xml',
'rose_7days_nights.png.xml']
text = ['feed_daily.xml', 'forecast_week.txt', '7days.txt', 'allmonths.txt']
twitter = []
services = []
```

```
[ftp]
secure = False
site = localhost
local site = True
user = pi
directory = /var/www/wetter/data/
password = raspberryPasswordFuerUserPi
```

Der Bereich [ftp] ist für den Datentransport vom eigentlichen Datenverzeichnis in das Webserver-Verzeichnis für die Bereitstellung der Daten zuständig. Hier wurde kurzerhand der User pi genutzt. Sie können jedoch auch mit dem adduser-Kommando eigens dafür einen Benutzer anlegen und im /var/www/-Verzeichnis die entsprechenden Rechte setzen. Dies muss auch mit dem User `pi` geschehen – in diesem Fall erscheint folgende Fehlermeldung:

```
pi@fhemraspian: ~
pi@fhemraspian ~ $ python /home/pi/weather/code/Hourly.py -vvv /home/pi/weather/data
20:47:56:pywws.WeatherStation.CUSBDrive:using pywws.device_cython_hidapi
20:47:57:pywws.LogData:Synchronising to weather station
20:47:57:pywws.weather_station:avoid 5.97584104538
20:48:03:pywws.weather_station:delay 3, pause 21.2535
20:48:25:pywws.weather_station:live_data new data
20:48:25:pywws.weather_station:live_data lost sync -3.31116
20:48:25:pywws.weather_station:delay 4, pause 0.5
20:48:26:pywws.weather_station:delay 4, pause 0.5
20:48:26:pywws.weather_station:delay 4, pause 0.5
20:48:27:pywws.weather_station:delay 4, pause 0.5
20:48:28:pywws.weather_station:live_data new data
20:48:28:pywws.weather_station:setting sensor clock 28.3732
20:48:28:pywws.weather_station:live_data live synchronised
20:48:28:pywws.LogData:Reading time 18:48:28
20:48:28:pywws.LogData:log time 18:44:01
20:48:28:pywws.LogData:Fetching data
20:48:28:pywws.weather_station:avoid 2.98136711121
20:48:32:pywws.Process:Generating summary data
20:48:32:pywws.Calib:Using default calibration
20:48:32:pywws.Tasks.RegularTasks:Graphing rose_1hr.png.xml
20:48:32:pywws.Tasks.RegularTasks:Graphing rose_12hrs.png.xml
20:48:33:pywws.Tasks.RegularTasks:Templating 1hrs.txt
20:48:33:pywws.Tasks.RegularTasks:Templating 6hrs.txt
20:48:33:pywws.Tasks.RegularTasks:Templating 6hrs_html_cp.txt
20:48:33:pywws.Tasks.RegularTasks:Templating forecast_icon.txt
20:48:33:pywws.Upload:Copying to local directory
Traceback (most recent call last):
  File "/home/pi/weather/code/Hourly.py", line 108, in <module>
    sys.exit(main())
  File "/home/pi/weather/code/Hourly.py", line 105, in main
    return Hourly(args[0])
  File "/home/pi/weather/code/Hourly.py", line 77, in Hourly
    params, calib_data, hourly_data, daily_data, monthly_data
  File "/home/pi/weather/code/pywws/Tasks.py", line 175, in do_tasks
    if not Upload.Upload(self.params, uploads):
  File "/home/pi/weather/code/pywws/Upload.py", line 61, in Upload
    shutil.copy2(file, directory)
  File "/usr/lib/python2.7/shutil.py", line 130, in copy2
    copyfile(src, dst)
  File "/usr/lib/python2.7/shutil.py", line 83, in copyfile
    with open(dst, 'wb') as fdst:
IOError: [Errno 13] Keine Berechtigung: '/var/www/wetter/data/rose_1hr.png'
pi@fhemraspian ~ $
```

Bild 2.54: Erscheint eine Fehlermeldung in der Form "Keine Berechtigung", dann setzen Sie die Rechte für den entsprechenden Benutzer im Verzeichnis (hier: `/var/www/wetter/data/` zurück.

Oft kommt es bei der Installation oder beim Kopieren vor, dass manche Dinge im Benutzerkontext, manche im root-Kontext erstellt werden – was anschließend in einem Verzeichnis zu unterschiedlichen Berechtigungsstrukturen führen kann. In diesem Fall lässt sich dies einfach mit dem `chown`-Kommando zurücksetzen:

```
sudo chown -R pi:users /home/pi/weather/*
```

```
sudo chown -R pi:users /var/www/wetter/data/*
```

Starten Sie nun nochmals im Benutzerkontext `pi` das Übertragen der Messwerte in das www-Verzeichnis, um das Zusammenspiel der Konfiguration des Webservers und der Wetterstation zu testen.

```
python /home/pi/weather/code/Hourly.py -vvv /home/pi/weather/data
```

Erscheint hier keine Fehlermeldung in Form einer `Permission denied`- oder `Error / Erno`-Meldung mehr, dann wurde das Datenverzeichnis des Webservers ordnungsgemäß befüllt. Anschließend rufen Sie die Wetter-Webseite in Ihrem lokalen Heimnetz nochmals auf.

```
pi@fhemraspian: ~

pi@fhemraspian ~ $ sudo chown -R pi:users /var/www/wetter/data/*
pi@fhemraspian ~ $ python /home/pi/weather/code/Hourly.py -vvv /home/pi/weather/data
20:49:20:pywws.WeatherStation.CUSBDrive:using pywws.device_cython_hidapi
20:49:21:pywws.LogData:Synchronising to weather station
20:49:22:pywws.weather_station:delay 0, pause 38.8027
20:50:00:pywws.weather_station:avoid 2.7779340744
20:50:03:pywws.weather_station:avoid 3.67396187782
20:50:07:pywws.weather_station:live_data new data
20:50:07:pywws.LogData:Reading time 18:50:04
20:50:07:pywws.LogData:log time 18:49:01
20:50:07:pywws.LogData:Fetching data
20:50:08:pywws.LogData:1 catchup records
20:50:08:pywws.Process:Generating summary data
20:50:08:pywws.Calib:Using default calibration
20:50:08:pywws.Process:daily: 2013-04-14 23:00:00
20:50:09:pywws.Process:monthly: 2013-03-31 23:00:00
20:50:09:pywws.Tasks.RegularTasks:Graphing rose_1hr.png.xml
20:50:09:pywws.Tasks.RegularTasks:Graphing rose_12hrs.png.xml
20:50:09:pywws.Tasks.RegularTasks:Templating 1hrs.txt
20:50:10:pywws.Tasks.RegularTasks:Templating 6hrs.txt
20:50:10:pywws.Tasks.RegularTasks:Templating 6hrs_html_cp.txt
20:50:10:pywws.Tasks.RegularTasks:Templating forecast_icon.txt
20:50:10:pywws.Upload:Copying to local directory
pi@fhemraspian ~ $
```

Bild 2.55: Daten wurde erfolgreich übertragen und keine Fehlermeldung mehr! Damit besitzt das Template nun einen Datenbestand, der sich (hoffentlich) darstellen lässt.

Nun starten Sie den Webbrowser und prüfen, ob die Daten auch ordnungsgemäß im Template dargestellt werden. In diesem Fall tragen Sie einfach die IP-Adresse des Raspberry Pi, gefolgt vom Unterverzeichnis (hier: *192.168.123.30/wetter/...*), in die Adresszeile des Browsers ein.

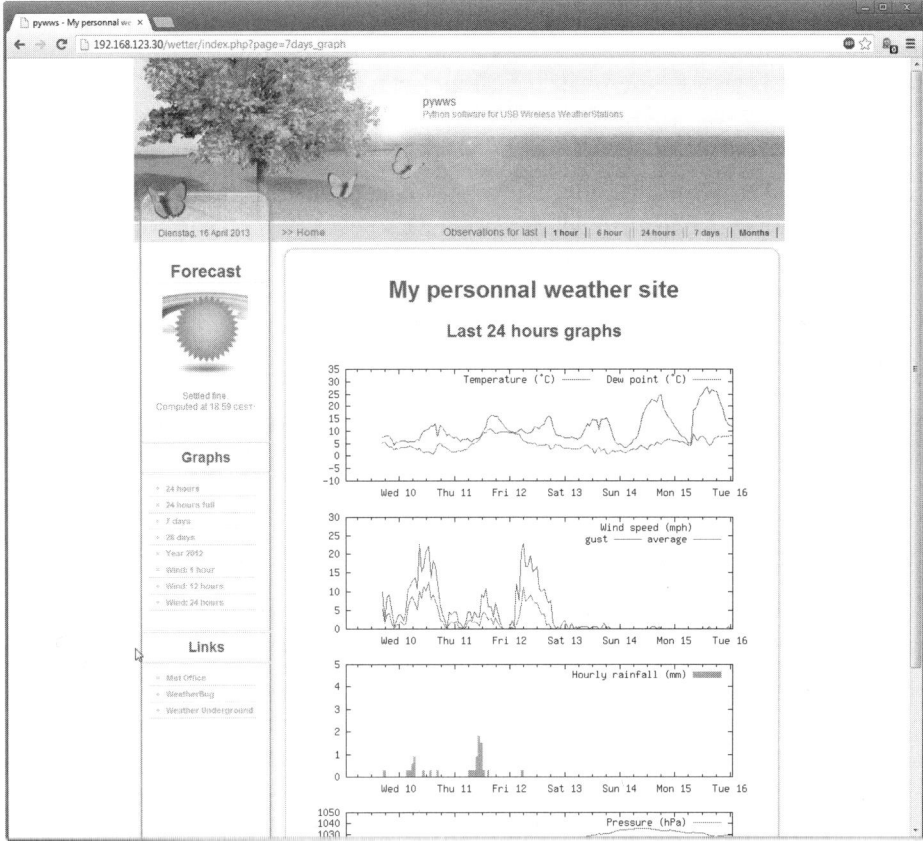

Bild 2.56: Erfolgreich installiert: Dank des kostenlosen Templates stellen Sie nun die Daten der Wetterstation über den Raspberry Pi im Heimnetz oder über das Internet für Interessierte zur Verfügung.

Sind die Daten nun automatisch über das Template geladen, dann testen Sie die Darstellung der Grafiken, Graphen und dergleichen. Anschließend passen Sie die Steuerdatei *index.php* nach Belieben an. Auf diese Weise übersetzen Sie beispielsweise die englischen Begriffe und stellen die Datums- und Zeitangaben nach Wunsch um.

2.8   Stromrechnung senken mit dem Raspberry Pi

Das leidige Thema Standby-Verschwendung zu Hause verschärft sich mit jeder Neuanschaffung eines Haushaltgeräts. Nahezu jeder Fernseher und jede HiFi-Anlage, die Computer samt Zubehör, der Blu-ray-/DVD-Spieler und die Spielekonsolen im Wohnzimmer sind rund um die Uhr in Bereitschaft und warten auf den Tastendruck der Fernbedienung oder der Tastatur. Das Tückische: Die meisten Geräte hängen in der Regel an einer Steckdosenleiste hinter dem Wohnzimmerschrank oder unter dem Schreibtisch und sind somit auch noch schlecht erreichbar oder haben keinen vernünftigen Ein-/Ausschalter. Doch wer nur ein klein wenig seine Gewohnheiten umstellt und dem Raspberry Pi sozusagen die Aufsicht über seine Steckdosen gewährt, der kann schnell einige Hundert Euro im Jahr sparen. Gerade wenn Sie netzwerkfähige Steckdosen oder steckbare Funkschalterlösungen einsetzen, haben sich die Anschaffungskosten schnell amortisiert.

Mit einer steuerbaren Steckdose haben Sie allerhand Vorteile: Sie können wie gewohnt die Geräte nutzen, können sie aber dank des Raspberry Pi automatisch ausschalten lassen. Die Funksteckdose selbst benötigt natürlich auch etwas Strom, doch je nach Hersteller und Modell ist dieser Verbrauch verglichen mit dem Stand-by-Verbrauch sehr moderat. So liegt der Markenhersteller Rutenbeck mit seinen Steckdosen hier bei ca. 0,2 bis 0,5 Watt, die Billigsteckdosen aus dem Baumarkt liegen im Schnitt bei rund 2 Watt Verbrauch, und bei älteren China-Funksteckdosen sind bis zu 8 Watt Stand-by-Verbrauch keine Seltenheit. Folglich lohnt sich eine Funksteckdose auch nur dann, wenn Sie den Stromverbrauch damit auch merklich senken. Es lohnt sich, den Taschenrechner hervorzuholen und die Anschaffung der Funksteckdosen der zu erwartenden Stromersparnis und dem Komfort gegenüberzustellen.

2.8.1 Markenprodukt oder China-Ware?

Vergleicht man die verfügbaren und bezahlbaren Steckdosenlösungen am Markt, dann haben Sie die Wahl zwischen Funksteckdosen und IP-Steckdosen. Beide haben beim Einsatz in der Hausautomation mit dem Raspberry Pi ihre Daseinsberechtigung und Ihre Vor- und Nachteile. Vor dem Kauf sollten Sie sich im Internet die Datenblätter der Produkte besorgen und vor allem den Stand-by-Verbrauch der Geräte gegenüberstellen.

Modell	Vorteil	Nachteil
China-Funksteckdosen-Modelle (Internet, Baumarkt)	Sehr günstiger Preis	Höherer Stand-by-Verbrauch, Funksmog
FS20/HomeMatic-Steckdosen (Elektronikhändler, Internet)	Moderater Preis	Funksmog
TC-IP-Steckdosen	Kein Funksmog (bei deaktivierter WLAN-Funktion) Je nach Modell eingebaute Zeitschaltfunktionen Steuerung über Webseite möglich	Höherer Preis

Natürlich kommt einem zuerst das Thema Funksmog in den Sinn, und das auch zu Recht. Denn neben dem »normalen« Handynetz ist auch noch das WLAN-Netz zu Hause aktiv – oder zumindest in der Nachbarschaft. Und angefangen vom Außenthermometer der Wetterstation über die Funksteckdosen bis hin zur Wärme- und Heizungssteuerung sind auch viele Haushaltsgeräte bereits mit Funktechnik vollgepackt.

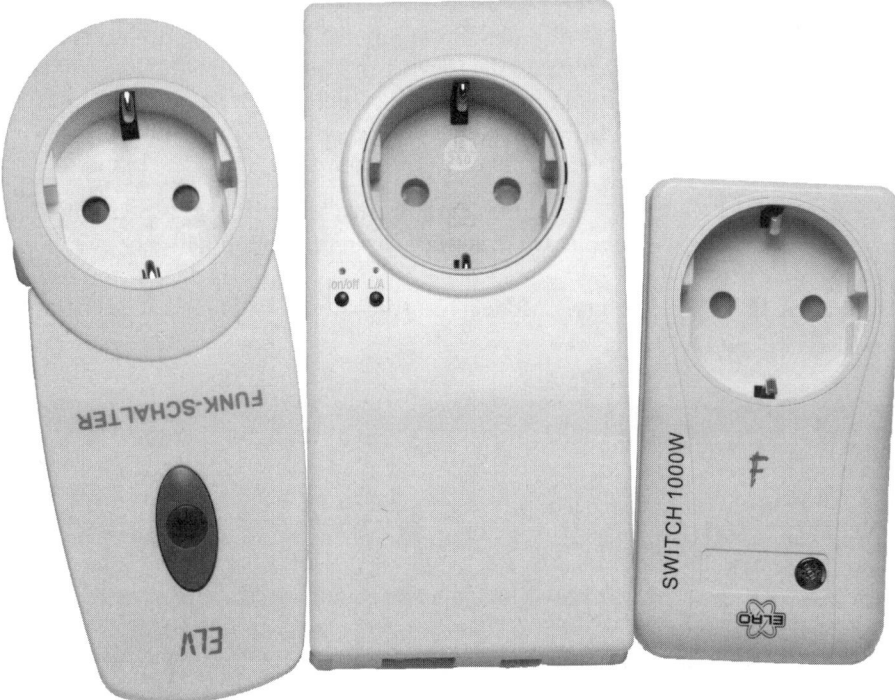

Bild 2.57: Von links nach rechts: Die ELV-FS20-Funksteckdose ist seit Jahren ein Klassiker, in der Mitte sehen Sie die edle Rutenbeck-Steckdose TC IP 1 in Reinweiß sowie rechts eine China-Funksteckdose, die unter verschiedenen Herstellerbezeichnungen am Markt zu finden ist.

Viele funkende Geräte im Haushalt sorgen nicht nur für einen höheren Elektrosmog, sondern senken auch die Schaltzuverlässigkeit, was bei manchen Geräten etwas lästig sein kann, wenn man nicht sicher davon ausgehen kann, dass sie wirklich ausgeschaltet sind. Je nach eingesetzter Funktechnologie erfolgt eine Bestätigung des angeforderten Schaltvorgangs, bei Billiglösungen hingegen herrscht Funkstille, und es erfolgt keine Bestätigung. Zusätzlich besteht bei den etwas besseren TCP/IP-Modellen die Möglichkeit, die Steckdose ohne Umwege direkt über Smartphone, Tablet oder Computer anzusprechen. Somit können Sie unabhängig von anderen Rahmenbedingungen agieren und beispielsweise die Beleuchtung, Webcams, Computer und Lüftungen bzw. Heizungen bedarfsgerecht per Weboberfläche schalten.

2.9 Für Profis: IP-Steckdose im Sicherungskasten

Das Wesentliche zuerst: Die Steckdosen- und Schaltlösungen von Rutenbeck gehören mit zum Besten, was der Markt in diesem Segment hergibt. Das hat allerdings seinen

Preis – »made in Germany« fordert seinen Tribut. Doch wer sich zum Beispiel für die Anschaffung eines TCR IP 4 für den Einsatz im Sicherungskasten entscheidet, der bekommt im Gegenzug Qualität und die Gewissheit, dass das verbaute Gerät zuverlässig arbeitet. Andererseits spielt das Investment hier eine nachgelagerte Rolle, da zum Beispiel der Einbau des TCR IP 4 unbedingt von versiertem Fachpersonal, sprich einem Elektriker Ihres Vertrauens, vorzunehmen ist und zusätzlich etwas Geld kostet.

Ist der Rutenbeck TCR IP 4 einmal montiert, können Sie gleich vier voneinander unabhängige Schaltkreise wie beispielsweise Steckdosen in Ihrem Haushalt zentral von Ihrem Stromkasten aus schalten. Der Vorteil dabei ist, dass Sie sich nicht nur die Aufsteck-Steckdosen sparen, die je nach Modell nicht gerade eine optische Bereicherung im Wohnbereich darstellen.

Bild 2.58: Vier Einheiten auf der Hutschiene beansprucht der TCR IP 4 von Rutenbeck. Die vier Schaltkreise lassen sich auch manuell über die kleinen schwarzen Taster schalten.

Mit dem TCR IP 4 von Rutenbeck schalten Sie elektrische Geräte wie Lampen, Netzwerkdrucker, Espressomaschine, IP-Kamera oder was auch immer ganz bequem über einen Webbrowser im Heimnetzwerk. Ist der heimische DSL-WLAN-Router entsprechend konfiguriert, können Sie die Webseite des TCR IP 4 auch über das Internet erreichen. Da solche Steckdosenlösungen jedoch nur das klassische HTTP-Protokoll, nicht aber das sicherere HTTPS-Protokoll unterstützen, sollten Sie wissen, dass sämtliche Kennwörter unverschlüsselt über den Äther gehen.

2.9.1   TCR IP 4 in Betrieb nehmen

Ist der TCR IP 4 erst einmal vom Elektriker auf der Hutschiene montiert und sind die entsprechenden Stromkreise oder Steckdosen mit den jeweiligen Schaltkreisen des TCR IP 4 gekoppelt, dann brauchen Sie nur noch das Netzwerkkabel mit dem TCR IP 4 zu verbinden. Beachten Sie, dass der TCR IP 4 bereits vorkonfiguriert mit einer festen, statischen IP-Adresse (192.168.0.3) ausgeliefert wird.

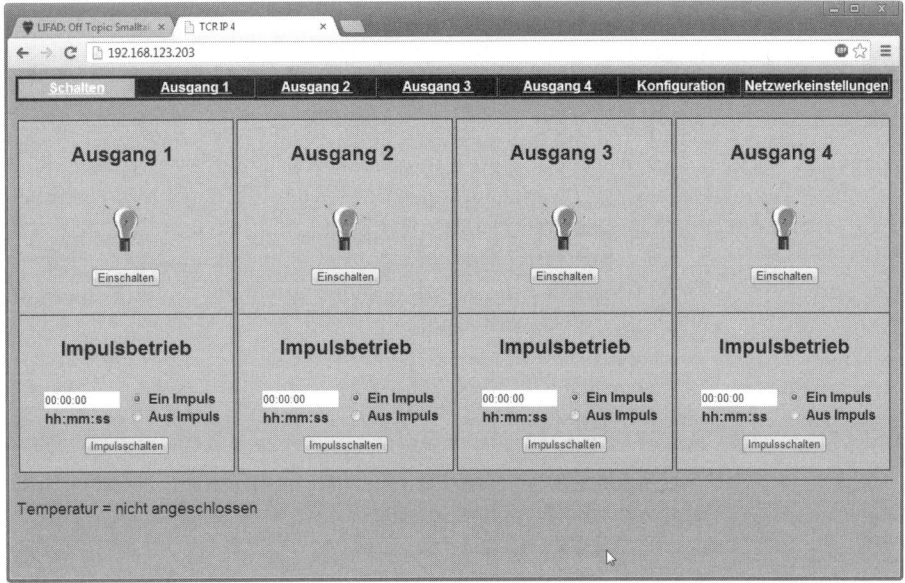

Bild 2.59: Einfach, übersichtlich und praktisch: Rutenbeck gewinnt zwar keinen Web-designpreis mit dem Schalt-Frontend. Dennoch ist das Wesentliche übersichtlich und vor allem einfach per Klick erreichbar.

Um die Netzwerkeinstellung an Ihre Belange anzupassen, müssen Sie zunächst Ihren Computer in dasselbe Netz bringen, in dem Sie ihn auch mit einer statischen IP-Adresse konfigurieren. Anschließend haben Sie Zugriff auf das Konfigurationsmenü, in dem Sie die Netzwerkeinstellungen des TCR IP 4 an die Gegebenheiten des lokalen Netzwerks anpassen können.

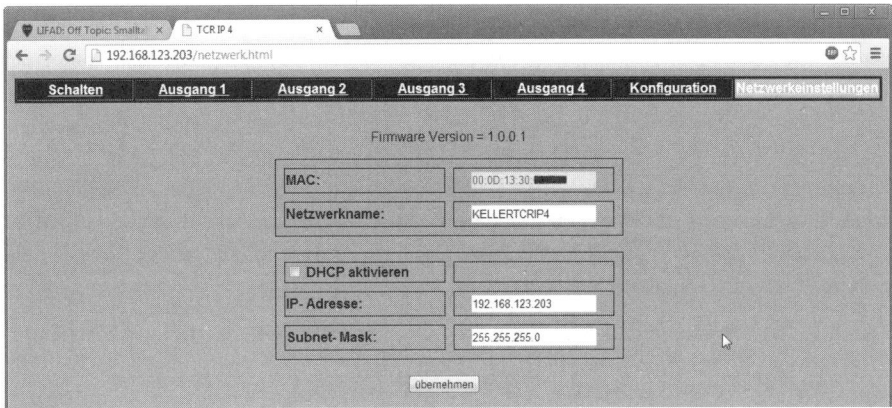

Bild 2.60: Netzwerkeinstellungen: In diesem Fall wurde trotz vorhandenem DHCP-Server eine statische IP-Adresse aus dem Heimnetz verwendet. Damit ist die Nutzung des TCR IP 4 auch dann möglich, wenn der DHCP-Server aus irgendeinem Grund einmal ausgeschaltet sein sollte.

Der TCR IP 4 wird über einen gewöhnlichen Hub/Switch bzw. Router per CAT-Kabel mit dem Heimnetz verbunden. Wie viele Netzwerkdrucker kommt der TCR IP 4 mit der langsameren Übertragungsgeschwindigkeit von 10 MBit/s, was manchmal für Probleme sorgen kann.

Beachten Sie, dass in diesem Fall der Hub/Router auch vollständig abwärtskompatibel sein muss. Topmoderne Geräte vernachlässigen im Gigabit-Geschwindigkeitsrausch oftmals den Support der langsameren Geräte mit Übertragungsraten von 10 oder 100 Mbit/s oder drosseln die Geschwindigkeit auf den kleinsten gemeinsamen Nenner. Damit das nicht passiert, prüfen Sie die Konfigurationseinstellungen des Routers im Heimnetz, vielleicht findet sich ja dort die Lösung.

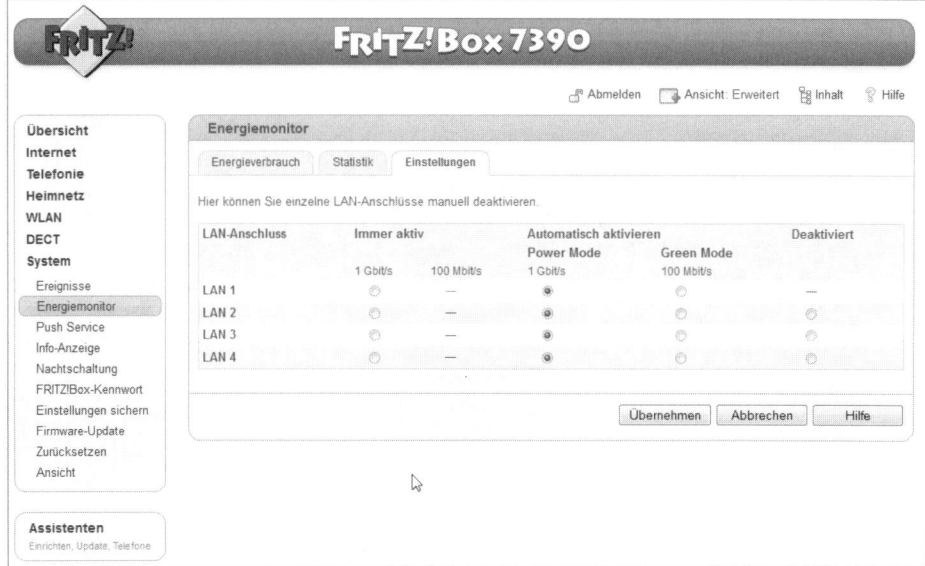

Bild 2.61: FRITZ!Box 7390: Sind sämtliche Anschlüsse fest auf 1 GBit konfiguriert, legen Sie am entsprechenden Anschluss Hand an und setzen ihn auf die Einstellung *Green Mode*.

Ist das manuelle Anpassen des Routers nicht von Erfolg gekrönt, dann bleibt der Umweg über einen separaten Hub/Switch, der besser mit den unterschiedlichen Geschwindigkeitsklassen im Heimnetz umgehen kann. Im Gegensatz zu den Billigmodellen aus dem Baumarkt bieten die Rutenbeck-Steckdosen auch eine Zeitschaltzeitenfunktion, die Sie übersichtlich per Webbrowser einrichten können.

Sie können bequem für jeden Schaltkreis die gewünschten Schaltzeiten zuordnen und auch abhängig von den Wochentagen schalten. So sind das nächtliche automatische Ausschalten und das Einschalten des DSL-WLAN-Routers ohne Einschränkungen einfach umsetzbar. Sie schlafen ohne WLAN-Funksmog, sparen Strom, und am nächsten Morgen steht der DSL-WLAN-Router wie gewohnt zur Verfügung.

2.9.2   Manchmal praktisch: HTTP-Hintertür nutzen

In der Regel besitzen IP-Steckdosen einen eingebauten Webserver, mit dem Sie banale Dinge wie das Einschalten und Ausschalten diverser Geräte steuern können. Eigentlich ist vorgesehen, dass Sie sich am Webserver anmelden und per Klick den entsprechenden Anschluss schalten. Das ist zwar bequem, aber in Sachen Automatisierung etwas umständlich. Gerade wenn Sie Schalter bei bestimmten Aktionen und Situationen automatisch schalten möchten, zum Beispiel soll der angeschlossene Bewegungsmelder den Deckenfluter im Hausgang einschalten, dann ist es bequemer, diese Aktionen in Form eines Skripts oder über ein passendes Frontend wie FHEM steuern zu können.

Eine kleine Analyse der Implementierung der Schaltungslogik auf der Webseite der Rutenbeck-Serie bringt hier die HTTP-Hintertür zutage, so dass Sie nicht zwingend darauf angewiesen sind, den Schaltvorgang über die Weboberfläche vorzunehmen.

Bild 2.62: Trick 17: Mit der Eingabe des kompletten Schaltlinks wird die Steckdose erfolgreich geschaltet und gibt in diesem Fall eine *Success!*-Meldung zurück.

Gerade Tools wie Firebug (für Firefox, *https://addons.mozilla.org/de/firefox/addon/ firebug/*) sind in Sachen Webseitenanalyse sehr hilfreich und fördern in diesem Fall Interessantes zutage: Im Button für das Ein-/Ausschalten ist ein Ajax/CGI-Parameter abgelegt – `'leds.cgi?led=1'`. Er setzt hier den Wert `value="Einschalten"`. Zusammen-gestrickt mit der HTTP-Adresse ergibt das den Schaltlink *http://192.168.123.203/leds. cgi?led=1&value=Einschalten.*

Wenn Sie diesen Link in die Adresszeile des Webbrowsers eingeben, erfolgt der Schalt-vorgang. In diesem Fall wird Port 1 (`led`) geschaltet – bei einem TCR-IP-4-Modell stehen derer vier zur Verfügung. Mit diesen Informationen lassen sich nun Skripte ent-sprechend nutzen, auch FHEM bietet für die URL-Verarbeitung die äußerst praktische `GetHttpFile`-Funktion an, mit der Sie Schaltvorgänge automatisieren können. Aber auch in einem Shell-Skript können Sie die HTTP-Adresse zur Steuerung der IP-Steck-dose nutzen – im nächsten Abschnitt lesen Sie, wie Sie das elegant lösen können.

2.9.3   Rutenbeck-Schalter über Terminal und Skript steuern

Um nun die Rutenbeck-Steckdose oder eine andere beliebige per HTTP-Adresse steuer-bare IP-Steckdose einfach per Shell-Skript schalten zu können, ist cURL das Mittel der Wahl. Damit lassen sich automatisiert Dinge anstellen, wie Dateien zu einem Server übertragen oder einfach auch Webseiten aufrufen. Ein Vorteil ist auch, dass cURL neben HTTP noch zahlreiche weitere Netzwerkprotokolle wie FTP, FTPS, HTTPS, Telnet usw. unterstützt.

Grundsätzlich erfolgt die Steuerung von cURL über Kommandozeilenparameter, die Sie hier im Skript in einer eigenen Variablen (CURLARGS) angeben. Beim Aufruf von cURL werden diese beim Programmaufruf mit angehängt.

```bash
#!/bin/bash
# ---------------------------------------------------
# Smart-Home mit Raspberry Pi-Projekte
# E.F.Engelhardt, Franzis Verlag, 2013
# ---------------------------------------------------
# Skript: curute.sh
#  Hier erfolgt der Einschaltbefehl fuer die Rutenbeck-Steckdose
#  oder einer anderen per IP / http ansteuerbare IP-Steckdose
#
CURL='/usr/bin/curl'
#CURLARGS="-f -s -S -k -v"
CURLARGS="--silent"
HTTPON="http://192.168.123.204/leds.cgi?led=1\&value=Einschalten"
# HTTPOFF="http://192.168.123.204/leds.cgi?led=1\&value=Ausschalten"
# Ereignis in Variable
raw="$($CURL $CURLARGS $HTTPON)"
# oder Ergebnis in Datei
$CURL $CURLARGS $HTTPON > /tmp/rutenbeck-dose
echo $raw
# ---------------------------------------------------
```

Grundvoraussetzung für den Einsatz dieses Skriptbeispiels ist natürlich ein cURL-Paket auf dem Raspberry Pi. Dieses installieren Sie gegebenenfalls per

```
sudo apt-get install curl
```

nach. Es befindet sich nach der Installation im Programmverzeichnis /usr/bin/curl. Weiter passen Sie hier die Variablen HTTPON und HTTPOFF mit dem entsprechenden Einschalt-/Ausschaltlink an. In diesem Fall findet nur HTTPON Verwendung, da der Schaltvorgang über HTTP bei den Rutenbeck-Steckdosen im sogenannten Toggle-Modus erfolgt.

2.9.4 Hacking Rutenbeck: Schalten über HTTP-Adresse

Um Geräte aus dem Hause Rutenbeck wie den TCR IP 1 WLAN oder TC IP 4 LAN bequem per FHEM zu schalten und mit dem restlichen Equipment im Haushalt zu verheiraten, legen Sie für die Geräte in FHEM zunächst ein sogenanntes Dummy-Device an.

Anschließend definieren Sie für das Dummy-Device mit `notify` jeweils ein Einschalt-
und ein Ausschalt-Event, das die Zustandsänderung des Dummy-Device überwacht.

```
# ---------------------------------------------------------------------
define RuteIP1_Waschmaschine_1 dummy
    attr RuteIP1_Waschmaschine_1 eventMap on:on off:off
    attr RuteIP1_Waschmaschine_1 room Keller
    attr RuteIP1_Waschmaschine_1 state off
# ---------------------------------------------------------------------
define RuteIP1_On notify RuteIP1_Waschmaschine_1 {\
  if (ReadingsVal("RuteIP1_Waschmaschine_1","state","off") eq "off") {\
  fhem("set RuteIP1_Waschmaschine_1 on");;\
  fhem("define at_RuteIP1_Waschmaschine_1_off at +00:35:00 set
RuteIP1_Waschmaschine_1 off");;\
  `/usr/local/bin/fhem2mail MAIL LIGHT "Keller"`;;\
  GetHttpFile("192.168.123.204:80", "/leds.cgi?led=1&value=Einschalten");;\
  Log 3, "Rutenbeck TC IP 1-Schalter an Waschmaschine wurde eingeschaltet,
sende Benachrichtigung per E-Mail";;\
  }\
  if (ReadingsVal("RuteIP1_Waschmaschine_1","state","on") eq "on") {\
  fhem("set RuteIP1_Waschmaschine_1 off");;\
  GetHttpFile("192.168.123.204:80", "/leds.cgi?led=1&value=Ausschalten");;\
  Log 3, "Rutenbeck TC IP 1 an Waschmaschine wurde ausgeschaltet!";;\
  }\
}
# ---------------------------------------------------------------------
```

Tritt das Event `RuteIP1_Waschmaschine_1` ein, wird der Status des Dummy-Devices
`RuteIP1_Waschmaschine_1` auf `on` gesetzt, aber nur falls der aktuelle Status auf `off` steht.
Wer eine Zeitschaltuhr nach dem Schaltvorgang benötigt, kann im nächsten Schritt mit
dem Job `at_RuteIP1_Waschmaschine_1_off` einen at-Job definieren, der nach 35
Minuten das Dummy-Device auf `off` setzt und damit den Ausschaltvorgang anstößt.

Parallel dazu kann über das Mail-Versandskript eine Benachrichtigung über das
`fhem2mail`-Skript (siehe Kapitel 2.18.5 »Skript für Mailversand erstellen«) versendet, der
eigentliche Schaltvorgang vorgenommen und abschließend ein Eintrag in der FHEM-
Logdatei (Level 3) gesetzt werden. Möchten Sie die angelegten `Notify`-Definitionen
testen, dann können Sie diese im FHEM-Befehlsfenster per Eingabe von

```
trigger RuteIP1_Waschmaschine_1 on
```

bzw.

```
trigger RuteIP1_Waschmaschine_1 off
```

antriggern. Im Falle des Rutenbeck TC IP 4 wurden folgende Definition für die vier
Schaltkreise definiert:

```
# ---------------------------------------------------------------
# Rutenbeck TC IP 4 als HTTP-Link
#
define RuteIP4_Schalter_1 dummy
    attr RuteIP4_Schalter_1 eventMap on:on off:off
    attr RuteIP4_Schalter_1 room Keller
define RuteIP4S1On notify RuteIP4_Schalter_1:on {
GetHttpFile("192.168.123.203:80", "/leds.cgi?led=1&value=Einschalten") }
define RuteIP4S1Off notify RuteIP4_Schalter_1:off {
GetHttpFile("192.168.123.203:80", "/leds.cgi?led=1&value=Ausschalten")") }
# ---------------------------------------------------------------
define RuteIP4_Schalter_2 dummy
    attr RuteIP4_Schalter_2 eventMap on:on off:off
    attr RuteIP4_Schalter_2 room Keller
define RuteIP4S2_On notify RuteIP4_Schalter_2:on {
GetHttpFile("192.168.123.203:80", "/leds.cgi?led=2&value=Einschalten") }
define RuteIP4S2_Off notify RuteIP4_Schalter_2:off {
GetHttpFile("192.168.123.203:80", "/leds.cgi?led=2&value=Ausschalten"") }
# ---------------------------------------------------------------
define RuteIP4_Schalter_3 dummy
    attr RuteIP4_Schalter_3 eventMap on:on off:off
    attr RuteIP4_Schalter_3 room Keller
define RuteIP4S3_On notify RuteIP4_Schalter_3:on {
GetHttpFile("192.168.123.203:80", "/leds.cgi?led=3&value=Einschalten") }
define RuteIP4S3_Off notify RuteIP4_Schalter_3:off {
GetHttpFile("192.168.123.203:80", "/leds.cgi?led=3&value=Ausschalten"") }
# ---------------------------------------------------------------
define RuteIP4_Schalter_4 dummy
    attr RuteIP4_Schalter_4 eventMap on:on off:off
    attr RuteIP4_Schalter_4 room Keller
define RuteIP4S4_On notify RuteIP4_Schalter_4:on {
GetHttpFile("192.168.123.203:80", "/leds.cgi?led=4&value=Einschalten") }
define RuteIP4S4_Off notify RuteIP4_Schalter_4:off {
GetHttpFile("192.168.123.203:80", "/leds.cgi?led=4&value=Ausschalten"") }
# ---------------------------------------------------------------
```

Wie bereits angesprochen, lassen sich die Events per `trigger`-Kommando manuell auslösen: Mit dem Befehl

```
trigger RuteIP4_Schalter_3 on
```

nehmen Sie an Schalter 3 den Einschaltvorgang vor. Anschließend prüfen Sie bei FHEM die Log-Datei:

```
17:53:48 2: IT set arb_ELRO_00110_A on
17:53:50 2: IT set arb_ELRO_00110_A off
17:55:50 3: RuteIP4S3_On return value: 401 Unauthorized: Password required

17:57:31 3: RuteIP4S3_On return value: Success!
```

Bild 2.63: Gerade bei der Fehlersuche ist die Log-Datei von FHEM das A und O. In diesem Fall fehlt zunächst die Autorisierung für den beabsichtigten Schaltvorgang.

In diesem konkreten Beispiel ist der Zugriff über HTTP auf die Rutenbeck-Steckdose eigens mit einem Benutzernamen/Kennwort abgesichert. Ist er abgeschaltet, kann FHEM nun die Steckdose erfolgreich per Klick oder automatisch per notify schalten, wie der zweite Eintrag in der FHEM-Log-Datei mitteilt.

2.10 TC IP 1: Apple-Design und geniale Funktionen

In der Regel besitzen TCP/IP-Steckdosen einen eingebauten Webserver, mit dem Sie banale Dinge wie das Ein- und Ausschalten steuern können. Begibt man sich auf die Suche nach dem passendem Modell, ist man zunächst mehr als überrascht, dass es neben der China-Baumarktware und den Billigsteckdosen beim Elektronikhändler auch deutsche Hersteller gibt, die sich in diesem Marktsegment bewegen. Sieht man von »made in Germany« einmal ab, muss es auch gute Gründe geben, ein Steckdosenmodell auszuwählen, das mit 100 Euro und mehr in Preisregionen vorstößt, bei dem Sie für das gleiche Geld 30 Funksteckdosen (zum Beispiel ELRO 440) erhalten würden.

Bild 2.64: Während die Standard-IP-Steckdose TC IP 1 zu einem Straßenpreis von 75 bis 100 Euro erhältlich ist, zahlen Sie für das Modell TC IP 1 WLAN Energy Manager das Doppelte. Beide kommen im selben stylish geformten Gehäuse und bringen einen Ein-/Auschalter sowie eine *Netz/Konfig*-Taste mit. (Bild: rutenbeck.de)

Jeder, der bereits Erfahrungen mit den Billig-Baumarktsteckdosen und den Funksteckdosen FS20/HomeMatic und dergleichen gemacht hat, kennt jedoch das Problem: Die einen Steckdosenmodelle sind nur für eine begrenzte Last ausgelegt, die anderen haben keinen manuellen Ein-/Ausschalter auf der Steckdose, bei anderen Modellen ist die eingebaute Sicherung zu schwach. Trotz dieser Unzulänglichkeiten und Mängel können diese Steckdosenlösungen für bestimmte Einsatzzwecke vor allem aus Kostengründen dennoch die richtige Anschaffung sein.

Wer hingegen in Sachen Heimautomation auf Nummer sicher gehen möchte, eine gewisse (Verarbeitungs-)Qualität erwartet und darüber hinaus die nötigen Zertifizierungen und Prüfsiegel und somit auch eine Funktionsgarantie bekommt, für den bleiben die Rutenbeck-Modelle in der Auswahl. Sie bieten je nach Modell neben dem eigentlichen An/Aus-Schaltvorgang noch weitere Funktionen wie Temperaturmessung, Zeitschaltuhrfunktionen oder gar eine Stromverbrauchsmessung samt dazugehöriger Kostenberechnung.

Das Rutenbeck-Modell Energy Manager TC IP 1 WLAN ist vollgepackt mit solchen praktischen Gimmicks und Möglichkeiten. So bietet es einen sogenannten Impulsbetrieb, um beispielsweise ein abgestürztes Gerät zurückzusetzen. Praktisch ist das manuelle Schalten per Taster, zudem protokolliert die Steckdose die Leistung des angeschlossenen Verbrauchers und bietet auch eine Schaltung je nach Last- oder Temperaturwerten an.

Mit den eingebauten Funktionen lassen sich auch einfach Konfigurationen erstellen, die einen wirksamen Einbruchsschutz darstellen können. So kann beispielsweise in einer Wohnung die Beleuchtung jeden Abend sporadisch geschaltet werden, sodass Anwesenheit simuliert werden kann. Diese vielen Möglichkeiten der Rutenbeck-Steckdose bedeuten natürlich in Sachen Heimautomation auch deutlich mehr praktische Möglichkeiten, mit denen Sie Ihrem Partner die Anschaffung eines solchen Modells schmackhaft machen können.

2.10.1 Waschmaschine und Trockner überwachen

Die zusätzlichen Features des TC IP 1 WLAN lassen sich bequem in verschiedene Anwendungsszenarien zu Hause integrieren: Möchten Sie beispielsweise sicherstellen, dass eine Lampe eingeschaltet ist – etwa in einem Gewächshaus, Terrarium oder dergleichen –, dann können Sie mit der Messung des Laststroms an der angeschlossenen Lampe über das Netzwerk feststellen, ob das Gerät tatsächlich eingeschaltet ist oder nicht. Diesen Zustand kann der TC IP 1 WLAN selbstständig per E-Mail melden. Oder Sie möchten beispielsweise darüber informiert werden, ob der Waschgang im Keller beendet ist oder nicht, damit die Wäsche zeitnah entnommen und getrocknet werden kann.

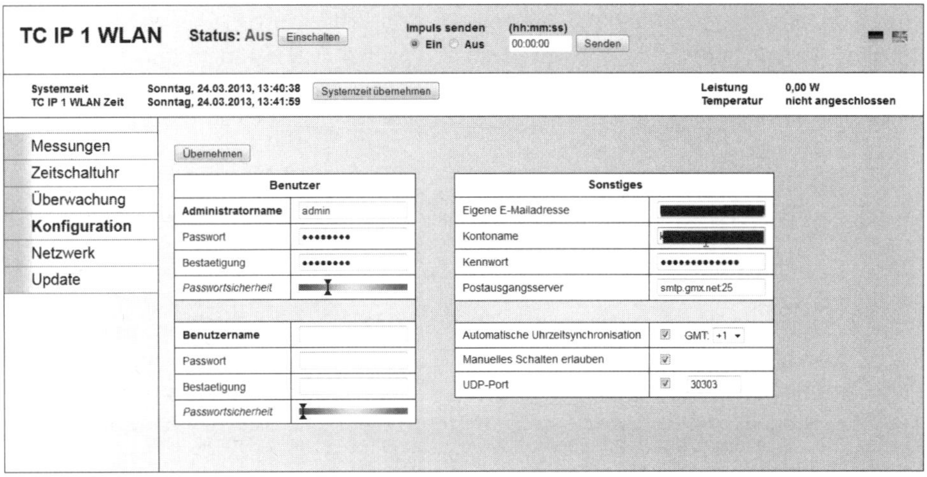

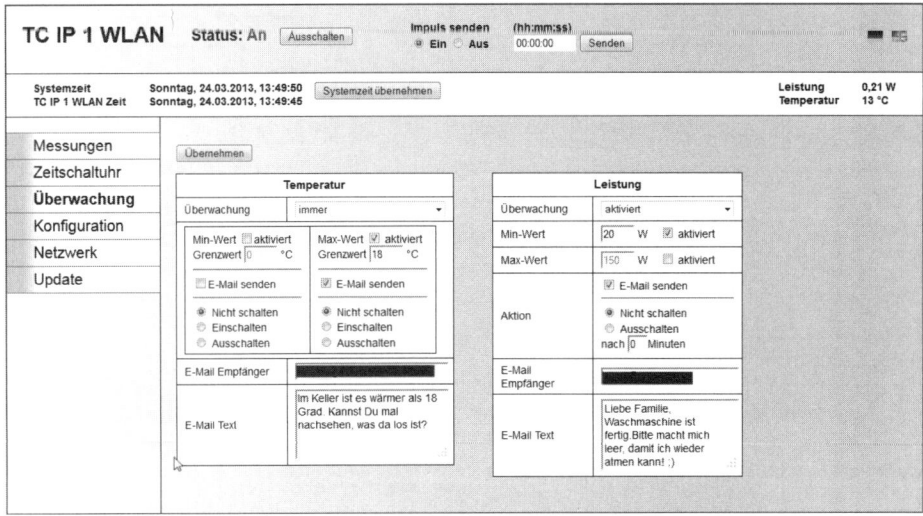

Bild 2.65: Vorbereitung: Soll die Steckdose bei Beendigung des Waschgangs oder des Trockenvorgangs eine Benachrichtigung verschicken, dann ist in diesem Dialog zunächst die Konfiguration der E-Mail-Parameter notwendig.

Der TC IP 1 WLAN Energy Manager lässt sich so einstellen, dass er die Leistungsaufnahme der Waschmaschine überwacht. Naturgemäß sinkt nach dem Waschgang die Leistungsaufnahme der Waschmaschine dauerhaft ab und geht in den Ruhezustand. Hier kommt der TC IP 1 WLAN Energy Manager ins Spiel und sendet darüber eine Benachrichtigung per E-Mail.

Bild 2.66: Im zweiten Schritt legen Sie die Überwachung fest: Hier können Sie die Temperatur und Leistungsparameter nach Ihren Wünschen konfigurieren.

Um beispielsweise den Leerlauf-Leistungswert der Waschmaschine zu bestimmen, schalten Sie einfach die Waschmaschine ein und prüfen die Leistung. Runden Sie diesen Wert leicht auf, tragen ihn im Feld *Min-Wert* ein und setzen anschließend das *aktiviert*-Häkchen.

2.11 Für Konsolenfetischisten: Steckdose über UDP steuern

Stöbert man etwas auf den Rutenbeck-Webseiten und in der Dokumentation, dann weckt der unscheinbare Hinweis auf eine UDP-Dokumentation die Neugierde. Nach dem Herunterladen und Stöbern in dem PDF-Dokument wird klar, dass in dem TC-IP-1-WLAN-Modell von Rutenbeck noch weitere verborgene Talente schlummern, die geradezu prädestiniert für den Einsatz in Sachen Heimautomation sind. Für das Übertragen der UDP-Pakete wurde hier das Werkzeug *sendip* genutzt, grundsätzlich lassen sich auf dem Raspberry Pi auch *netcat* und *socat* für die UDP-Übertragungen verwenden.

Beachten Sie beim Einsatz von sendip bzw. dem Steuern der Steckdose über UDP: Dies funktioniert natürlich nur mit Steckdosen, die auch einen UDP-Port zur Verfügung stellen. Darüber hinaus muss UDP explizit in den Netzwerkeinstellungen der Steckdose aktiviert und die entsprechende Portnummer festgelegt werden.

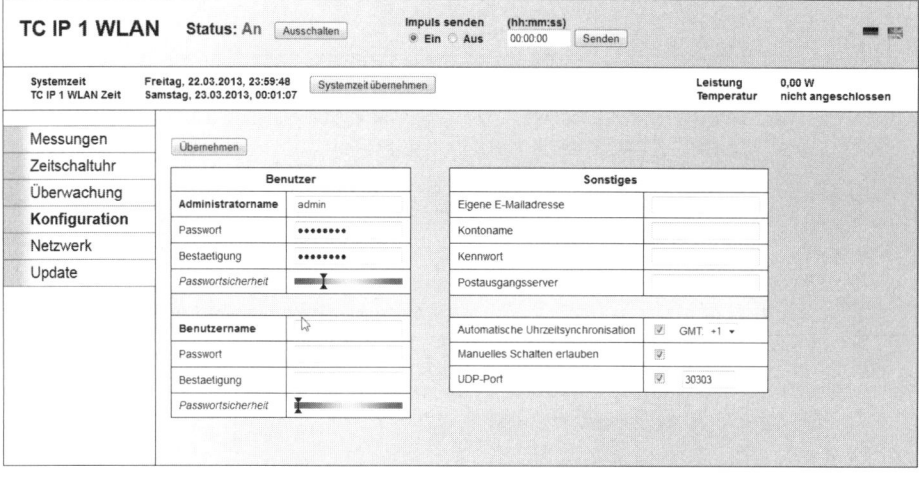

Bild 2.67: Damit die Steuerung über UDP überhaupt möglich ist, muss hier im Konfigurationsdialog das Häkchen bei *UDP-Port* gesetzt werden.

Das praktische Tool sendip gehört nicht zum Standardumfang des Debian-Pakets auf dem Raspberry Pi und muss, falls noch nicht vorhanden, per `apt-get` nachinstalliert werden.

```
sudo apt-get install sendip
```

Nach der Installation versuchen Sie zunächst die Syntax von sendip zu verstehen. Sie müssen nicht nur die Ziel-, sondern auch die Quell-IP-Adresse sowie die verwendeten UDP-Ports angeben. Weiter benötigen Sie auch Informationen über den UDP-Befehlssatz der Rutenbeck-Steckdose. Im Falle des TC IP 1 WLAN Energy Manager wird dieser im UDP-Datenblatt wie folgt dargestellt (Auszug):

Adressat	Index	Zusatz	Aktion	Beschreibung
OUT	1		0	Ausgang 1 ausschalten
OUT	1		1	Ausgang 1 einschalten
OUT	1		2	Ausgang 1 umschalten
OUT	1		?	Zustand Ausgang 1 abfragen
OUT	1	IMP	00:00:01 0/1/2	Ausgang 1 impulsschalten
T			?	Aktuelle Temperatur abfragen
U			?	Aktuelle Spannung abfragen
I			?	Aktuellen Stromverbrauch abfragen
cos			?	Aktuelle Phasenverschiebung abfragen
P			?	Aktuelle Wirkleistung abfragen
S			?	Aktuelle Scheinleistung abfragen
Q			?	Aktuelle Blindleistung abfragen
E			?	Aktuelle Energie abfragen

Um also die Steckdose einzuschalten, muss die Zeichenkette "OUT1 1" an den definierten UDP-Port (hier: 30303) der Steckdose übermittelt werden. Zum Ausschalten dient die Zeichenkette "OUT1 0", für die Abfrage der aktuellen Spannung nutzen Sie "U ?". Bevor Sie nun anfangen, ein passendes Skript zu entwickeln, experimentieren Sie etwas mit den Einstellungen und Parametern des sendip-Aufrufs.

```
/usr/bin/sendip -p ipv4 -is 192.168.123.30 -p udp -us 30303 -ud 30303 -d
"OUT1 1" -v 192.168.123.204
```

So oder so ähnlich sollte nun der sendip-Befehl aufgebaut sein, um vom Raspberry Pi mit der IP-Adresse 192.168.123.30 die gewünschte Zeichenkette an die IP-Adresse der Steckdose 192.168.123.204 mit dem Port 30303 zu versenden.

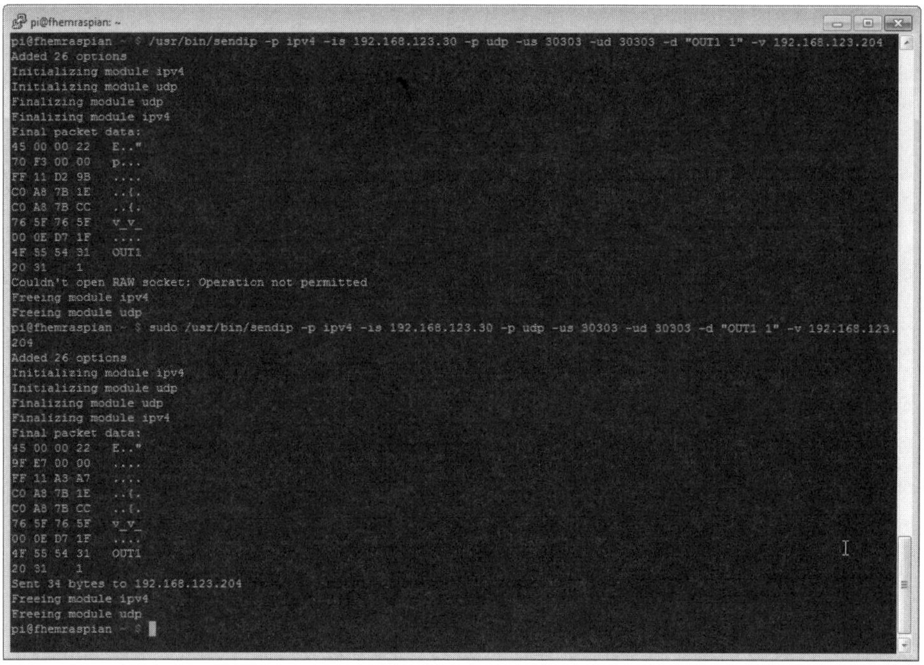

Bild 2.68: Bevor Sie anfangen, ein Skript zu entwickeln, testen Sie den relevanten Befehl zunächst im Terminal auf Herz und Nieren.

Dummerweise tritt umgehend ein Fehler auf, der jedoch schnell gelöst werden kann: Die Meldung Couldn't open RAW socket: Operation not permitted deutet auf ein Rechte-problem hin. Mit dem vorangestellten sudo-Kommando sollte sich der Befehl erfolg-reich absetzen lassen:

```
sudo /usr/bin/sendip -p ipv4 -is 192.168.123.30 -p udp -us 30303 -ud 30303 -
d "OUT1 1" -v 192.168.123.204
```

Das Ergebnis des Befehls sollte nun das Einschalten der Rutenbeck-Steckdose zur Folge haben. Da aus Übersichtlichkeitsgründen in einem Skript der Einsatz von sudo verpönt ist, sollten Sie sich eher mit dem Befehl

```
sudo chmod u+s /usr/bin/sendip
```

behelfen, um das sogenannte SUID-Bit bei der Datei sendip zu setzen. In diesem Fall können Programme, die dem Systemadministrator root gehören, auch von anderen Benutzern des Systems unter seiner Kennung ohne Nachfrage ausgeführt werden. Wollen Sie das später wieder rückgängig machen, dann ändern Sie das Kommando in:

```
sudo chmod u-s /usr/bin/sendip
```

Damit entziehen Sie der Datei wieder das SUID-Bit und nehmen somit den Nicht-root-Benutzern das Ausführen-Recht wieder weg. Denken Sie aber daran, die Rutenbeck-

Steckdose über ein Skript im User-Kontext zu steuern, dann lassen Sie die Ausführen-Rechte gesetzt.

```bash
#!/bin/bash
# ---------------------------------------------------------
# Smart-Home mit Raspberry Pi-Projekte
# E.F.Engelhardt, Franzis Verlag, 2013
# ---------------------------------------------------------
# Skript: udprute.sh
#  UDP Kommandos an die Rutenbeck-Steckdose
#
SENDIP="/usr/bin/sendip"
UTPIP4PI="192.168.123.30"
UTPIP4RUTE1="192.168.123.204"
UTPPORT="30303"
#---------------------------------------------------------
SENDIPARGSPI=" -p ipv4 -is "
SENDIPARGSUDP=" -p udp -us ${UTPPORT} -ud ${UTPPORT} -d "
# fuer debugging
# SENDIPARGSRUTE1=" -v "
SENDIPARGSRUTE1=" "
#---------------------------------------------------------
# Steckdose einschalten
UTPCMDON="OUT1 1"
# Steckdose ausschalten
UTPCMDOFF="OUT1 0"
#---------------------------------------------------------
UTPCMD=${UTPCMDON}
#---------------------------------------------------------
SENDIPCMD="${SENDIP}${SENDIPARGSPI}${UTPIP4PI}${SENDIPARGSUDP}\"${UTPCMD}\"$
{SENDIPARGSRUTE1}${UTPIP4RUTE1}"
# Ereignis in Variable
raw=$(${SENDIP}${SENDIPARGSPI}${UTPIP4PI}${SENDIPARGSUDP}"${UTPCMD}"${SENDIP
ARGSRUTE1}${UTPIP4RUTE1})
echo ----------------------------------------------------
echo -> Aufgerufener Befehl\= $SENDIPCMD
echo ----------------------------------------------------
# oder Ergebnis in Datei
# echo $SENDIPCMD > /tmp/utp-rutenbeck-dose
echo $raw
echo ----------------------------------------------------
# ---------------------------------------------------------
```

Falls gewünscht, können Sie durch das Setzten eines Verbose-Attributs (Variable: SENDIPARGSRUTE1) eine erweiterte Ausgabe aktivieren, was gerade beim Debugging des Skripts bei der Fehlersuche sehr hilfreich sein kann. Grundsätzlich baut das Skript einen langen Kommandozeilenbefehl in der Form

```
sendip -p ipv4 -is 192.168.123.30 -p udp -us 30303 -ud 30303 -d "OUT1 1" -v
192.168.123.204
```

zusammen und führt ihn aus. Für den Einsatz in FHEM empfiehlt es sich, den Aufruf des Skripts weiter zu parametrisieren, um die verschiedenen Möglichkeiten wie Einschalten, Ausschalten, Temperaturmessung und dergleichen abzudecken.

```bash
#!/bin/bash
# ---------------------------------------------------------------
# Smart-Home mit Raspberry Pi-Projekte
# E.F.Engelhardt, Franzis Verlag, 2013
# ---------------------------------------------------------------
# Skript: udpswitch.sh
#  UDP Kommandos fuer die Rutenbeck-Steckdosen TC IP 1CMD
#
BASENAME="$(basename $0)"
CMD=$1 # OUT, TEMP, SPANN, STROM, POWER
TYP=$2 # INDEX
ARG=$3 # ACTION
# ---------------------------------------------------------------
SENDIP="/usr/bin/sendip"
UTPIP4PI="192.168.123.30"
UTPIP4RUTE1="192.168.123.203"
UTPPORT="30303"
# ---------------------------------------------------------------
SENDIPARGSPI=" -p ipv4 -is "
SENDIPARGSUDP=" -p udp -us ${UTPPORT} -ud ${UTPPORT} -d "
# fuer debugging
# SENDIPARGSRUTE1=" -v "
SENDIPARGSRUTE1=" "
# ---------------------------------------------------------------
# bei OUT 3 Parameter notw.
# bei T, U, I, E keiner
# ---------------------------------------------------------------
echo $CMD
if [[ ${CMD}=="out" ]];then
CMD="OUT"
fi
echo $TYP
# TC IP4 unterstuetzt kein UDP -> TYP=1
echo $ARG
# ---------------------------------------------------------------
case $CMD in
   OUT)
    if [[ ${TYP}=="" ]];then
     TYP="1"
    elif [[ ${ARG}=="" ]];then
     ARG="0"
    fi
    UTPCMD="OUT${TYP} ${ARG}"
```

```
        echo BEFEHL:$UTPCMD
        ;;
    TEMP)
        UTPCMD="T ?"
        ;;
    SPANN)
        UTPCMD="U ?"
        ;;
    STROM)
        UTPCMD="I ?"
        ;;
    POWER)
        UTPCMD="E ?"
        ;;
    *)
        UTPCMD="OUT1 0"
            ;;
esac
# -------------------------------------------------------------------
# Steckdose einschalten
# UTPCMDON="OUT1 1"
# Steckdose ausschalten
# UTPCMDOFF="OUT1 0"
# -------------------------------------------------------------------
# UTPCMD=${UTPCMDOFF}
# -------------------------------------------------------------------
SENDIPCMD="${SENDIP}${SENDIPARGSPI}${UTPIP4PI}${SENDIPARGSUDP}\"${UTPCMD}\"$
{SENDIPARGSRUTE1}${UTPIP4RUTE1}"
raw=$(${SENDIP}${SENDIPARGSPI}${UTPIP4PI}${SENDIPARGSUDP}"${UTPCMD}"${SENDIP
ARGSRUTE1}${UTPIP4RUTE1})
echo ----------------------------------------------------
echo "-> Aufgerufener Befehl\= $SENDIPCMD"
echo ----------------------------------------------------
# oder Ergebnis in Datei
# echo $SENDIPCMD > /tmp/utp-rutenbeck-dose
echo $raw
echo ----------------------------------------------
# -------------------------------------------------------------------
```

Das Schalten der Steckdosen sollte nun mit jeweils kleinen Anpassungen im Skript kein Problem mehr darstellen. Die Übermittlung der Messwerte wie Strom, Spannung, Leistung oder Temperatur wird zwar angefordert, landet jedoch mit sendip leider nicht auf der Standardausgabe. Dazu öffnen Sie einfach ein zweites Terminalfenster zum Raspberry Pi und starten einen *netcat*-Server, der einfach auf dem entsprechendem UDP-Port 30303 der Steckdose lauscht:

```
netcat -u -l -p 30303
```

Setzen Sie zum Test im zweiten Konsolenfenster nun folgenden Befehl ab, um mithilfe des Parameters »*E ?*« den Messwert für den Energieverbrauch darstellen zu lassen:

```
sendip -p ipv4 -is 192.168.123.30 -p udp -us 30303 -ud 30303 -d "E ?" -v
192.168.123.204
```

Zeit, ein wenig zu experimentieren: Testen Sie die Spannung (U), den Strom (I) oder, falls Sie einen Temperaturfühler angeschlossen haben, die Temperatur (T).

Bild 2.69: *sendip* und *netcat* im Paralleleinsatz: Im einen Terminalfenster starten Sie das `sendip`-Kommando, im zweiten ist umgehend das jeweilige Ergebnis zu sehen.

Wer das zu umständlich findet und sich mit einem einzigen Terminalfenster begnügen möchte, der muss hier etwas experimentieren. Mit dem Kommando

```
echo "U ?"| nc -q 2 -u 192.168.123.204 30303 | tee rutiudp.txt
```

schicken Sie den Aufruf `"U ?"` mittels *netcat* an die Steckdose an der IP-Adresse `192.168.123.204` mit dem UDP-Port `30303`. Die Option `-q 2` sorgt dafür, dass die Verbindung zwei Sekunden, nachdem das Ende einer Datei (EOF) entdeckt wurde, abgebrochen wird. Die Option `-u` weist *netcat* darauf hin, dass das UDP-Protokoll zu nutzen ist. Ohne die `-q`-Option verharrt der `netcat`-Befehl, was gerade in einem Skript weniger ideal ist. Das Ergebnis des Befehls wird in die Datei `rutiudp.txt` geschrieben. Lassen Sie das letzte Pipe und den `tee`-Befehl weg, erfolgt die Ausgabe auf der Konsole.

Befehl	Beschreibung
echo "OUT1 1" | nc -q 2 - u 192.168.123.204 30303	Schaltet den Ausgang ein
echo "I ?" | nc -q 2 - u 192.168.123.204 30303	Fragt den aktuellen Stromverbrauch ab
echo "TIMER1 12:00:00 1"| nc -q 2 - u 192.168.123.204 30303	Zeitschaltuhr Kanal 1: Ausgang täglich um 12 Uhr einschalten
echo "TIMER2 12:00:00 0" | nc -q 2 - u 192.168.123.204 30303	Zeitschaltuhr Kanal 2: Ausgang täglich um 12 Uhr ausschalten
echo "OUT1 IMP 00:00:10 1" | nc -q 2 - u 192.168.123.204 30303	Ausgang 1 für 10 Sekunden einschalten
echo "TEMPCON MAX 10" | nc -q 2 - u 192.168.123.204 30303	Den maximalen Wert für die Temperatur auf 10 °C einstellen
echo "TEMPCON MAXAKTION 1" | nc -q 2 - u 192.168.123.204 30303	Wenn der maximale Schwellwert überschritten wird, wird der Ausgang eingeschaltet

Nicht nur auf der Konsole, sondern auch mit jeder x-beliebigen Skriptsprache auf dem Raspberry Pi lassen sich UDP-Befehle in Ihrem Heimnetz versenden.

2.11.1 UDP-Steuerung mit Python

Wie auf der Konsole lässt sich UDP auch mit einer Skriptsprache bequem übertragen. In dem nachfolgenden Beispiel übertragen Sie den Schaltvorgang über UDP in Python:

```
# ----------------------------------------------------------------
# Smart-Home mit Raspberry Pi-Projekte
# E.F.Engelhardt, Franzis Verlag, 2013
# ----------------------------------------------------------------
# Skript: udprute.py
#  UDP Kommandos ueber Python an Rutenbeck-Steckdosen TC IP 1
#  absetzen
#
import socket
UDP_IP = "192.168.123.204"
UDP_PORT = 30303
COMMAND = "OUT1 1"
print "UDP Ziel-IP:", UDP_IP
print "UDP Ziel-Port:", UDP_PORT
print "BEFEHL:", COMMAND
rutesocket = socket.socket(socket.AF_INET, socket.SOCK_DGRAM)
rutesocket.sendto(COMMAND, (UDP_IP, UDP_PORT))
# ----------------------------------------------------------------
```

Wie gewohnt können Sie die Zustandsänderungen der IP-Steckdose auch bequem über FHEM einsammeln und per `notify` an der gewünschten Stelle veröffentlichen oder per E-Mail verschicken.

2.11.2 Energiemessung und mehr: TC IP 1 WLAN und FHEM

Gerüstet mit den obigen Information rund um UDP lässt sich nun ein passendes Skript zusammenbauen, das Sie später auch gegebenenfalls für den FHEM-Einsatz nutzen können. Hier sind im Beispielskript `udprute2.sh` bereits Aufrufparameter für UDP wie E (Energie), U (Spannung), I (Strom) und T (Temperatur) hinterlegt.

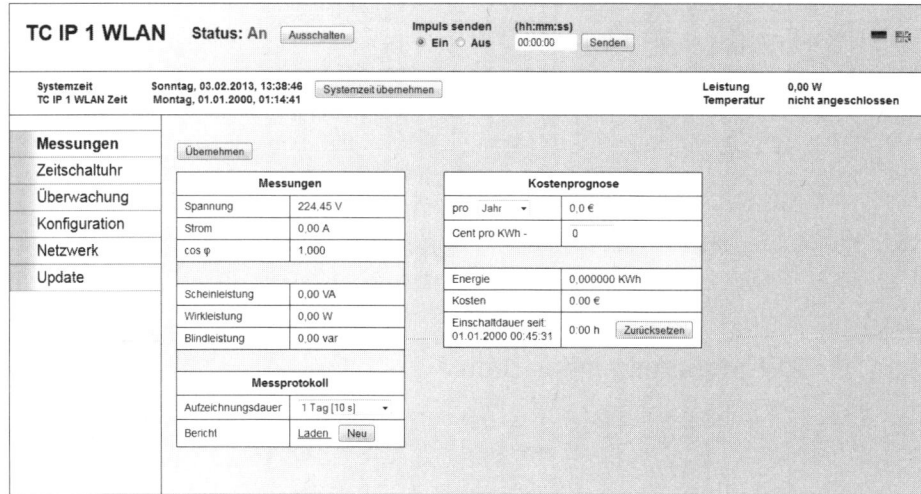

Bild 2.70: Sämtliche Werte, die über die Konfigurationsseite der Rutenbeck TC IP 1 WLAN geführt werden, lassen sich grundsätzlich auch über die Konsole anzeigen – jedoch ist unter Linux etwas Nachhilfe nötig.

Möchten Sie beispielsweise den Energieverbrauch abfragen, prüfen Sie zunächst, ob im Skript die Variable *UTPIP4RUTE1* für die IP-Adresse sowie der UDP-Port in der Variablen UDPPORT (hier: *30303*) für Ihre Umgebung korrekt befüllt sind. Anschließend erfolgt der Aufruf per Befehl:

```
udprute2.sh E
```

Nun schreibt *netcat* das Ergebnis in eine temporäre Datei, was im zweiten Schritt per `less`/cut-Kommando über die Hilfskrücke `echo $test2` am Bildschirm ausgegeben werden kann.

```
#!/bin/bash
# --------------------------------------------------------------------
# Smart-Home mit Raspberry Pi-Projekte
# E.F.Engelhardt, Franzis Verlag, 2013
```

```
# -----------------------------------------------------------------
# Skript: udprute2.sh
#  Holt den Wert ueber UDP von Rutenbeck-Steckdose
#
BASENAME="$(basename $0)"
ARG=$1
UTPIP4RUTE1="192.168.123.204"
UDPPORT="30303"
# -----------------------------------------------------------------
case $ARG in
  E)
    CMD="E ?"
    ;;
  U)
    CMD="U ?"
    ;;
  T)
    CMD="T ?"
    ;;
  I)
    CMD="I ?"
    ;;
  *)
    CMD="E ?"
    ;;
esac
if test -d /var/tmp/rute.txt; then rm /var/tmp/rute.txt; fi
test=`echo $CMD | nc -q 2 -u $UTPIP4RUTE1 $UDPPORT`
echo $test > /var/tmp/rute.txt
test2=`less /var/tmp/rute.txt | cut -d "=" -f2`
echo $test2
rm /var/tmp/rute.txt
# -----------------------------------------------------------------
```

Um nun die Rutenbeck-Steckdose als Gerät in FHEM einzubinden und ihren Status zu überwachen und zu schalten, erstellen Sie in der `fhem.cfg` einfach ein sogenanntes Dummy-Device in der Form:

```
# -----------------------------------------------------------------
define RuteIP1_Schalter_1 dummy
    attr RuteIP1_Schalter_1 eventMap on:on off:off
    attr RuteIP1_Schalter_1 room Arbeitszimmer
define RuteIP1S1On notify RuteIP1_Schalter_1:on {
GetHttpFile("192.168.123.204:80", "/leds.cgi?led=1&value=Einschalten") }
define RuteIP1S1Off notify RuteIP1_Schalter_1:off {
GetHttpFile("192.168.123.204:80", "/leds.cgi?led=1&value=Ausschalten")$
# -----------------------------------------------------------------
```

Selbstverständlich passen Sie die IP-Adresse sowie gegebenenfalls den Port der TCP/IP-Steckdose (hier: `192.168.123.204:80`) an. Danach lässt sich die Rutenbeck-IP-Steckdose bequem per FHEM fernsteuern. Das gewöhnliche Webfrontend von Rutenbeck können Sie parallel weiter nutzen. Die Integration in FHEM hat jedoch den Vorteil, dass Sie die Steckdose in Ihren Hausautomationsablauf einbinden und vom Zustand anderer Geräte, Sensoren und Aktoren abhängig machen können.

Losgelöst von FHEM hat der direkte Zugriff über die HTTP-Adresse auf die Steuerung der Steckdose den Charme, dass Sie die TCP/IP-Steckdose nun auch über externe Werkzeuge, Programme und Apps, beispielsweise über Mobilfunkgeräte, bedienen können. So nutzen Sie hier die simple Homepage-Funktion und koppeln die Adresse im Falle eines Apple iPhone mit der Sprachsteuerung Siri, um die Steckdose zu steuern.

2.12 Licht, Steckdosen oder Heizung steuern: Siri im Einsatz

Mit der Steuerung von Funksteckdosen mithilfe des Raspberry Pi, egal ob direkt über den GPIO, via FHEM oder mit einer manipulierten URL, kann nun nahezu alles im Haushalt per Raspberry Pi ein- und ausgeschaltet werden, vorausgesetzt, der Raspberry Pi ist im Heimnetz und/oder im Internet erreichbar. Ist der Raspberry Pi zum Beispiel per dynamischen DNS von außen über das Internet erreichbar – idealerweise mit einer eigenen, schwer zu erratenden Portnummer – dann können Sie die selbst gebaute Schaltung nicht nur über einen Webbrowser, sondern auch über das Smartphone erreichen.

Überaus einfach und komfortabel ist das auch im Fall der Made-in-Germany-Steckdosen aus dem Hause Rutenbeck: Bauen Sie sich den Ein- und Ausschaltlink selbst so zusammen, dass er über das Smartphone genutzt werden kann. Doch bevor es endlich so weit ist, an dieser Stelle ein Sicherheitshinweis dazu:

> **Mögliches Sicherheitsproblem**
> Hängt der DSL-WLAN-Router ständig im Internet und ist der eigene lokale Anschluss somit ständig per dynamischen DNS erreichbar, sollten Sie die verfügbaren Dienste so weit wie möglich einschränken. Dazu konfigurieren Sie die Firewall-/ Porteinstellungen Ihres DSL-WLAN-Routers. Egal, wie sicher dieser auch konfiguriert ist, theoretisch und somit auch praktisch ist es auch dann möglich, dass unbefugte Dritte von außen eine vom Internet steuerbare Steckdose bzw. Schaltung erreichen. Demzufolge sollten Sie mit solchen Steckdosen ausschließlich Verbraucher verbinden, die bei missbräuchlichem Schalten auch keinen Schaden anrichten können.

Der Sicherheitshinweis zählt natürlich nicht nur für den Zugriff über einen Webbrowser, sondern auch für die Sprachsteuerung. Denn theoretisch ist es natürlich auch denkbar, dass Sie Ihr Smartphone verlieren und der Finder sämtliche Kontakte in Ihrem

Telefonbuch anruft – in der Praxis wird ein Dieb das eher nicht tun. Sind jeweils ein Ein- und Ausschaltbefehl als Adressbuchkontakte hinterlegt, dann könnte der Smartphone-Dieb beispielsweise das Licht per Telefonanruf ein- und ausschalten. Wie Sie lokale Verbraucher daheim – Licht, Steckdosen usw. – anhand eines Anrufs schalten und sogar per Sprachsteuerung über das Smartphone steuern können, wird anhand der Profi-Steckdosenlösung TC IP 1 aus dem Hause Rutenbeck demonstriert.

2.12.1 Siri: Sekretärin in der Hosentasche

Mit der Einführung des iPhone 4S erfolgte im Smartphone-Markt die Einführung der Sprachsteuerung, die auch ihren Namen verdient. Die auf den Namen Siri getaufte, von Apple eingekaufte Lösung leistet um Längen mehr als alle anderen bisher bekannten Sprachsteuerungslösungen für Mobiltelefone oder Smartphones. Siri versteht nicht nur Worte und ganze Sätze, sondern erkennt dank eingebauter Logik auch Zusammenhänge gesprochener Worte und kombiniert deren Zusammenhänge.

Bild 2.71: Siri versteht ganze Sätze und braucht keinen Telegrammstil.

Erteilen Sie Siri beispielsweise das Sprachkommando »Rufe meine Mutter an«, dann antwortet sie: »Wie heißt deine Mutter?« Antwortet man hier mit dem Namen des entsprechenden Kontakts im iPhone, dann fragt Siri nach, ob dieser Name mit »Mutter« verknüpft werden soll. Anschließend weiß Siri, wer zukünftig mit Mutter gemeint ist. Die Kopplung der Verwandtschaftsgrade ist eine vergleichsweise leichte Übung, sie funktioniert auch mit Vater, Onkel, Tanten usw.

Hat Siri mit der Zeit fleißig dazugelernt, führen sogar komplizierte Sprachbefehle, wie etwa der zum Eintrag eines Kalendertermins mit diversen Kontakten aus dem Adressbuch samt telefonischer Benachrichtigung, zum Erfolg. Diesen Kniff machen Sie sich in Sachen Steuerung von Heimkomponenten zunutze, nur dass Siri eben keine Telefonnummer wählt, sondern einfach zu einer HTTP-Adresse in Ihrem Heimnetz Kontakt aufnimmt.

2.12.2 iPhone: Kontakt für Gerät erstellen und konfigurieren

Wir benötigen dazu nur einen Kontakt per Ein- bzw. Ausschaltbefehl. In diesem Fall ist der Wohnzimmer-Fluterstrahler mit der Rutenbeck-Funksteckdose TC IP 1 WLAN per Hintertür über die IP-Adresse

```
http://192.168.123.203/leds.cgi?led=1&value=Einschalten
```

erreichbar. Die Beispiel-IP-Adresse `192.168.123.203` ersetzen Sie in Ihrem Fall durch die IP-Adresse Ihres Rutenbeck-Steckdosenmodells. Haben Sie beispielsweise obige Raspberry-Pi-Funksteckdosenlösung im Einsatz, dann nutzen Sie die entsprechende URL, die Sie für den Zugriff in der Webserver-Konfiguration festgelegt haben. Erstellen

Sie einen neuen Kontakt – in diesem Beispiel mit der Bezeichnung *Wohnzimmerlicht Ein* bzw. *Wohnzimmerlicht Aus*. Für den Kontakt *Wohnzimmerlicht Ein* wird obige URL verwendet, für den Kontakt *Wohnzimmerlicht Aus* nutzen wir im Heimnetz:

```
http://192.168.123.204/leds.cgi?led=1&value=Ausschalten
```

Für den Vornamen nutzen Sie also *Wohnzimmerlicht*, für den Nachnamen *Ein* bzw. beim zweiten Kontakt *Aus*. Selbstverständlich brauchen Sie den URL-Kontakt nicht über die Bildschirmtastatur einzutippen. Schicken Sie ihn sich einfach selbst per Mail zu, markieren ihn auf dem iPhone, kopieren ihn in die Zwischenablage und fügen ihn per Touch im Kontaktfeld *Homepage* ein.

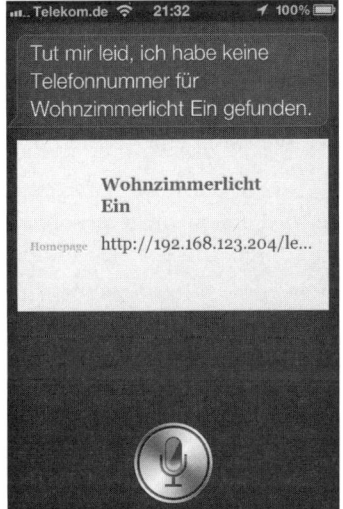

Bild 2.72: Nach dem Anlegen des Kontakts testen Sie Siri. Sprechen Sie bei aktiver Spracherkennung in diesem Beispiel *Wohnzimmerlicht Ein*, wird der Kontakt geöffnet. Einen Touch weiter wird die entsprechende URL geöffnet, und das Licht geht an.

Wie beschrieben, gehen Sie analog beim Ausschalt-Adressbuchkontakt vor. Testen Sie auch diesen Kontakt. Mit einem etwas längeren Druck auf die Home-Taste des iPhones wird Siri aktiv. Sprechen Sie nun *Wohnzimmerlicht Aus* – in diesem Fall muss der Kontakt der hinterlegten Ausschalt-URL geöffnet werden. Nach der Bestätigung per Touch auf den Link geht das Wohnzimmerlicht wieder aus. Um diese Siri-Lösung auch über das Internet verfügbar zu machen, brauchen Sie nur die entsprechenden URLs für den Ein- und Ausschaltvorgang durch denjenigen Adressen samt Portadresse zu ersetzen, über die die Funksteckdose oder der Raspberry Pi, falls dieser die Steuerung der Schaltung übernimmt, erreichbar ist.

2.13 Billigsteckdosen-Modding: Schalten über GPIO-Ausgänge

Grundsätzlich sind Steckdosen-Schaltlösungen am Markt, die sich entweder über ein TCP/IP-Netz oder über Funk schalten lassen. Setzen Sie die Billigsteckdosen aus dem Baumarkt ein, dann sind Sie zunächst auf das Schalten über die mitgelieferte Fernbedienung angewiesen. Dumm nur, wenn Sie diese verlegt haben, denn die Billiglösungen aus Fernost bieten keine manuellen Schalter auf der Steckdose. Abgesehen davon ist das Koppeln der Funkfernbedienung der Baumarktsteckdosen mit dem Raspberry Pi eine recht praktische Sache. Für den perfekten Einsatz in Sachen Heimautomation nutzen Sie die GPIO-Pin-Steckleiste des Raspberry Pi zum Schalten der Funksteckdosen. Damit ist der bequeme Zugriff über das Heimnetz oder das Internet sichergestellt – daran angeschlossene Geräte können aus der Ferne ein- und ausgeschaltet werden.

2.13.1 Taugliche Funksteckdosen finden: Fernbedienung entscheidend!

Mit einem drahtlosen Funksteckdosen-Set lassen sich mit der mitgelieferten Funkfernbedienung elektrische Geräte wie beispielsweise Lampen, Haushaltsgeräte, Lüfter usw. bequem vom Wohnzimmersofa aus ein- und ausschalten. Dank des eingebauten Funksenders funktioniert das je nach Dicke der Decke und der Wände in einer Entfernung von bis zu 25 Metern.

Nach dem Auspacken müssen die Funksteckdosen zunächst miteinander gekoppelt werden, damit die mitgelieferte Fernbedienung die Steckdosen (in der Regel drei) unterscheiden und schalten kann. Grundsätzlich kann die Fernbedienung maximal vier Verbraucher schalten – wer das ausreizen möchte, braucht also noch eine zusätzliche vierte Steckdose.

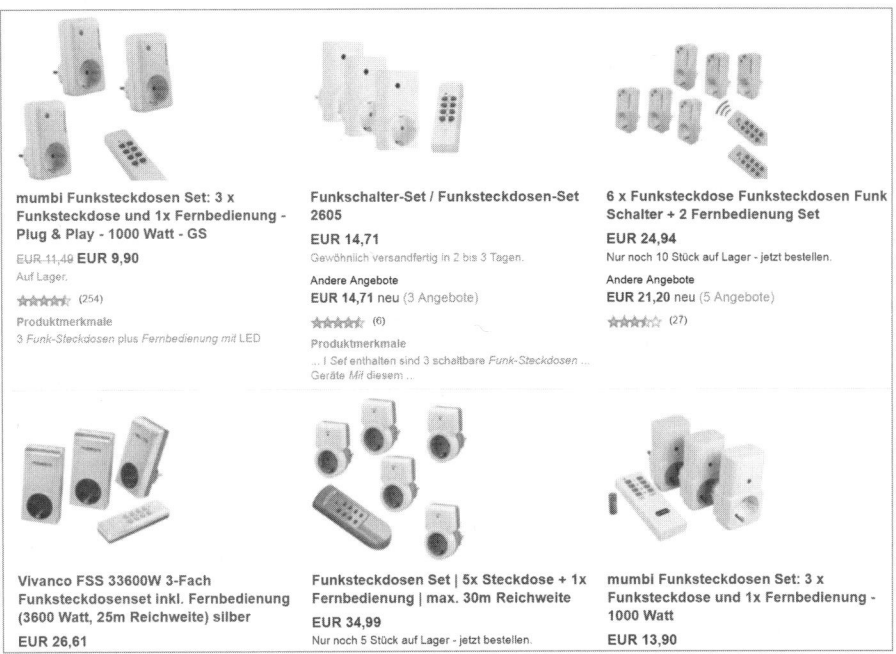

Bild 2.73: Freie Auswahl: Die China-Ware findet sich unter der Bezeichnung Pollin Funksteckdosen-Set 2605 oder ELRO AB440 im Internet.

Achtung: Brandgefahr!

Vorsicht und Augen auf beim Kauf: Die genannten Funksteckdosen (433-MHZ-Code Sendemodul) sind in einigen Varianten unter verschiedensten Handelsbezeichnungen auf dem Markt erhältlich. Gerade bei den Billigprodukten können Sie nicht immer sicher sein, was in der Verpackung steckt. So ist es bei Funksteckdosen aus der Billigfraktion schon vorgekommen, dass die Maximalbelastung pro Steckdose mit 3.680 Watt angegeben wurde, während die tatsächliche Belastungsgrenze bei 1.000 Watt liegt. Werden diese zulässigen 1.000 Watt überschritten, besteht aufgrund der Bauweise der eingebauten Sicherung die Gefahr der Überhitzung der Platine und somit akute Brandgefahr. Auch bei der Bauweise der Kontakte in der Steckdose selbst, insbesondere beim Anschluss des Schutzleiters, gab und gibt es möglicherweise noch Probleme, die durch das Auslösen der Schmelzsicherung ein Schmoren bis hin zum Brennen der Leiterplatte verursachen können.

Aus diesem Grund stellen Sie sicher, dass der Verbraucher pro Funksteckdose die 1.000-Watt-Grenze nicht überschreitet. Dazu zählt auch, dass an einer solchen Funksteckdose die Nutzung einer Steckdosenleiste mit mehreren Verbrauchern in der Regel tabu sein sollte – hier addieren Sie einfach die Maximalwerte der Wattzahlen der angeschlossenen Geräte. In unserem Fall schalten wir aus genannten Sicherheitsgründen ausschließlich Kleingeräte wie beispielsweise ein Handyladegerät oder das Radio in der Garage. Für die Schaltung größerer Verbraucher achten Sie bitte auf die zulässige Maximalbelastung pro Steckdose.

Nach dem Auspacken stellen Sie an der Fernbedienung zunächst einen Systemcode (Pin 1–5) ein, der an allen Funksteckdosen gleich sein muss (hier auch Pin 1–5). Mit einem der Schalter 6 bis 10 wird eine der Steckdosen A bis D ausgewählt. Weisen Sie den einzelnen Steckdosen eine Taste der Fernbedienung zu, indem Sie jeweils den DIP-Schalter einer Steckdose (DIP-Schalter 6=A, DIP-Schalter 7=B, DIP-Schalter 8=C oder DIP-Schalter 9=D) auf die Position ON schalten, während die verbleibenden DIP-Schalter auf Position OFF gesetzt bleiben.

2.13.2 Funksteckdosen mit GPIO von Raspberry Pi koppeln

Die GPIO-Pin-Steckleiste des Raspberry Pi kann mithilfe eines Relais zum Schalten anderer Stromkreise, aber auch zum Manipulieren anderer Schaltungen genutzt werden. Gerade bei einfachen Schaltungen, die nur den Zustand Ein/Aus, sprich Strom/Nicht-strom, kennen, lässt sich der Raspberry Pi mithilfe der GPIO-Pins sowie einer kleinen Logikschaltung parallel einhängen. Damit erweitern Sie den ursprünglichen Einsatz-zweck enorm: Aus einem nicht einmal zehn Euro teuren autarken Funksteckdosen-Set aus der Ramschkiste im Elektronikmarkt bauen Sie eine Steckdosenlösung, die sich über das Heimnetz oder Internet bequem per Shell-Kommando oder passende Programmier-sprache steuern lässt.

Bild 2.74: Augen scharf stellen: Ein bisschen schlecht zu lesen, aber nach genauem Hinsehen wird klar, dass es sich um den HX2262-IC handelt.

Besitzen die Fernbedienung und die Steckdosen denselben Hauscode, dann sprechen sie sozusagen auf einer Wellenlänge. Durch das Setzen des jeweiligen Gerätecodes sind die Steckdosen per A/B/C/D-Tastendruck unterscheidbar. Drücken Sie beispielsweise die linke Taste bei der Fernbedienung ON, um die entsprechend gepaarte Funksteckdose einzuschalten. Durch Drücken der rechten Taste OFF schalten Sie die Funksteckdose aus. Ob die Steckdose eingeschaltet ist oder nicht, zeigt eine LED an der jeweiligen Steckdose an (LED leuchtet = Steckdose ist eingeschaltet; LED leuchtet nicht = Steck-dose ist ausgeschaltet).

Funktioniert die Steuerung per Funkfernbedienung einwandfrei, dann können Sie die Fernbedienung »pimpen«, indem Sie die entsprechenden Schaltzustände vom Raspberry Pi aus anstoßen. Dafür zapfen Sie die Steuereinheit der Fernbedienung an, die für das Schalten der entsprechenden Funkkanäle zuständig ist. Um überhaupt erst einmal zu prüfen, ob sich die Idee auch bei der vorhandenen Steckdose realisieren lässt, nehmen Sie die Fernbedienung, entfernen die Batterie und öffnen auf der Rückseite mit einem Kreuzschlitzschraubenzieher das Gehäuse, um einen Blick auf die Platine zu erhalten.

2.13.3 China-Chip: Schaltung entschlüsselt

Je nach Funkfernbedienung benötigen Sie zum Öffnen des Gehäuses eventuell ein Spezialwerkzeug, doch in der Regel kommen Sie mit einem normalen Schlitz- oder Kreuzschlitzschraubenzieher immer ans Ziel. Drehen Sie dafür die Fernbedienung auf den Rücken und arbeiten Sie sich weiter vor, bis die Platine zu sehen ist – in diesem Beispiel waren es drei Kreuzschlitzschrauben. Heben Sie die Platine vorsichtig aus dem Gehäuse, eventuell sind ein paar kleine Schrauben zu lösen, um sie problemlos herausnehmen zu können. Nun lässt sich die Platine vom Gehäuse lösen und genauer inspizieren. Sie bzw. die Schaltung der Funkfernbedienung ist verhältnismäßig einfach aufgebaut.

Der genutzte IC für die Schaltung ist in der Regel oberhalb der DIP-Schalterleiste untergebracht und trägt in diesem Fall die Bezeichnung HX2262. Nach etwas Recherchearbeit im Internet stellt sich heraus, dass sich dahinter der Baustein Remote Control Encoder PT2262 versteckt. Dank des gut dokumentierten Datenblatts ist die Schaltung auf dem IC schnell verstanden.

Im nächsten Schritt nehmen Sie also den Lötkolben zur Hand, um die Schalteingänge mit Kabelverbindern zu verlöten, die Sie auf das Steckboard führen, und die entsprechenden Schaltkontakte mit den GPIO-Ausgängen des Raspberry Pi zu verheiraten.

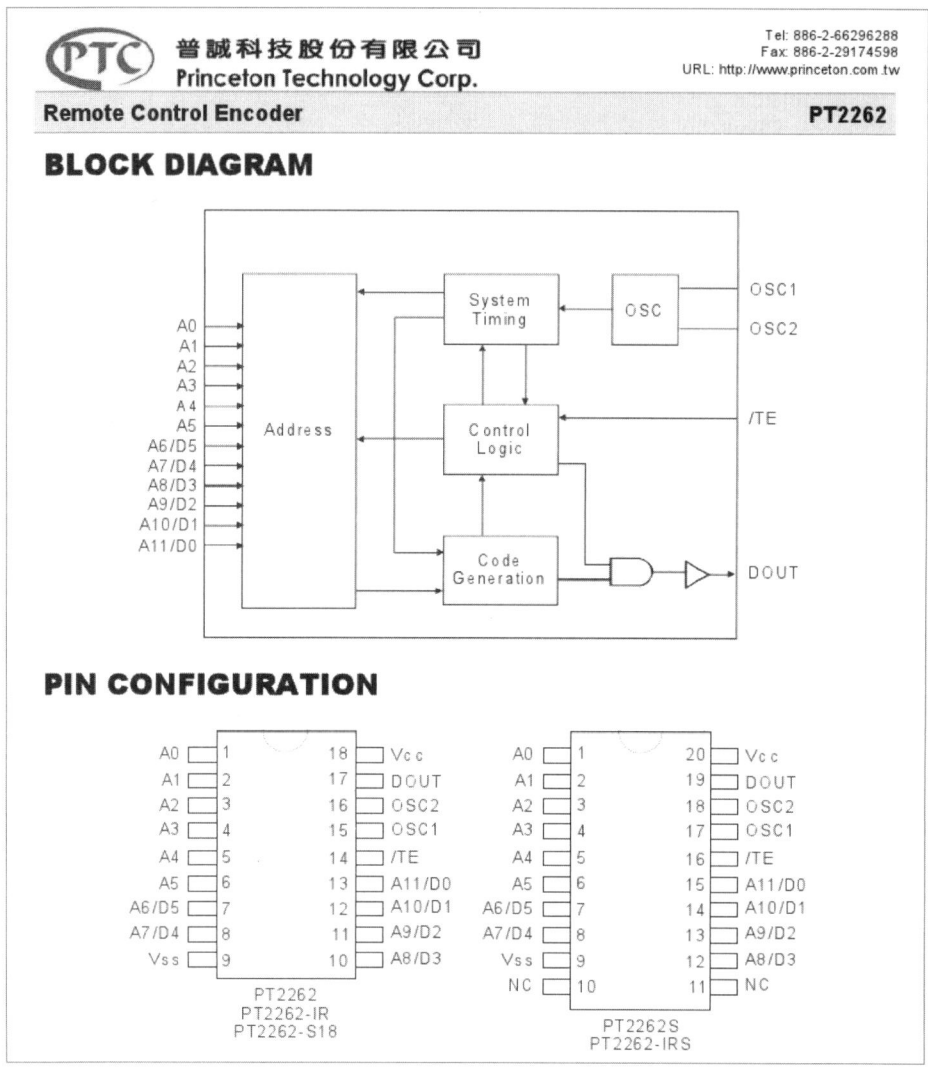

Bild 2.75: Übersichtlicher Schaltplan: Der Chip HX2262, der in der Funkfernbedienung der China-Steckdosen verbaut ist, lässt sich gut für eigene Zwecke anzapfen.

2.13.4 Prinzip und Aufbau

Ob Sie nun eine oder mehrere Steckdosen per Funkfernbedienung schalten, ist egal, mit dem Lötkolben müssen Sie so oder so an den IC-Baustein heran. In diesem Fall verlöten Sie am besten sämtliche Kanäle, um später einfach eine zusätzliche Steckdose nutzen zu können, ohne erneut den Lötkolben ansetzen zu müssen. Grundsätzlich sollte nachfolgende Stückliste eine erste Basis für das Steckdosenprojekt bilden.

- Schaltung für Fernbedienung, IC ULN2803A, ca. 0,6 Euro

- Werkzeuge: Schraubendreher-Set, Lötkolben (dünne Spitze, nicht mehr als 250 W), besser Lötstation

- Kleinteile: Klebeband, (Flachband-)Kabel, Steckverbindung

- handwerkliches Geschick

- Steckboard

> **IC ULN2803A**
> Der eingesetzte Allround-IC ULN2803A verfügt über acht TTL-kompatible Eingänge sowie acht dazugehörige Ausgänge, die jeweils bis zu 500 mA liefern. Der Chip ist sehr flexibel, hier ist es völlig egal, ob Sie damit induktive oder ohmsche Lasten schalten. Mehr Informationen zum IC ULN2803A finden Sie im Internet unter der URL *www.skilltronics.de/versuch/elektronik_pc/uln2803.pdf.*

Der Raspberry Pi und der IC ULN2803A werden mit dem Steckboard miteinander verbunden. Zunächst setzen Sie den IC mittig auf das Steckboard, sodass die gegenüberliegenden Pins des ICs keinen Kontakt miteinander haben. Jeder IC besitzt auf einer schmalen Seite eine Einkerbung, mit der Sie die Zählrichtung der Pins zuordnen können. Liegt die Kerbe oben, dann hat der linke obere Pin die Nummer 1 – zählen Sie einfach gegen den Uhrzeigersinn weiter.

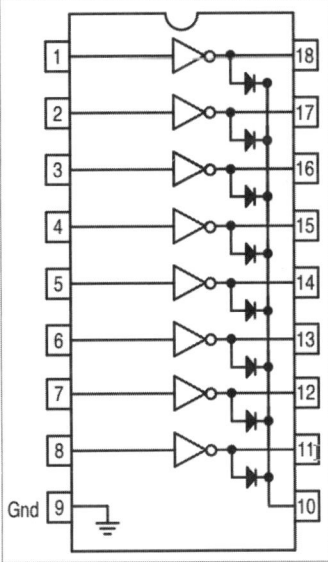

Bild 2.76: Immer gegen den Uhrzeigersinn hochzählen: Ausgehend von der Lage der Einkerbung ist die Zählweise der Pins immer identisch.

Anhand der vorliegenden Informationen können Sie den Raspberry Pi schon mit dem Steckboard bzw. dem IC verbinden. Nachstehende GPIO-Anschlüssse wurden in diesem Beispiel genutzt.

Raspberry Pi Pin	Raspberry Pi GPIO	ULN2803A Pin-Nr.	ULN2803A Pin-Bezeichnung
6	-	9	GND
8	GPIO-14	1	I1
10	GPIO-15	2	I2
12	GPIO-18	3	I3
16	GPIO-23	4	I4
18	GPIO-24	5	I5
22	GPIO-25	6	I6

Im nächsten Schritt inspizieren Sie die Platine der Funkfernbedienung und nehmen die Pin-Anschlüsse, an denen jeweils ein Kabel angelötet werden soll, in Augenschein. Insgesamt müssen sieben Kabel angelötet werden, die jeweils an ihren passenden Pin gehören. Liegt die Platine auf dem Bauch, dann ist die Zählrichtung des eingesetzten HX2262-ICs auf der Platine von rechts unten nach links (Pin 1–9) und anschließend von Pin 10 ausgehend wieder nach rechts zu Pin 18.

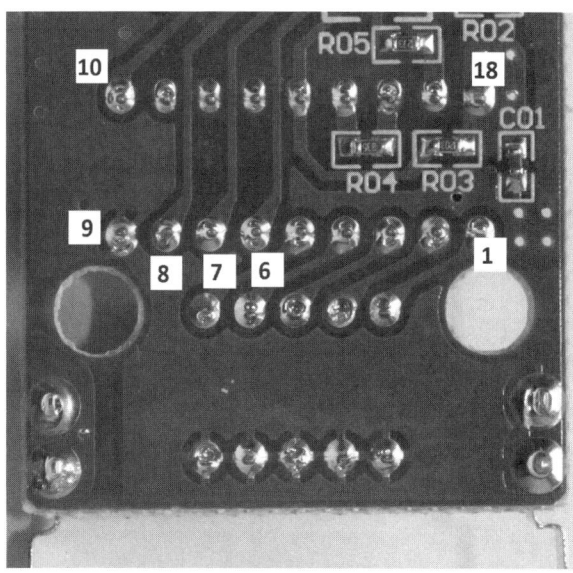

Bild 2.77: Die Rückseite der Funkfernbedienungsplatine: Hier wurde die Anordnung der Pins beschriftet, damit die Suche bzw. die Zählrichtung des ICs leichterfällt.

In diesem Beispiel wurde an Pin 6, 7, 8, 13, 12 und 10 jeweils ein Kabel mit einer Länge von circa 8 cm angelötet und am Kabelende mit einem Klebestreifen versehen, auf dem sich die Nummer des Pins befindet. Ist das Gehäuse später geschlossen, erleichtert dies nämlich die

Zuordnung des Kabels zu dem entsprechenden Pin auf der Funkfernbedienung. Die sieben Kabel der Funkfernbedienung sind nach folgendem Schema mit der Steckplatine bzw. dem darauf befindlichen IC ULN2803A und dem Raspberry Pi verbunden:

Leitung von Raspberry Pi an Handsender

Raspberry Pi Pin	HX2262 Pin-Nr	HX2262 Pin-Bezeichnung
6	9	Vss

Leitungen von IC-Schaltung an Handsender

ULN2803A Pin-Nr	ULN2803A Pin-Bezeichnung	HX2262 Pin-Nr.	HX2262 Pin-Bezeichnung
18	O1	6	A5
17	O2	7	A6/D5
16	O2	8	A7/D4
15	O3	13	A11/D0
14	O4	12	A10/D1
13	O5	10	A8/D3

Beim Einsatz des Lötkolbens wurde in diesem Beispiel die Platine in einem Schraubstock fixiert, um ein erschütterungsfreies Arbeiten zu ermöglichen. Die nicht benötigten Bereiche der Platine wurden mit Kreppband vor eventuellen Schäden (tropfendes Lötzinn vom Lötkolben etc.) gesichert.

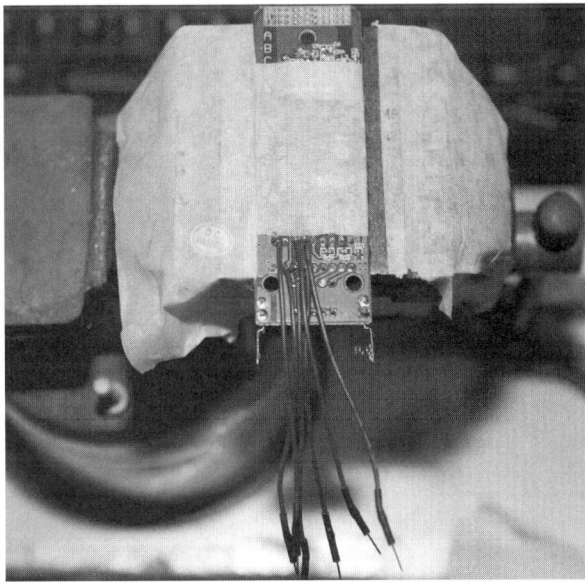

Bild 2.78: In diesem Beispiel wurden kurzerhand sieben Steckboardkabel an den Steuer-IC der Funkfernbedienung gelötet, um den schnellen und sicheren Einsatz auf dem Steckboard zu gewährleisten.

Wer sich den Weg über das Steckboard sparen möchte, der lötet den IC sowie die Kabel direkt auf eine kleine, passende Platine auf und nutzt einen 26-poligen Pfostenbuchsenstecker für den Anschluss an den Raspberry Pi.

Bild 2.79: Nach dem Verlöten bauen Sie die Platine wieder in das Gehäuse der Fernbedienung ein. Hier ist ein Herausschneiden oder vorsichtiges Herausbrechen kleiner Plastikteile nötig, damit die dünnen Kabel sicher und zugfest herausgeführt werden können und dennoch die Batterie eingesetzt werden kann.

Hinweis: Batterie/Stromversorgung
Die Batterie der Funkfernbedienung dient in unserem Fall für den Parallelbetrieb. Ist der Raspberry Pi einmal nicht eingeschaltet, können die Steckdosen dennoch manuell per Funkfernbedienung bedient werden. Grundsätzlich ließe sich die Stromversorgung der Platine jedoch auch vom 5-V-Anschluss des Raspberry Pi betreiben.

Nach dem Zusammenbau der Funkfernbedienung verbinden Sie die beschrifteten Kabel mit den Anschlüssen auf dem Steckboard. Neben den sechs Steuerleitungen (GPIO-Leitungen) muss auch eine Leitung (Pin 9, Vss) mit dem Masse-(GND-)Anschluss des Raspberry Pi verbunden sein.

2.13.5 Steckdosen schalten mit der Shell

Sind die Kabel der Funkfernbedienung nun mit dem Steckboard bzw. den GND- und GPIO-Anschlüssen des Raspberry Pi verbunden, können Sie diesen anschalten. Anschließend sind zunächst das Aktivieren, die Bestimmung der Flussrichtung und das Setzen der Berechtigungen für die Nutzung der GPIO-Anschlüsse festzulegen.

```
#!/bin/sh
for i in 0 14 15 18 23 24 25; do echo "$i" > /sys/class/gpio/export; done
for i in 0 14 15 18 23 24 25; do echo "out" >
/sys/class/gpio/gpio$i/direction; done
for i in 0 14 15 18 23 24 25; do chmod 666 /sys/class/gpio/gpio$i/value;
done
for i in 0 14 15 18 23 24 25; do chmod 666 /sys/class/gpio/gpio$i/direction;
done
```

Mit der WiringPi-API ist das etwas übersichtlicher. Für die weitere Schaltung nutzen wir nun die WiringPi-API, deren Installation für dieses Beispiel vorausgesetzt wird.

```
#!/bin/sh
for i in 0 15 16 1 4 5 6; do gpio mode $i out; done
```

Die angegebenen GPIO-Anschlüsse wurden auf den Modus OUT geschaltet. Für das Schalten der Anschlüsse sind mehrere Befehle notwendig, da ein Schaltvorgang zwei GPIO-Pins betrifft. Hier ist es praktischer, zunächst für jeden Schaltvorgang je Steckdose ein Shell-Skript zu erstellen. Auf der Shell schalten Sie die Steckdosen nun nach folgender Syntax – hier mit der WiringPi-API:

```
# -------------------------------------------------------------------
#!/bin/sh
#Taste A einschalten
gpio write 15 1
gpio write 5 1
sleep 1
gpio write 15 0
gpio write 5 0
# -------------------------------------------------------------------
#Taste B einschalten
gpio write 16 1
gpio write 5 1
sleep 1
gpio write 16 0
gpio write 5 0
# -------------------------------------------------------------------
#Taste D ausschalten
gpio write 6 1
gpio write 4 1
sleep 1
gpio write 6 0
gpio write 4 0
```

Ausgehend von obiger Verkabelung und Nutzung der entsprechenden Pins des Raspberry Pi ist die Schaltung nun wie folgt gekoppelt:

Raspberry Pi Pin	GPIO	WiringPi	Funktion Fernbedienung
6	-	-	
8	GPIO-14	15	Taste A
10	GPIO-15	16	Taste B
12	GPIO-18	1	Taste C
16	GPIO-23	4	Aus
18	GPIO-24	5	Ein
22	GPIO-25	6	Taste D

Den aktuellen Zustand der GPIO-Pins erhalten Sie mit dem Kommando:

```
gpio readall
```

Wer die Funkfernbedienung bzw. die Steckdosen stattdessen mit Python ansteuern möchte, kann dies natürlich auch tun.

2.13.6 Steckdosen schalten mit Python

Hier benötigen Sie nur noch die Raspberry-Pi-GPIO-Bibliothek, die in der aktuellsten Version kostenlos auf *http://pypi.python.org/pypi/RPi.GPIO* zum Download bereitsteht. Achten Sie in diesem Fall auch beim Python-Einsatz per `setmode` immer auf eine durchgängige Definition der Zählung bzw. der Zuordnung der Pins, ob diese über die Pin-Zählung (`GPIO.setmode(GPIO.BOARD)`) oder wie in diesem Beispiel über die GPIO-Nummer (`GPIO.setmode(GPIO.BCM)`) erfolgt.

```
# ------------------------------------------------------------
GPIO.setmode(GPIO.BCM)
#Python: Taste A einschalten
GPIO.output(14, True)
GPIO.output(24, True)
time.sleep(1.0)
GPIO.output(14, False)
GPIO.output(24, False)
# ------------------------------------------------------------
#Python: Taste D ausschalten
GPIO.output(25, True)
GPIO.output(23, True)
time.sleep(1.0)
GPIO.output(25, False)
GPIO.output(23, False)
# ------------------------------------------------------------
```

Auch hier gilt: Das Auslagern in entsprechende Funktionen in Python oder das Aufteilen in einzelne Skripte ist nicht nur sinnvoll, sondern auch deutlich bequemer. Bei der Nutzung des Skripts schalten Sie die gewünschte Funksteckdose ein. Nun sollte sich der

Schaltzustand der Steckdose mittels der eingebauten LED ändern. Sollte ein Empfänger nicht auf die Fernbedienung reagieren, so kann das unterschiedliche Gründe haben. Wenn es nicht an einer schwachbrüstigen Batterie des Senders liegt und auch die Entfernung zwischen Sender und Empfänger nicht zu groß ist, dann prüfen Sie die Kodierung der Steckdose bzw. der Funkfernbedienung erneut.

2.14 Baumarkt-Steckdosen und FHEM koppeln

Die Billigsteckdosen aus dem Baumarkt sind in Sachen Heimautomation sehr flexibel einsetzbar: Neben dem normalen, autarken Betrieb über die Fernbedienung lassen sie sich nicht nur mithilfe der GPIO-Pfostenleiste (siehe hierzu Kapitel 2.13 »Billigsteckdosen-Modding: Schalten über GPIO-Ausgänge«) des Raspberry Pi, sondern beim Einsatz eines passenden Funkmoduls für den Raspberry Pi auch per Funk steuern. Der Vorteil ist, dass dies nicht über die bei einem 3er-Steckdosenset mitgelieferte Funkfernbedienung erfolgt, sondern über das mit dem Raspberry Pi verbundene CUL- oder COC-Modul (siehe Kapitel 1.2 »Raspberry Pi als Funkzentrale: Standards und Anschlüsse«). In diesem Fall lassen sich per Funkfrequenz deutlich mehr Steckdosen ansteuern, als dies mit der mitgelieferten Steckdosen-Fernbedienung der Fall ist.

2.14.1 DIP-Schalter-Codierung entschlüsselt

Grundsätzlich ist nach dem Auspacken der Funksteckdosen ein gemeinsamer Hauscode sowie für jede einzelne Steckdose ein individueller Code festzulegen. Stellen Sie zunächst an der Fernbedienung einen Systemcode (Pin 1–5) ein, der an allen Funksteckdosen gleich sein muss (dort auch Pin 1–5). Per Umlegen der DIP-Schalter 6 bis 10 lässt sich die Zuordnung zu den Steckdosen A bis D auswählen. Bei einer Nutzung der Steckdosen über das CUL-/COC-Funkmodul mit FHEM lassen sich noch weitere Buchstaben (insgesamt theoretisch 32 Kodierungsmöglichkeiten) kodieren, die allerdings ab Buchstabe E nicht mehr auf der Funkfernbedienung zum Schalten zur Verfügung stehen.

Bild 2.80: Klappe auf: Auf der Rückseite der ELRO-Funksteckdosen ist die DIP-Schalterleiste versteckt, bei der Sie den Hauscode sowie die Schalter-ID per DIP-Schalter konfigurieren.

Weisen Sie den einzelnen Steckdosen eine Taste der Fernbedienung bzw. einen Buchstaben zu, indem Sie jeweils den DIP-Schalter in der betreffenden Steckdose (DIP-Schalter 6=A, DIP-Schalter 7=B, DIP-Schalter 8=C, DIP-Schalter 9=D, DIP-Schalter 10=E) auf die Position ON schalten, während die verbleibenden DIP-Schalter auf Position OFF gesetzt bleiben.

Benötigen Sie mehr Funksteckdosen mit demselben Hauscode, zählen Sie einfach schrittweise binär hoch. Mit diesen zwölf angegebenen Codevarianten können Sie mit FHEM vier Steckdosen-Sets mit jeweils drei Funksteckdosen schalten. Insgesamt ist das Binärsystem auf 2^5 = 32 Steckdosen beschränkt, dann ist die Anzahl der freien DIP-Codes für den gemeinsamen Hauscode erschöpft.

Steckdose	Hauscode-DIP-Schalter					Funksteckdosencode-DIP-Schalter					InterTek-Code
	1	2	3	4	5	6	7	8	9	10	für FHEM
A	OFF	OFF	ON	ON	OFF	ON	OFF	OFF	OFF	OFF	FF00F0FFFF
B	OFF	OFF	ON	ON	OFF	OFF	ON	OFF	OFF	OFF	FF00FF0FFF
C	OFF	OFF	ON	ON	OFF	OFF	OFF	ON	OFF	OFF	FF00FFF0FF
D	OFF	OFF	ON	ON	OFF	OFF	OFF	OFF	ON	OFF	FF00FFFF0F
E	OFF	OFF	ON	ON	OFF	OFF	OFF	OFF	OFF	ON	FF00FFFFF0
F	OFF	OFF	ON	ON	OFF	ON	ON	OFF	OFF	OFF	FF00F00FFF
G	OFF	OFF	ON	ON	OFF	ON	OFF	ON	OFF	OFF	FF00F0F0FF
H	OFF	OFF	ON	ON	OFF	ON	OFF	OFF	ON	OFF	FF00F0FF0F
I	OFF	OFF	ON	ON	OFF	ON	OFF	OFF	OFF	ON	FF00F0FFF0
J	OFF	OFF	ON	ON	OFF	ON	OFF	ON	OFF	OFF	FF00F0F0FF
K	OFF	OFF	ON	ON	OFF	ON	OFF	OFF	ON	OFF	FF00F0FF0F
L	OFF	OFF	ON	ON	OFF	ON	OFF	OFF	OFF	ON	FF00F0FFF0

Für den in FHEM zu konfigurierenden Code gehen Sie wie folgt vor: Von links nach rechts definieren Sie für die DIP-Schalterstellung OFF die Hexzahl F, für die DIP-Schalterstellung ON eine Hex-0. Dies ergibt beispielsweise für Funksteckdose E folgenden FHEM/InterTek-Code: FF00FFFFF0. Mit der Original-Fernbedienung ist sie so nicht erreichbar, über FHEM bzw. den Raspberry Pi schon.

2.14.2 DIP-Schalter und FHEM verknüpfen

Ergänzen Sie nun die FHEM-Konfiguration mit den beiden Codes für Einschalten= FF und Ausschalten F0 und definieren Sie in der */etc/fhem.cfg* jede eingesetzte Funksteckdose nach folgendem Schema:

```
NAME_HAUSCODEBINÄR_STECKDOSE
```

Im nachstehenden Beispiel wurde der Hauscode in der Bezeichnung der ELRO-Steckdosen mit untergebracht, damit die Steckdosen auf den ersten Blick unterscheidbar sind:

```
ELRO_00110_A IT FF00F0FFFF FF F0
ELRO_00110_B IT FF00FF0FFF FF F0
ELRO_00110_C IT FF00FFF0FF FF F0
ELRO_00110_D IT FF00FFFF0F FF F0
ELRO_00110_E IT FF00FFFFF0 FF F0
ELRO_00110_F IT FF00F00FFF FF F0
usw.
```

Hier können Sie jedoch im `define`-Block eine Bezeichnung nach Wunsch verwenden, in unserem Beispiel wurde das Raumkürzel (arb = Arbeitszimmer, wz = Wohnzimmer, sz = Schlafzimmer) der Steckdosenbezeichnung vorangestellt.

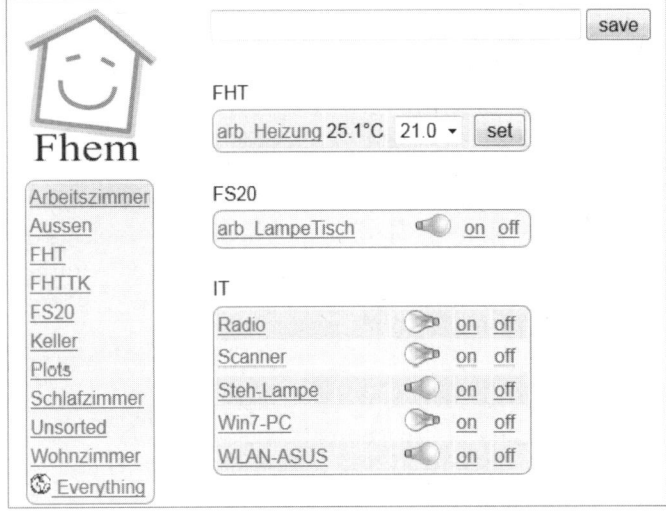

Bild 2.81: Günstige Funklösung: Nach der `define`-Definition sind die angelegten Baumarkt-Steckdosen in FHEM erreich- und schaltbar.

Für Steckdose A ergibt sich somit folgende Beispieldefinition in der FHEM-Konfiguration:

```
define arb_ELRO_00110_A IT FF00F0FFFF FF F0
   attr arb_ELRO_00110_A IODev COC
   attr arb_ELRO_00110_A alias MACMINI
   attr arb_ELRO_00110_A room Arbeitszimmer
```

Steckdosen B, C, D, E:

```
define arb_ELRO_00110_B IT FF00FF0FFF FF F0
   attr arb_ELRO_00110_B IODev COC
   attr arb_ELRO_00110_B alias Scanner
   attr arb_ELRO_00110_B room Arbeitszimmer
```

```
define arb_ELRO_00110_C IT FF00FF0FF FF F0
  attr arb_ELRO_00110_C IODev COC
  attr arb_ELRO_00110_C alias Radio
  attr arb_ELRO_00110_C room Arbeitszimmer
define arb_ELRO_00110_D IT FF00FFF0F FF F0
  attr arb_ELRO_00110_D IODev COC
  attr arb_ELRO_00110_D alias Win7PC
  attr arb_ELRO_00110_D room Arbeitszimmer
define arb_ELRO_00110_E IT FF00FFFF0 FF F0
  attr arb_ELRO_00110_E IODev COC
  attr arb_ELRO_00110_E alias WLAN-ASUS
  attr arb_ELRO_00110_E room Arbeitszimmer
```

bis hin zu Steckdose F:

```
define sz_ELRO_00110_F IT FF00F00FFF FF F0
  attr sz_ELRO_00110_F IODev COC
  attr sz_ELRO_00110_F alias Wasserbett
  attr sz_ELRO_00110_F room Schlafzimmer
```

Ganz wichtig ist hier das `IODev`-Attribut, das besagt, welches CUL (hier Raspberry Pi: COC) die Steckdosen steuern soll. In diesem Fall wird das über die Zeile `attr arb_ELRO_00110_A IODev COC` geregelt. Die Umschaltung in den 433-MHz-Modus nimmt das COC automatisch vor. Falls es zu einem Schaltvorgang kommt, sendet es das gewünschte Ein/Aus-Signal und wechselt daraufhin in den 868-MHz-Modus zurück. Wirft die FHEM-Log-Datei einen Fehler in der Form:

```
No I/O device found for arb_ELRO_00110_A
```

dann sorgt das Setzen des `rfmode`-Attributs mit dem Wert `SlowRF` für das angeschlossene CUL (hier: COC) für Abhilfe. Dafür setzen Sie diesen Eintrag unter der `define`-Definition des CULs. In diesem Beispiel wird die Zeile

```
attr COC rfmode SlowRF
```

in der *fhem.cfg* (Verzeichnis */etc*) eingefügt.

2.15 Computer und Haushaltselektronik steuern

Nahezu jedes Haushaltsgerät bringt von Haus aus einen eingebauten Netzwerkanschluss in Form einer CAT-Buchse oder einer WLAN-Funkschnittstelle mit. Die meisten Geräte, wie Computer, Drucker, Netzwerkspeicher oder TV-/Settop-Boxen, bieten Möglichkeiten, sich aus der Ferne – also *remote* – bedienen und administrieren zu lassen. Besitzt das Gerät einen Unterbau aus der Unix-Familie, dann fällt der Zugriff besonders leicht.

In der Regel bringen solche Geräte einen SSH-Zugang mit, den Sie vom Raspberry Pi aus nutzen können, um sie beispielsweise zu einem definierten Zeitpunkt oder bei einem bestimmten Ereignis herunterzufahren und anschließend auszuschalten. Gerade Netzwerkspeicher oder Settop-Boxen auf Linux-Basis sind in der Regel im 24/7-Stand-by-Betrieb und geradezu prädestiniert, automatisiert vom Raspberry Pi gesteuert zu werden.

2.15.1 Sicheres Login ohne Passwort: SSH Keys im Einsatz

Um nun vom Raspberry Pi ohne lästige Passwortabfrage beim SSH-Verbindungsaufbau auf das heimische NAS zugreifen zu können, müssen Sie grundsätzlich den Raspberry Pi mit dem öffentlichen Schlüssel des NAS bekannt machen. Dafür generieren Sie auf dem heimischen NAS, der hier eine OpenSSH-Implementierung besitzen muss, mit folgendem Kommando ein Schlüsselpaar:

```
ssh-keygen -t rsa -b 2048
```

Bei der Generierung kann nun optional ein Passwort (`Key passphrase`) eingegeben werden, was jedoch bei der Nutzung des Skripts nicht notwendig ist.

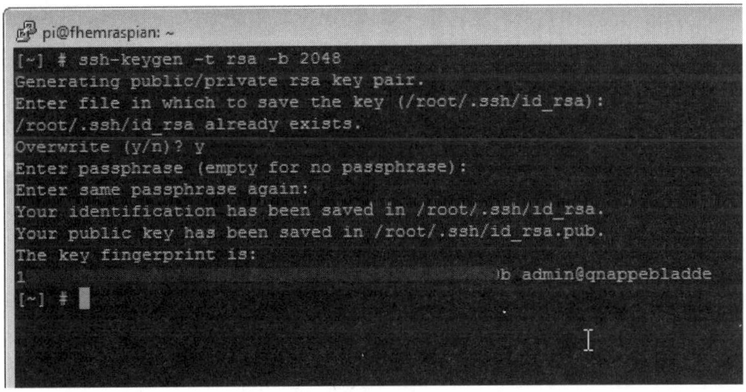

Bild 2.82: Zunächst wird das Schlüsselpaar erstellt. Anschließend muss der Public Key auf den zugreifenden Client (hier: Raspberry Pi) übertragen werden.

Die `*.pub`-Dateien können nun auf den Zielrechner kopiert und dort an `~/.ssh/authorized_keys` angehängt werden. In diesem Beispiel übertragen Sie den Public Key des NAS auf den Raspberry Pi mit dem `cat`-Kommando:

```
cat ~/.ssh/id_rsa.pub | ssh pi@192.168.123.30 "mkdir -p .ssh;cat >>
.ssh/authorized_keys"
```

Für die Ausführung dieses Befehls fragt der Raspberry Pi (IP-Adresse: `192.168.123.30`) naturgemäß nach dem administrativen Kennwort und trägt anschließend den öffentlichen Schlüssel des NAS sinngemäß in die Liste der erlaubten SSH-Verbindungen auf dem Raspberry Pi ein. Manchmal ist auch der umgekehrte Weg praktisch: Um vom NAS auf den Raspberry Pi zuzugreifen, erstellen Sie auf dem Raspberry Pi mit dem folgenden Kommando das Schlüsselpaar

```
ssh-keygen -t rsa -b 2048
```

und übertragen den Public Key mit dem Befehl

```
cat ~/.ssh/id_rsa.pub | ssh admin@192.168.123.123 "mkdir -p .ssh;cat >>
.ssh/authorized_keys"
```

auf den NAS, der in diesem Beispiel die IP-Adresse 192.168.123.123 besitzt. Anschließend benötigen Sie beim umgekehrten Weg bei der Eingabe des ssh-Verbindungsbefehls kein Kennwort mehr, die Authentifizierung erfolgt über den lokal gespeicherten, öffentlichen Schlüssel.

2.15.2 NAS-Server: Netzwerkfestplatten konfigurieren

Als zentraler Datenspeicher für Daten und sowie als Lieferant für Multimediadaten muss ein NAS jederzeit im lokalen Netzwerk verfügbar sein. Doch aus Energiespargründen kann es auch sinnvoll sein, das System nur dann einzuschalten, wenn es wirklich gebraucht wird, statt es 24 Stunden an sieben Tagen in der Woche zum größten Teil nutzlos in Betrieb zu halten.

Je nach Anwendungszweck kann es daher von Nutzen sein, wenn der Raspberry Pi den NAS automatisiert zu einer festen Uhrzeit per Timer herunterfährt und bei Gebrauch einfach per Mausklick wieder startet. Egal, welches Modell Sie von einem x-beliebigen Hersteller (QNAP, Buffalo, Synology, Eigenbau etc.) für das heimische NAS-System einsetzen, für den automatisierten Einsatz muss es verschiedene Eigenschaften mitbringen.

Zunächst müssen Sie sicherstellen, dass Sie einfach per HTTP-Aufruf, SSH, Telnet etc. auf die Konfiguration bzw. auf die Steuerung der System- oder Powermanagement-Eigenschaften zugreifen können. In der Regel bieten »bessere« NAS-Systeme von Haus aus einen SSH-Zugriff an, mit dem sich das NAS-System in die Heimautomation einbinden lässt.

Idealerweise fahren Sie das NAS-System wie gewöhnlich herunter und schalten es bei Gebrauch mit WOL (Wake on LAN) wieder ein. Doch gerade betagte Geräte oder einfache Einplatten-Backup-Lösungen, wie beispielsweise USB-Festplatten mit LAN-Anschluss, bieten weder eine WOL-Funktion noch eine standardmäßig geöffnete Schnittstelle für Systemarbeiten.

Liegt dem NAS-System ein Unix-System zugrunde, dann sind es die üblichen Kommandos wie poweroff, halt, shutdown und dergleichen, mit denen sich das ordnungsgemäße Herunterfahren des Systems erledigen lässt. Ordnungsgemäß auch deswegen, weil ein stupides Ausschalten des Netzschalters beispielsweise über eine Funksteckdose beim Wiedereinschalten in der Regel eine Überprüfung und/oder Reparatur des Dateisystems zur Folge hat, um die Datenkonsistenz zu gewährleisten.

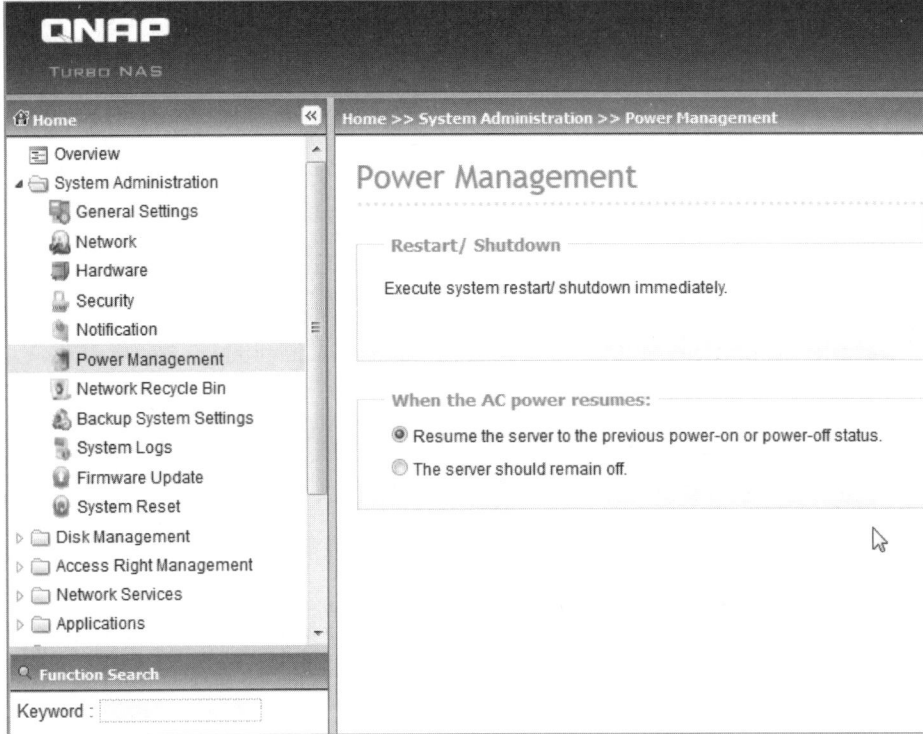

Bild 2.83: Dieses betagte QNAP-Modell bietet keine WOL-Möglichkeiten. Lediglich das Einschalt-Verhalten bei Stromausfall lässt sich konfigurieren.

Energie- bzw. Stromsparen hat also nur dann richtig Sinn, wenn gewährleistet ist, dass das geplante Abschalten des NAS-Systems keine Festplattenfehler oder gar einen Festplattenausfall zur Folge hat. Bietet das NAS-System eine WOL-Funktion an, dann schalten Sie diese ein. Lässt sich auch ein Shell-Zugang via SSH über die Konfigurationsseite des NAS aktivieren, dann sollten Sie diese Möglichkeit nutzen, um den automatisierten Zugriff per Skript abzuwickeln.

2.15.3   Raspberry Pi per Windows-Desktopverknüpfung schalten

Egal, ob Sie neben Ihrem Raspberry Pi in Ihrem Heimnetz noch weitere Raspberry Pi, einen Windows-, Mac-OS- oder Linux-Computer einsetzen: Kommt das Gerät mit einer zeitgemäßen Netzwerkschnittstelle, ist in der Regel auch eine WOL-Funktion verbaut. Wer einen Computer mit Unix-Unterbau beispielsweise von Windows aus ansteuern möchte, der nutzt Werkzeuge wie PuTTY, soll es schnell gehen.

Wenn Sie zum Beispiel per Klick einen Raspberry Pi herunterfahren möchten, dann nutzen Sie das PuTTY-Tool *plink.exe,* das Sie auf der Downloadseite von PuTTY (*www.chiark.greenend.org.uk/~sgtatham/putty/download.html*) finden. Dieses legen Sie in das gleiche Verzeichnis, in dem das Programm *putty.exe* abgelegt ist. Im nachstehenden

Beispiel liegen sowohl die Datei *putty.exe* als auch die Datei *plink.exe* im Verzeichnis *C:* der Windows-Festplatte. Anschließend erstellen Sie mit einem Editor eine Batch-Datei mit folgendem Inhalt:

```
echo off
c:\plink.exe -ssh -pw openelec root@192.168.123.47 poweroff
exit
```

Speichern Sie die Datei anschließend mit einer aussagekräftigen Bezeichnung sowie mit der Dateiendung *cmd* ab. Die Datei kann ebenfalls im selben Verzeichnis wie die PuTTY-Tools abgelegt werden – hier ist anschließend eine Desktopverknüpfung auf die *cmd*-Batchdatei notwendig. Alternativ legen Sie die *cmd*-Datei direkt auf dem Windows-Desktop ab.

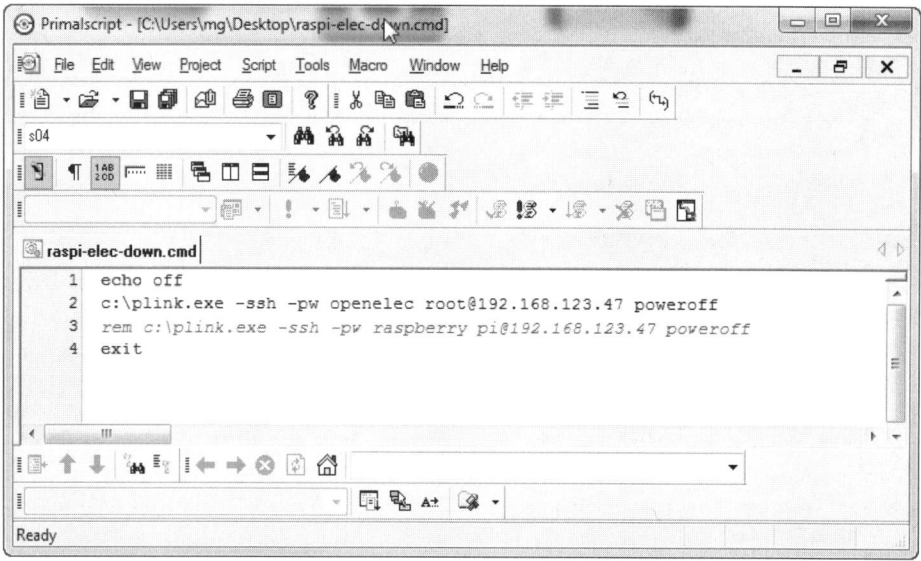

Bild 2.84: Hinweis: In diesem Beispiel werden der Benutzer root und das Passwort `openelec` genutzt – bei einer Standard-Raspberry-Pi-Installation lautet der Benutzer `pi` und das Passwort `raspberry`.

Nun ersparen Sie sich das Einloggen und das manuelle Herunterfahren des Raspberry Pi. Von einem Linux-Computer aus geht das noch etwas einfacher: Melden Sie sich einfach über SSH am entsprechenden Computer an, zum Beispiel mit dem Kommando

```
ssh root@192.168.123.123
```

und setzen dort ein Kommando wie

```
poweroff
```

ab, um den entfernten Computer herunterzufahren. Die beschriebene Lösung ist für einen einzelnen Computer zu gebrauchen, für den Einsatz in der Heimautomation sind das Abschalten über Ereignisse wie auch eine Zeitsteuerung deutlich eleganter. Hier benötigen Sie für jedes Gerät zunächst den passenden Ausschaltbefehl, der je nach eingesetztem Unix-Derivat und SSH-Version manchmal auf Anhieb funktioniert und manchmal nicht, sodass Sie das Ausschaltskript bzw. den Ausschaltbefehl explizit nachbessern müssen.

2.15.4 Manchmal trickreich: SSH-Parameter finden

Für das automatische Login über SSH und anschließende Übertragen des `poweroff/ shutdown`-Befehls gibt es verschiedene Möglichkeiten. Möchten Sie beispielsweise mehrere Befehle nach dem erfolgreichen Login ausführen, dann ist es besser, sie gebündelt in einem eigenen Skript unterzubringen und dieses komplett entfernt auszuführen. In diesem Beispiel liegt das Skript *local_script.sh* im Verzeichnis */var/tmp/* und hat folgenden Inhalt:

```
#!/bin/bash
poweroff
exit
```

Die Variable `$NAS_IP` ist hier die IP-Adresse bzw. der Hostname für den Computer, die Variable `$NAS_SSHUSER` ist der Benutzer-Account, mit dem Sie sich an dem entfernten Computer über SSH anmelden. Um nun das Skript auf dem entfernten System auszuführen, gibt es je nach Unix-Derivat, SSH-Serverprodukt und/oder NAS-System unterschiedliche Herangehensweisen, die jeweils dasselbe bewirken. Probieren Sie nachstehende Möglichkeiten, die sich zwar auf den ersten Blick unterscheiden, aber prinzipiell dieselbe Funktion haben, aus:

```
cat local_script.sh | ssh $NAS_SSHUSER@$NAS_IP "bash -s"
ssh root@$NAS_IP 'echo "rootpassword" | sudo -Sv && bash -s' <
local_script.sh
ssh $NAS_SSHUSER@$NAS_IP "poweroff"
ssh $NAS_SSHUSER@$NAS_IP 'bash -s' < local_script.sh
```

Haben Sie das passende und demnach funktionierende SSH-Login für das Unix-System herausgefunden und erfolgreich getestet, dann fügen Sie in dem (remote) auszuführenden Skript (hier: `local_script.sh`) die Befehle ein, die für das Herunterfahren des entfernten Systems notwendig sind.

```
2013.03.30 16:37:01 3: FS20 set qnappeShutdown off
2013.03.30 16:37:01 3: NAS QNAPPEBLADDE im Keller wird heruntergefahren...
2013.03.30 16:51:20 3: qnappeShutdownNotify return value: PING 192.168.123.123 (192.168.123.123) 56(84) bytes of data.
64 bytes from 192.168.123.123: icmp_req=1 ttl=64 time=1.17 ms
64 bytes from 192.168.123.123: icmp_req=2 ttl=64 time=0.615 ms
64 bytes from 192.168.123.123: icmp_req=3 ttl=64 time=0.571 ms
64 bytes from 192.168.123.123: icmp_req=4 ttl=64 time=0.591 ms
64 bytes from 192.168.123.123: icmp_req=5 ttl=64 time=0.590 ms

--- 192.168.123.123 ping statistics ---
5 packets transmitted, 5 received, 0% packet loss, time 4005ms
rtt min/avg/max/mdev = 0.571/0.708/1.173/0.232 ms
2013.03.30 16:37:05 Verbindung verfuegbar
NAS unter der Adresse 192.168.123.123 erreichbar.
Befehl reboot wurde uebertragen.
cat /var/tmp/local_script.sh | ssh -t -t -o StrictHostKeyChecking=no -o PasswordAuthentication=no -o ChallengeResponseAuthentication=no admin@192.168.123.123
PING 192.168.123.123 (192.168.123.123) 56(84) bytes of data.
64 bytes from 192.168.123.123: icmp_req=1 ttl=64 time=0.561 ms
64 bytes from 192.168.123.123: icmp_req=2 ttl=64 time=0.490 ms
64 bytes from 192.168.123.123: icmp_req=3 ttl=64 time=0.471 ms
64 bytes from 192.168.123.123: icmp_req=4 ttl=64 time=0.574 ms
64 bytes from 192.168.123.123: icmp_req=5 ttl=64 time=0.607 ms
```

Bild 2.85: Umweg notwendig: Mangels WOL-Funktion des Beispielrechners wird hier statt des Befehls `poweroff` das Kommando `reboot` übertragen, damit der Server später – nachdem er mittels Funksteckdose wieder mit Strom versorgt ist – erneut starten kann.

Bei der Verbindung mit dem vorliegenden NAS-Server war für eine erfolgreiche SSH-Verbindung folgender SSH-Befehl nötig:

```
ssh -t -t -o StrictHostKeyChecking=no -o PasswordAuthentication=no -o
ChallengeResponseAuthentication=no admin@192.168.123.123
```

Da hier die Authentifzierung über das Public-Key-Verfahren erfolgt, wird die Kennwortauthentfizierung abgeschaltet. Bietet der Server hingegen keinen SSH-Zugang für das Herunterfahren, den Neustart oder den WOL-Mode an, soll aber unbedingt über eine Webseite gesteuert werden, dann können Sie versuchen, dieselbe Funktion über cURL auf dem Raspberry Pi abzubilden. Hat beispielsweise das Gerät die HTTP-Adresse als Ausschaltlink in der Adresszeile des Webbrowsers stehen:

```
http://192.168.123.234/shutdown.cgi?shut=4&value=Ausschalten
```

dann ist cURL das Mittel der Wahl. Mit cURL rufen Sie einfach auf der Kommandozeile die entsprechende Ausschaltwebseite auf – die Steuerung von cURL erfolgt über Kommandozeilenparameter, die Sie beim Aufruf mit angeben. Worauf es hier ankommt, ist bereits im Kapitel über die Rutenbeck-Schalter beschrieben worden.

2.15.5 Windows-Computer per Shell-Kommando schalten

Debian auf dem Raspberry Pi, Mac OS und sämtliche Linux-Derivate bieten neben dem Telnet- und dem sichereren SSH-Zugang genügend Möglichkeiten, per Skript oder per Hausautomatisierungszentrale wie FHEM gesteuert und geschaltet zu werden. Bei einem Windows-Computer ist dies grundsätzlich auch möglich, hier muss der Computer bzw. die Netzwerkkarte des Computers jedoch Wake on LAN (WOL) unterstützen und gegebenenfalls dafür im BIOS konfiguriert werden. Anschließend ist das Aufwecken des Computers mit einem Befehl wie `ether-wake`, `wol` und anderen über Linux auch nur dann zuverlässig möglich, wenn der Windows-Computer sauber per Herunterfahren-Kommando ausgeschaltet wurde. Wake on LAN ist nutzlos, wenn der Computer über den Netzteil-Hauptschalter ausgeschaltet wurde. Um einerseits den Standby-Strom zu sparen, andererseits aber die WOL-Funktion nutzen zu können, kann der Umweg über eine Funk- oder IP-Steckdose das Mittel der Wahl sein. Doch zunächst testen Sie den Zugriff vom Raspberry Pi über das Samba-Protokoll auf den Windows-Computer. Mit dem Kommando

```
net rpc shutdown -f -t 120 -r -I 192.168.123.12 -U adminname%adminpasswort
```

triggern Sie beispielsweise das Herunterfahren des Computers nach 120 Sekunden Wartezeit an. Voraussetzung dafür ist jedoch ein installiertes Samba-Paket (`sudo apt-get install samba-common`), das an Ihre Netzwerkumgebung angepasst ist. Unter Windows Vista, Windows 7 und Windows 8 ist das nicht gar so einfach, folgende Fehlermeldung kann dabei auftauchen:

```
cli_pipe_validate_current_pdu: RPC fault code DCERPC_FAULT_ACCESS_DENIED
received from host
Shutdown of remote machine failed!
rpc command function failed! (NT code 0x00000005)
```

In diesem Fall hilft das Abschalten der UAC (User Account Control) oder besser ein kleiner Registry-Eingriff. Fügen Sie im Ast:

```
HKEY_LOCAL_MACHINE\SOFTWARE\Microsoft\Windows\CurrentVersion\Policies\System
```

einen neuen Schlüssel (`DWORD 32-Bit`) mit der Bezeichnung `LocalAccountTokenFilter-Policy` ein und setzen den Wert auf 1. Nach dem Neustart des Windows-Computers ist die Änderung dann aktiv.

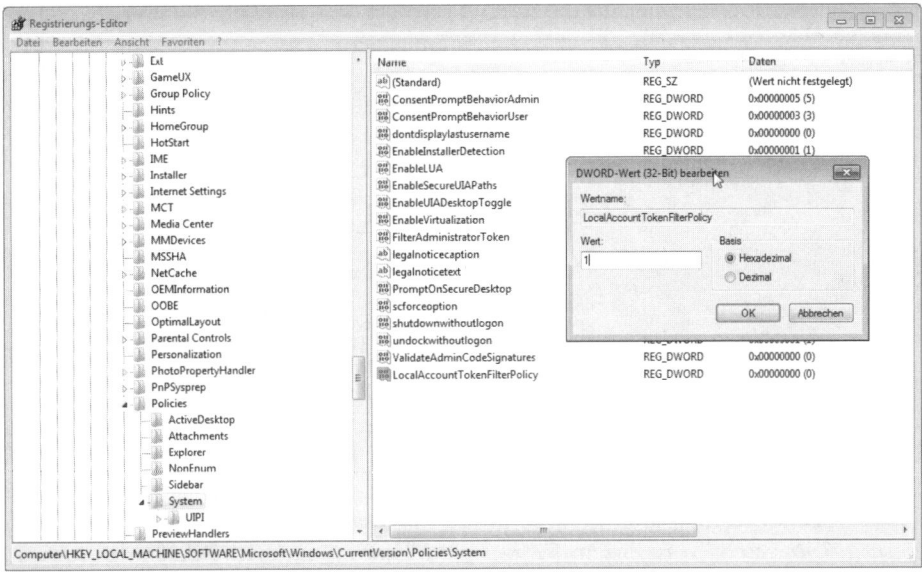

Bild 2.86: Für das entfernte Herunterfahren vom Raspberry Pi aus benötigt Windows 7 noch einen zusätzlichen Registry-Eintrag.

Mit diesem Eintrag ist es nun auch möglich, die `C$`-Freigabe im Heimnetz zu nutzen sowie andere administrative Tools *remote* auszuführen. Um die Änderung wieder rückgängig zu machen, setzen Sie einfach den Wert von `LocalAccountTokenFilterPolicy` auf den Wert `0` oder löschen den Schlüssel `LocalAccountTokenFilterPolicy`.

2.15.6 Shutdown-Skript erstellen

In diesem Schritt legen Sie im Verzeichnis */usr/local/bin/* eine Skriptdatei für das Herunterfahren des NAS-Servers, Linux- oder Mac OS-Computers an. Grundvoraussetzung ist, dass Sie sich über SSH mit einem administrativen Benutzer ohne Kennworteingabe anmelden können, das heißt, die nötige Authentifizierung wird automatisch über das Public-Key-Verfahren abgewickelt. Da es zig verschiedene NAS-Systeme am Markt und zudem in unterschiedlichen Konfigurationen gibt, müssen Sie das Skript selbst zusammenbauen.

Die vorgestellten Skriptfragmente müssen demnach auch an Ihre Umgebung angepasst werden und sind, soweit es geht, mit Variablen befüllt. Grundsätzlich ist es immer eine gute Idee, die benötigten Befehle und Werte in Variablen zu setzen, was sich vor allem aus Gründen der Übersichtlichkeit bewährt hat. Ändert sich beispielsweise einmal eine IP-Adresse, dann passen Sie sie an zentraler Stelle an und brauchen nicht das gesamte Skript nach dem alten Wert zu durchforsten und anzupassen.

```
# -----------------------------------------------------------------
ARG=$1  # ein oder ausschalten
TYP=$2  # entweder steckdose per udp, http oder fhem auschalten
SENDIP="/usr/bin/sendip"
CURL='/usr/bin/curl'
NAS_IP="192.168.123.123"
NAS_SSHUSER="admin"
NAS_SSHPW="12345678"
NAS_SHUTCMD="reboot"
UTP_IP4RUTE1="192.168.123.205"
UTP_PORT="30303"
UTP_IP4PI="192.168.123.30"
UTP_CMDOFF="OUT1 0"
# -----------------------------------------------------------------
```

Je nachdem, was für das Zustandekommen einer SSH-Verbindung und zum Herunterfahren benötigt wird, kann dies zunächst in eigenen Variablen untergebracht werden. Grundsätzlich sollte zunächst geprüft werden, ob das Zielsystem überhaupt per `ping` im heimischen Netz erreichbar ist oder nicht. Falls nicht, könnte bereits hier der Ausschaltvorgang der Funksteckdose erfolgen, ansonsten muss das Zielsystem erst heruntergefahren werden. Dies geschieht in diesem Beispiel per Übermittlung einer Befehlsfolge (`reboot` und `exit`) über SSH an den Beispiel-NAS-Server. Aus Flexibilitätsgründen wird zunächst geprüft, ob ein lokales entsprechendes Skript (hier: `/var/tmp/local_script.sh`) im Verzeichnis existiert oder nicht. Falls ja, wird es zunächst gelöscht, per `touch`-Kommando neu erstellt und mit den beiden Kommandos $NAS_SHUTCMD und exit befüllt. Im nächsten Schritt wird die Datei local_script.sh dann mittels cat über SSH auf dem entfernten Zielserver mit dem User $NAS_SSHUSER auf der Adresse $NAS_IP ausgeführt.

```
# -------------------------------------------------------------------
ping -c 5 $NAS_IP #192.168.123.123
if [[ $? != 0 ]]; then
  date '+%Y-%m-%d %H:%M:%S Verbindung nicht verfuegbar'
  # steckdose ausschalten
  UTP_CMD=${UTP_CMDOFF}
else
  date '+%Y-%m-%d %H:%M:%S Verbindung verfuegbar'
  # ssh zu nas und lokales skript auf qnappe ausfuehren
  # je nach NAS /REMOTE-Server unterschiedliche Wege
  # cat local_script.sh | ssh $NAS_SSHUSER@$NAS_IP "bash -s"
  # ssh root@$NAS_IP 'echo "rootpassword" | sudo -Sv && bash -s' <
local_script.sh
  # ssh $NAS_SSHUSER@$NAS_IP " $NAS_SHUTCMD"
  # ssh $NAS_SSHUSER@$NAS_IP 'bash -s' < local_script.sh
  # remote-aufruf zusammenbasteln:
  tscript="/var/tmp/local_script.sh"
  if test -d $tscript; then rm $tscript; fi
  touch  $tscript
  echo $NAS_SHUTCMD >> $tscript
  echo 'exit' >> $tscript
  cat $tscript | ssh -t -t -o StrictHostKeyChecking=no -o
PasswordAuthentication=no -o ChallengeResponseAuthentication=no
$NAS_SSHUSER"@"$NAS_IP > /var/tmp/sshq.txt
  rm  $tscript
  echo "NAS unter der Adresse "$NAS_IP" erreichbar."
  echo "Befehl " $NAS_SHUTCMD "wurde uebertragen."
  echo "cat "$tscript" | ssh -t -t -o StrictHostKeyChecking=no -o
PasswordAuthentication=no -o ChallengeResponseAuthentication=no
"$NAS_SSHUSER"@"$NAS_IP
  # wenn ip nicht mehr erreichbar, dann steckdose abschalten
  go=0
  while [ $go -ne 1 ]; do
    ping -c 5 $NAS_IP
    if [ $?  -eq  0 ]; then
      echo "ping erfolgreich";
      go=0;
    else
      echo "fehler ping"
      go=1;
    fi
  done
# -------------------------------------------------------------------
```

Der exit-Befehl im Skript local_script.sh sorgt für den Abmeldevorgang auf dem entfernten System, was je nach örtlichen Gegebenheiten unterschiedlich lang dauern kann. Anschließend wird mit der while-Schleife geprüft, ob die IP-Adresse des Zielsystems noch verfügbar ist. Ist der NAS-Server nicht mehr erreichbar, wird die go-Variable auf den Wert 1 gesetzt, und das Skript kann mit einem Ausschaltbefehl der Funksteckdose beendet werden.

2.15.7 Shell-Skript und FHEM verbinden

Um den NAS-Server oder die Computer im Heimnetz mit der FHEM-Installation auf dem Raspberry Pi zu koppeln, benötigen Sie neben einer schaltbaren Steckdose (Funksteckdose, IP-Steckdose) noch ein Dummy-Device, um den Status zu überwachen und darüber die Steuerung des Shutdown-Skripts abzuwickeln. In diesem Beispiel hängt der NAS-Server an einer Funksteckdose (hier: NASSteckdose), die zunächst per notify überwacht wird.

Wird diese eingeschaltet, wird der angeschlossene NAS-Server auch eingeschaltet und der Status des Dummy-Device qnappeOnline auf on gesetzt. Über dieses Dummy-Device wird mithilfe eines Notify (qnappeOnlineNotify) über das Kommando set qnappeOnline off im Notify qnappeShutdownNotify der Ausschaltvorgang der Funksteckdose (hier: NASSteckdose) gesteuert.

```
define NASSteckdose FS20 c84b 01
   attr NASSteckdose room Keller

define qnappeOnline FS20 ABCD 99
   attr qnappeOnline dummy 1
   attr qnappeOnline room Keller

define qnappeShutdown FS20 CDEF 99
   attr qnappeShutdown dummy 1
   attr qnappeShutdown room Keller

define NASSteckdoseNotify notify NASSteckdose {\
    if ( Value("NASSteckdose") eq "on"){\
    fhem("set qnappeOnline on");;\
    }\
}

define qnappeOnlineNotify notify qnappeOnline {\
    if ( Value("qnappeOnline") eq "off" ){\
    Log 3, "NAS-Status %, QNAP und Linkstation NAS wurde
heruntergefahren";;\
    Log 3, "NAS-Status %, Schalte Steckdose aus.";;\
    fhem("set NASSteckdose off");;\
    }\
```

```
}

define qnappeShutdownNotify notify (qnappeShutdown:off) { \
        Log 3, "NAS QNAPPEBLADDE im Keller wird heruntergefahren...";; \
        `/usr/local/bin/qnappeshut.sh`;;\
        fhem("set qnappeOnline off");;\
}
```

Das eigentliche Herunterfahren des NAS-Servers erfolgt über das Notify `qnappeShutdownNotify`, das nur aktiviert wird, wenn `qnappeShutdown` auf den Wert `off` gesetzt wurde. In diesem Fall erfolgt ein Log-Eintrag, das Ausführen des `/usr/local/bin/qnappeshut.sh`-Skripts und das Setzen des Werts `off` bei `qnappeOnline`. Das Notify `qnappeOnlineNotify` springt umgehend an und leitet den Ausschaltvorgang der Funksteckdose (hier: `NASSteckdose`) ein.

Beim Einschaltvorgang braucht nur `NASSteckdose` auf `on` gesetzt zu werden, das verbundene Notify `NASSteckdoseNotify` sorgt anschließend dafür, dass der Status des NAS-Servers über `qnappeOnline` ebenfalls wieder eingeschaltet wird. Hier können Sie beispielsweise auch einen Wake-on-LAN-Aufruf in der Form eines `/usr/local/bin/mac-wakeup.sh`-Skripts hinterlegen.

2.16 Richtig abschalten: Drucker-Stand-by eliminieren

Gerade bei Druckermodellen älterer Bauart ist der Stromverbrauch nicht zu unterschätzen: Im Stand-by-Betrieb mit einem Messwert von 15 Watt entspricht dies geschätzten Kosten von rund 13,67 Euro im Jahr. Um dieses Geld zu sparen, sind in der Regel ein paar Schritte notwendig – vom Computer bis zum Aufstellort des Druckers. Die eingesparten rund 14 Euro sind in diesem Fall der Preis dafür, den Drucker permanent in Betriebsbereitschaft zu halten.

Wer beispielsweise so einen Stromfresser als Netzwerkdrucker im (Dauer-)Einsatz hat, der kann es sich bequem machen: Mit einer per FHEM steuerbaren Steckdose schalten Sie beispielsweise den heimischen Netzwerkdrucker nur dann ein, wenn er gebraucht wird. So sparen Sie nicht nur Stromkosten, sondern brauchen nicht einmal aufzustehen, um den Drucker einzuschalten, falls er an einem anderen Ort als der Computer steht.

Durch die einmalige Investition in eine passsende Schaltlösung haben Sie zugleich einen Anreiz, weitere Stromfresser in Ihrem Haushalt aufzuspüren. Widmen Sie sich aber in Sachen Heimautomation zunächst dem Thema »Drucker ein- und ausschalten«.

Das bedeutet: Der Raspberry Pi merkt, dass Sie einen Druckauftrag losgeschickt haben, hält den Druckauftrag zurück und schaltet gleichzeitig die Steckdose ein. Ist der Drucker erreichbar, wird der Druckauftrag abgearbeitet und anschließend der Drucker bzw. die Steckdose wieder vom Strom getrennt.

2.16.1 Drucker vorbereiten: CUPS installieren

Grundvoraussetzung für die vollautomatische Lösung über einen CUPS-Netzwerkdrucker ist, dass CUPS auf dem Raspberry Pi installiert ist – in diesem Beispiel läuft auf derselben Maschine auch FHEM – und dass CUPS bereits erfolgreich mit einem oder mehreren Netzwerkdruckern gekoppelt ist. Diese Netzwerkdrucker sind für sich allein per IP-Adresse im Heimnetz erreichbar. Die nachstehend vorgestellte Lösung ist zwar etwas aufwendiger als eine einfache `notify`-Definition in der FHEM-Konfiguration wie beispielsweise

```
define at_22_HPLJ2100 at +*00:00:22 "lpstat -p | grep -qsP
"(printing|druckt)" && /usr/bin/fhem.pl 7072 "set HPLJ2100 on-for-timer
320""
```

Sie ist aber auch deutlich flexibler. Hier ruft der Job at_22_HPLJ2100 alle 22 Sekunden den Befehl `lpstat -p | grep -qsP "(printing|druckt)` auf, um zu prüfen, ob ein Druckauftrag in der Druckerwarteschlage steckt. Ist dies der Fall, wird über FHEM-Telnet der Drucker mit dem Kommando `set HPLJ2100 on-for-timer 320` für fünf Minuten (= 320 Sekunden) eingeschaltet.

Dieses Vorgehen funktioniert grundsätzlich, hat jedoch den Nachteil, dass alle 22 Sekunden der `lpstat` p-Befehl ausgeführt werden muss. Dies ist nicht nur etwas unelegant, sondern möglicherweise auch für gelegentliche Ausdrucke etwas überdimensioniert, zumal der Raspberry Pi nicht gerade üppig mit Ressourcen ausgestattet ist.

Eleganter ist es hingegen, den Drucker nur dann einzuschalten, wenn er auch gebraucht wird, und das vorherige notwendige Einschalten der Stromversorgung über das Drucken-Event zu steuern. Dafür erstellen Sie eine Pseudo-Verbindungsdatei, um darüber die Steuerung der Steckdose abzuwickeln sowie den Druckvorgang über die gewohnte Druckerverbindung anzutriggern.

2.16.2 CUPS-Backend anpassen

Unter der Voraussetzung der ordnungsgemäßen und funktionierenden CUPS-Konfiguration passen Sie zunächst mit dem Kommando

```
sudo nano /etc/cups/printers.conf
```

den zugeordneten Drucker im Attribut `DeviceURI` an. Die grundsätzliche Idee ist, dass Sie einfach den Aufruf zum Druckeranschluss (hier: `socket`) mittels einer eigenen Skriptdatei umleiten, die zunächst die Steckdose samt definiertem Abschalt-Timer einschaltet und nach dem Starten und der Online-Statusmeldung des Druckers den Druckauftrag per `exec`-Aufruf wieder an den eigentlichen Druckeranschluss übergibt.

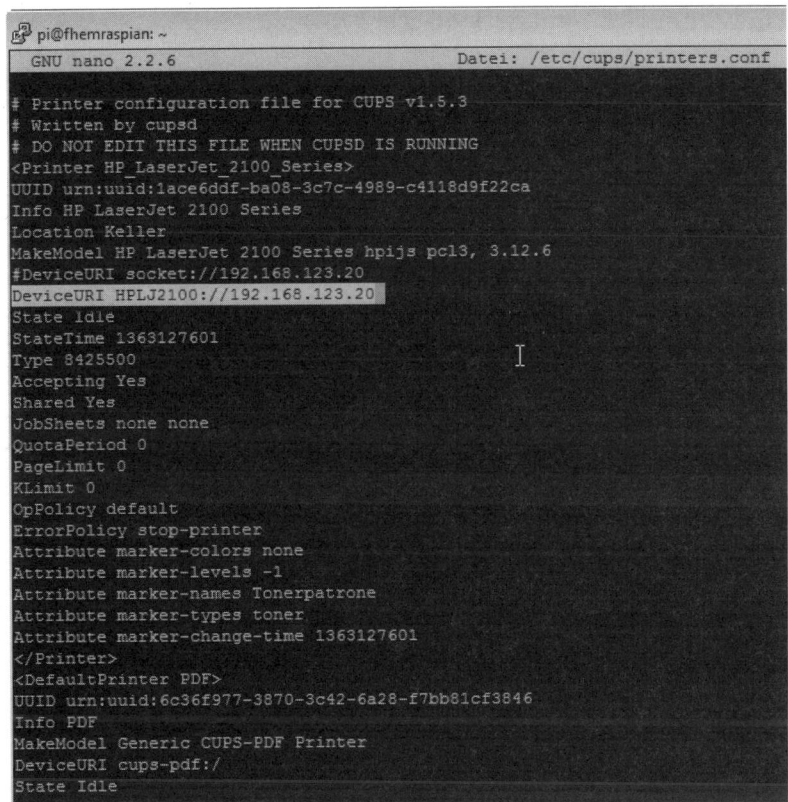

Bild 2.87: Wer auf Nummer sicher gehen möchte, der arbeitet mit IP-Adressen, falls der installierte Netzwerkdrucker im Heimnetz nicht per DNS erreichbar sein sollte.

Aus dem Eintrag

```
DeviceURI socket://192.168.123.20
```

wird nun mit der neuen Gerätedatei das Pseudo-Gerät *HPLJ2100*

```
DeviceURI HPLJ2100://192.168.123.20
```

festgelegt. Je nach CUPS-Konfiguration und eingesetztem Drucker kann der Anschluss auch ein anderer sein: Grundsätzlich sind Einträge wie `cups-pdf`, `hp`, `https`, `ipps`, `serial`, `usb`, `bluetooth`, `http`, `ipp`, `lpd`, `parallel`, `smb` oder wie in diesem Beispiel `socket` möglich.

Merken Sie sich diesen »alten« Eintrag, den Sie später für die Anpassung des `exec`-Befehls (Skript: `exec -a socket /usr/lib/cups/backend/socket "$@"`) benötigen. Im nächsten Schritt füllen Sie die Pseudo-Gerätedatei mit Leben und bringen dort die Steuerung der Steckdose unter.

2.16.3 Skript zum Schalten der Steckdose

Um sämtliche verfügbaren Backends von CUPS anzuzeigen, genügt das Kommando:

```
ls /usr/lib/cups/backend/
```

Jetzt legen Sie eine zusätzliche Dummy-Gerätedatei für Ihren Drucker an der zu schaltenden Steckdose an. Im obigen Beispiel wurde der socket-Eintrag durch HPLJ2100 ersetzt – demnach muss die neue Dummy-Datei dieselbe Bezeichnung besitzen.

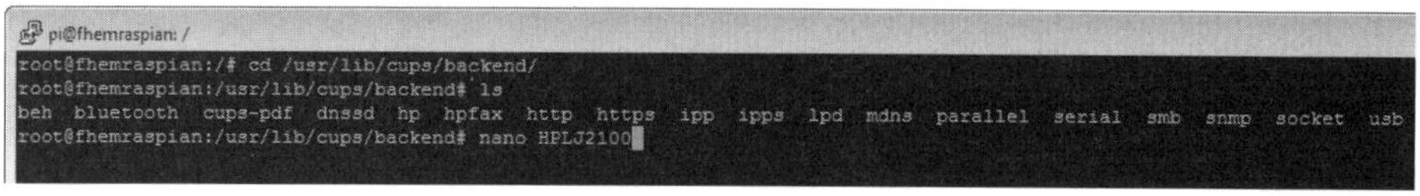

```
pi@fhemraspian: /
root@fhemraspian:/# cd /usr/lib/cups/backend/
root@fhemraspian:/usr/lib/cups/backend# ls
beh  bluetooth  cups-pdf  dnssd  hp  hpfax  http  https  ipp  ipps  lpd  mdns  parallel  serial  smb  snmp  socket  usb
root@fhemraspian:/usr/lib/cups/backend# nano HPLJ2100
```

Bild 2.88: Im Verzeichnis /usr/lib/cups/backend/ sind sämtliche Gerätedateien für den Drucker bzw. die CUPS-Konfiguration abgelegt.

Bevor Sie die Gerätedatei anlegen, prüfen Sie, ob das *netcat*-Paket auf dem Raspberry Pi installiert ist. Dafür geben Sie in der Konsole einfach den Befehl

```
nc
```

ein. Erscheint hier eine Fehlermeldung wie -bash: nc: Kommando nicht gefunden., dann installieren Sie *netcat* mit sudo apt-get install nach. Wenn Sie wissen möchten, in welchem absoluten Pfad sich nc befindet, nutzen Sie den find-Befehl:

```
find / -name nc -print
```

Beachten Sie, dass auch die Groß- und Kleinschreibung wie gewohnt unter Linux-Systemen eine große Rolle spielt. In diesem Beispiel erzeugen Sie nun mit dem Kommando

```
sudo -i
cd /usr/lib/cups/backend/
nano HPLJ2100
```

eine neue Dummy-Gerätedatei mit dem Namen HPLJ2100. In diesem Fall steht in der /usr/lib/cups/backend/HPLJ2100 nun Folgendes, um die Steckdose zu schalten:

```
#!/bin/bash
# -------------------------------------------------------------
# Smart-Home mit Raspberry Pi-Projekte
# E.F.Engelhardt, Franzis Verlag, 2013
# -------------------------------------------------------------
# Skript: HPLJ2100
#  Hier erfolgt der Einschaltbefehl fuer die FS20-Steckdose
#  Ist der Drucker per IP-Adresse erreichbar, dann kann der
#  Druckvorgang per lpd / socket / usb.. angestossen werden
#
```

```
PATH=/usr/sbin:/sbin:$PATH
counter=1
retu=1
while [ "$counter" -le 3 -a "$retu" -ne 0 ]
do
        echo "set HPLJ2100 on-for-timer 320" | \
              /bin/nc 127.0.0.1 7072 > /dev/null 2>&1
        counter=`expr "$counter" + 1`
        # IP-Adresse-Netzwerkdrucker an Steckdose
        ping -t 10 -o 192.168.123.20 > /dev/null 2>&1
        retu=$?
done
# exec -a usb /usr/lib/cups/backend/usb "$@"
# exec -a lpd /usr/lib/cups/backend/lpd "$@"
exec -a socket /usr/lib/cups/backend/socket "$@"
# -----------------------------------------------------------------
```

Dieses Beispielskript finden Sie unter der Bezeichnung *HPLJ2100* zur freien Verfügung. Beachten Sie, dass Sie hier neben der Pfadangabe für nc sowohl die IP-Adresse beim ping-Befehl als auch die Bezeichnung beim set-Befehl im Skript anpassen müssen. Essenziell ist die Anpassung des Anschlusses beim exec-Befehl. Ersetzen Sie in diesem Beispiel den Eintrag socket durch den alten Anschluss aus der /etc/cups/printers.conf-Datei. Abschließend machen Sie das Skript zum Schalten der Steckdose mit folgendem Befehl ausführbar:

```
chmod +x HPLJ2100
```

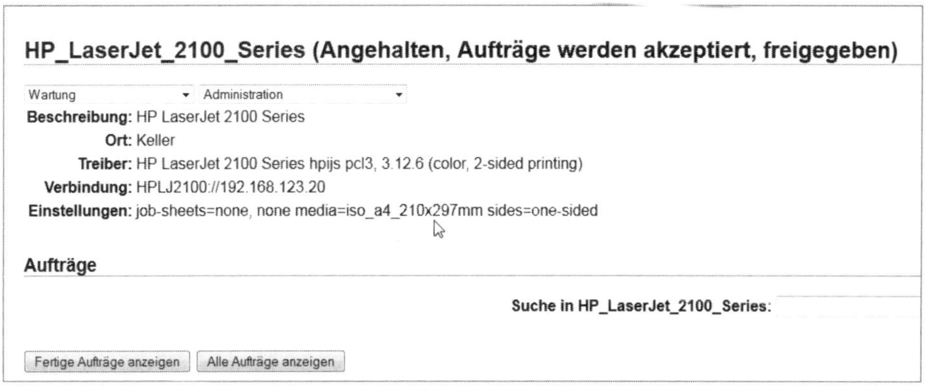

HP_LaserJet_2100_Series (Angehalten, Aufträge werden akzeptiert, freigegeben)

Wartung   ▾ Administration   ▾
Beschreibung: HP LaserJet 2100 Series
        Ort: Keller
    Treiber: HP LaserJet 2100 Series hpijs pcl3, 3.12.6 (color, 2-sided printing)
Verbindung: HPLJ2100://192.168.123.20
Einstellungen: job-sheets=none, none media=iso_a4_210x297mm sides=one-sided

Aufträge

                                          Suche in HP_LaserJet_2100_Series:

[Fertige Aufträge anzeigen] [Alle Aufträge anzeigen]

Bild 2.89: So ähnlich sollte sich die Statusseite von CUPS bei der Anzeige der Druckereinstellungen präsentieren: Beachten Sie hier das Pseudo-Backend bei der Verbindung.

Nun sind die Vorbereitungen erledigt, sodass Sie in FHEM die gewünschte Logik bauen können. Die Überwachung bzw. das Antriggern der Steuerung der Steckdose erledigen Sie mit dem eingebauten notify-Befehl von FHEM.

2.16.4 FHEM-Konfiguration der FS20-Druckersteckdose

Im nächsten Schritt passen Sie die Konfigurationsdatei von FHEM an. Dort tragen Sie neben der eigentlichen Gerätekonfiguration für die verwendete Steckdose wie gewohnt die Parameter für die Log-Datei sowie eine notify-Definition ein. Dank der notify-Funktion von FHEM steuern Sie nicht nur das Einschalten, sondern auch das Ausschalten der Steckdose.

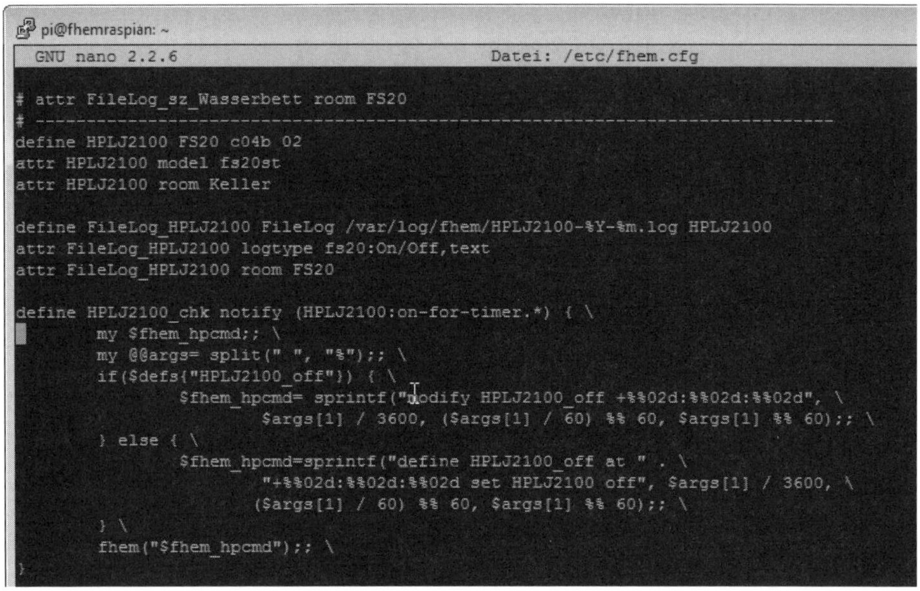

Bild 2.90: Die Gerätedefinition der Steckdose (hier: FS20-Typ), die dazugehörige Log-Datei sowie die notitfy-Definition nutzen für das Gerät (hier: HPLJ2100) ein und dieselbe Schreibweise.

Grundsätzlich muss in FHEM zunächst über define die zu schaltende Steckdose definiert werden. Das erfolgt in diesem Beispiel über die Zeile:

```
define HPLJ2100 FS20 c04b 02
```

Die weiteren Attribute wie model und room sind optional und dienen grundsätzlich der Optik. Die Ergänzung für FHEM finden Sie unter der Bezeichnung *fhem_fs20steckdosen_def.txt*.

```
#----------------------GERAET DEFINIEREN ----------------------------
--
define HPLJ2100 FS20 c04b 02
attr HPLJ2100 model fs20st
attr HPLJ2100 room Keller
#----------------------FILELOG DEFINIEREN ---------------------------
--
```

```
define FileLog_HPLJ2100 Filelog /var/log/fhem/HPLJ2100-%Y-%m.log HPLJ2100
attr FileLog_HPLJ2100 logtype fs20:On/Off,text
attr FileLog_HPLJ2100 room FS20
#-----------------------NOTIFY DEFINIEREN -------------------------------
--
define HPLJ2100_check notify (HPLJ2100:on-for-timer.*) { \
        Log 3, "HP Laserdrucker im Keller wurde eingeschaltet";; \
        my $fhem_hpcmd;; \
        my @@args= split(" ", "%");; \
        if($defs{"HPLJ2100_off"}) { \
                $fhem_hpcmd= sprintf("modify HPLJ2100_off
+%%02d:%%02d:%%02d", \
                        $args[1] / 3600, ($args[1] / 60) %% 60, $args[1] %%
60);; \
        } else { \
                $fhem_hpcmd= sprintf("define HPLJ2100_off at " . \
                        "+%%02d:%%02d:%%02d set HPLJ2100 off", $args[1] /
3600, \
                        ($args[1] / 60) %% 60, $args[1] %% 60);; \
        } \
        fhem("$fhem_hpcmd");; \
}
# -------------------------------------------------------------------
```

Passen Sie im Falle einer FS20-Steckdose den FS20-Hauscode (im Skript: c04b 02) sowie die Verbindungsbezeichnung (hier: HPLJ2100) an. Die Attribute wie room (Keller) etc. sind optional. Die Variable fhem_hpcmd wird mit einem modify- bzw. einem define-Kommando befüllt. Hier werden die entsprechenden Attribute für das Setzen des Zeitstempels über den übergebenen Sekundenwert des notify-Aufrufs berechnet.

Zunächst wird über +%%02d:%%02d:%%02d das Zeitformat definiert (%02d erzeugt eine ganzzahlige Nummer) und über den Übergabeparameter anschließend die Ausschaltzeit berechnet und gesetzt. Nach Austritt aus dem if/else-Konstrukt wird nun die Variable im fhem-Befehl befüllt und ausgeführt. Das war´s. Nun speichern Sie die Konfigurationsdatei und stoppen FHEM mit dem Kommando:

```
sudo /etc/init.d/fhem stop
```

Anschließend starten Sie FHEM mit dem Kommando:

```
sudo /etc/init.d/fhem start
```

um beim Neustart die geänderte Konfigurationsdatei einzulesen und die installierte Funksteckdose für die Druckersteuerung zu initialisieren. Anschließend sollte die neue Druckersteckdose in FHEM-Frontend angezeigt werden. Um die geänderte Drucker-Engine in Betrieb zu nehmen, muss auch CUPS auf dem Raspberry Pi neu gestartet werden:

```
sudo /etc/init.d/cups restart
```

Anschließend können Sie die Funktion mit folgendem Kommando testen:

```
set HPLJ2100 on-for-timer 320
```

Damit wird der Drucker eingeschaltet und nach Ablauf der fünf Minuten (320 Sekunden) wieder abgeschaltet. Denselben Effekt hat der Befehl bei der Eingabe im Befehlsfeld der FHEM-Konfigurationsseite.

```
trigger HPLJ2100 on-for-timer 320
```

Bild 2.91: Nach der Definition in */etc/fhem.cfg* steht nach dem Neustart von FHEM das neue Device zur Verfügung.

Prüfen Sie einfach per `ping`-Kommando, ob der Drucker über seine IP-Adresse erreichbar ist oder nicht. Während unter Linux das `ping`-Kommando nach dem Start ohne Unterbrechungen Stausmeldungen zurückliefert und per Tastenkombination $\boxed{\text{Strg}}$+ $\boxed{\text{C}}$ abgebrochen werden muss, benötigt das `ping`-Kommando unter Windows einen passenden Parameter, da es sonst nach vier `ping`-Meldungen selbstständig abbricht:

```
ping -t <IP-Adresse-des-Netzwerkdruckers>
```

Vorsicht, Verwechslungsgefahr: Hier ist die IP-Adresse des Netzwerkdruckers und **nicht** die IP-Adresse des Raspberry Pi – auf dem CUPS läuft – gemeint. In diesem Beispiel ist der CUPS-Server unter der IP-Adresse `192.168.123.30`, der Drucker selbst jedoch unter der der IP-Adresse `192.168.123.20` erreichbar. Mit dem Kommando

```
ping -t 192.168.123.20
```

starten Sie nun einen Dauer-Ping und prüfen die Funktionalität der Steckdosenlösung.

```
■ C:\Windows\system32\cmd.exe - ping  -t 192.168.123.20
Antwort von 192.168.123.20: Bytes=32 Zeit=1ms TTL=60
Antwort von 192.168.123.20: Bytes=32 Zeit=1ms TTL=60
Antwort von 192.168.123.20: Bytes=32 Zeit=1ms TTL=60
Antwort von 192.168.123.20: Bytes=32 Zeit=1ms TTL=60
Antwort von 192.168.123.20: Bytes=32 Zeit=1ms TTL=60
Antwort von 192.168.123.20: Bytes=32 Zeit=1ms TTL=60
Antwort von 192.168.123.20: Bytes=32 Zeit=1ms TTL=60
Antwort von 192.168.123.20: Bytes=32 Zeit=1ms TTL=60
Antwort von 192.168.123.20: Bytes=32 Zeit=1ms TTL=60
Antwort von 192.168.123.20: Bytes=32 Zeit=1ms TTL=60
Antwort von 192.168.123.20: Bytes=32 Zeit=1ms TTL=60
Antwort von 192.168.123.20: Bytes=32 Zeit=1ms TTL=60
Antwort von 192.168.123.20: Bytes=32 Zeit=1ms TTL=60
Antwort von 192.168.123.20: Bytes=32 Zeit=1ms TTL=60
Antwort von 192.168.123.20: Bytes=32 Zeit=1ms TTL=60
Antwort von 192.168.123.20: Bytes=32 Zeit=1ms TTL=60
Antwort von 192.168.123.20: Bytes=32 Zeit=1ms TTL=60
Antwort von 192.168.123.20: Bytes=32 Zeit=1ms TTL=60
Antwort von 192.168.123.20: Bytes=32 Zeit=1ms TTL=60
Zeitüberschreitung der Anforderung.
Zeitüberschreitung der Anforderung.
Zeitüberschreitung der Anforderung.
Zeitüberschreitung der Anforderung.
Antwort von 192.168.123.27: Zielhost nicht erreichbar.
Antwort von 192.168.123.27: Zielhost nicht erreichbar.
Antwort von 192.168.123.27: Zielhost nicht erreichbar.
```

Bild 2.92: Gerade beim Testen der Druckerlösung hilft ein Dauer-Ping auf die IP-Adresse des Netzwerkdruckers, um die Erreichbarkeit zu prüfen.

Schicken Sie nun am Computer einen Druckauftrag ab, dann schaltet FHEM nach wenigen Augenblicken die entsprechende Steckdose ein. Anschließend sollte sich die `ping`-Statusmeldung von `Zielhost nicht erreichbar` zu `Antwort von <IP-Adresse-des-Netzwerkdruckers>: Bytes=32 Zeit=1ms TTL=60` ändern.

Nun ist die gewünschte Funktionalität vorhanden: Nach dem Ausdruck wird der Drucker noch fünf Minuten eingeschaltet gelassen, um sicherzugehen, dass auch sämtliche Seiten des Dokuments gedruckt werden können. Reicht der Zeitraum nicht aus, dann setzen Sie die Abschaltzeit von 320 Sekunden in der Dummy-Datei (hier: `/usr/lib/cups/backend/HPLJ2100`) auf einen höheren Wert.

2.17 Garage und Türen mit dem Smartphone öffnen

Grundsätzlich lässt sich mit dem Raspberry Pi nahezu jeder Schalter und jede Schaltsteckdose per Funk, Relaisplatine oder einfach per Steckdose (Strom/Nichtstrom) über TCP/IP bzw. eine HTTP-Adresse oder auf der Konsole über ein Programm bzw. ein Perl-/Shell-/Python-Skript steuern. Ist ein direkter Zugriff auf die Steuerung bzw. die Platine – wie in diesem Beispiel der Hörmann-Garagentorantrieb – nicht möglich bzw. nicht erwünscht, dann lässt sich der kabelgebundene Schalter insofern erweitern, als er sich auch über ein mit dem Raspberry Pi verbundenes Relais schalten lässt. Auch elektrische Türöffner lassen sich prinzipiell mit dieser Methode anzapfen. Haben Sie keinen direkten Zugriff auf die Verkabelung, ist jedoch der Aufwand etwas hoch.

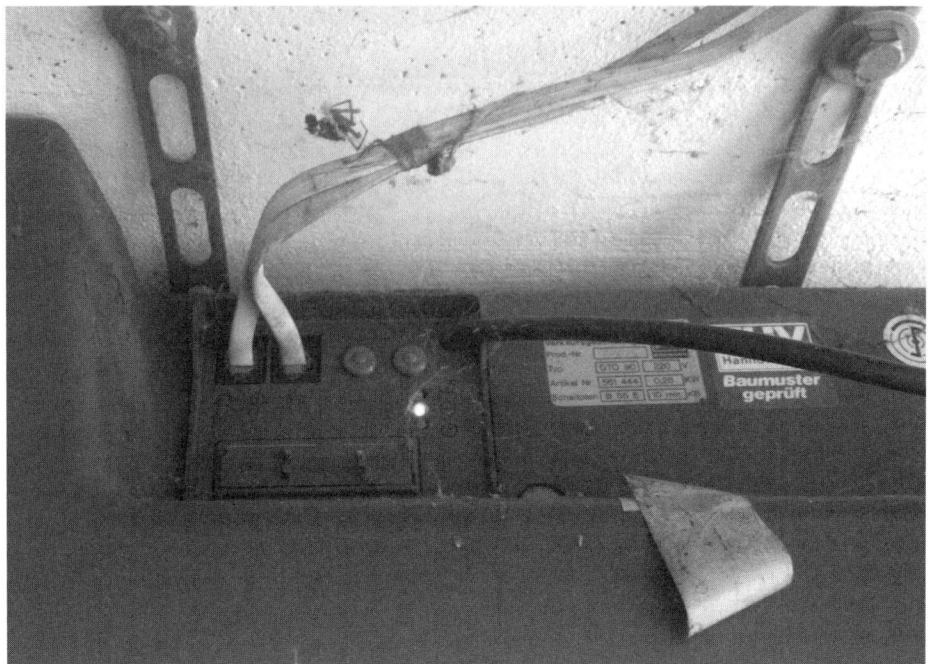

Bild 2.93: Die Öffner-Automatik von herkömmlichen elektrischen Garagentorantrieben besitzt im Falle Hörmann RJ11/RJ45-Buchsen, die für den GPIO-Zugriff angezapft werden können.

Ist das verbundene Relais über seinen zweiten Stromkreis mit einem GPIO-Ausgang sowie der Masse (GND) mit dem Raspberry Pi gekoppelt, dann lässt es sich perfekt als Steuerzentrale für das Schalten des Garagentorantriebs nutzen. Spendieren Sie beispielsweise dem Raspberry Pi ein Bluetooth-USB-Modul, dann lässt sich mit kleineren Tricks der GPIO-Ausgang darüber steuern. Dank der eindeutigen Bluetooth-Mac-Adresse sowie des eingeschränkten Aktionsradius der Bluetooth-Technik lässt sich mit dem Raspberry Pi eine relativ sichere Zugangslösung im Eigenbau realisieren.

2.17.1 Handy, Tablet & Co.: Bluetooth als Aktor

Egal, ob Sie eine Tastatur oder eine Maus am Raspberry Pi betreiben möchten, irgendwann werden Sie die schnurlose Übertragung zu schätzen wissen. Spätestens dann, wenn der Raspberry Pi im Wohnzimmer an den Fernseher angeschlossen ist und Sie ihn vom Sofa aus nutzen möchten. Doch wer seinen Raspberry Pi für Heimautomationszwecke einsetzt, der benötigt in den seltensten Fällen eine angeschlossene Tastatur oder Maus. Wenn überhaupt, wird das System via SSH per Fernwartung gesteuert.

```
[39446.713003] usbcore: registered new interface driver cdc_acm
[39446.713033] cdc_acm: USB Abstract Control Model driver for USB modems and ISDN adapters
[42355.054308] usb 1-1.3: USB disconnect, device number 5
[385252.940527] usb 1-1.3: new full-speed USB device number 6 using dwc_otg
[385253.040949] usb 1-1.3: device descriptor read/all, error -32
[385253.120559] usb 1-1.3: new full-speed USB device number 7 using dwc_otg
[385253.222370] usb 1-1.3: New USB device found, idVendor=0a12, idProduct=0001
[385253.222398] usb 1-1.3: New USB device strings: Mfr=0, Product=0, SerialNumber=0
[385253.345002] Bluetooth: Core ver 2.16
[385253.348026] NET: Registered protocol family 31
[385253.348056] Bluetooth: HCI device and connection manager initialized
[385253.348077] Bluetooth: HCI socket layer initialized
[385253.348105] Bluetooth: L2CAP socket layer initialized
[385253.348166] Bluetooth: SCO socket layer initialized
[385253.358061] Bluetooth: Generic Bluetooth USB driver ver 0.6
[385253.363549] usbcore: registered new interface driver btusb
pi@fhemraspian ~ $ lsusb
Bus 001 Device 001: ID 1d6b:0002 Linux Foundation 2.0 root hub
Bus 001 Device 002: ID 0424:9512 Standard Microsystems Corp.
Bus 001 Device 003: ID 0424:ec00 Standard Microsystems Corp.
Bus 001 Device 004: ID 1415:2000 Nam Tai E&E Products Ltd. or OmniVision Technologies, Inc.
Bus 001 Device 007: ID 0a12:0001 Cambridge Silicon Radio, Ltd Bluetooth Dongle (HCI mode)
pi@fhemraspian ~ $ █
```

Bild 2.94: Wurde der kleine Mini-USB-Bluetooth-Dongle am USB-Anschluss eingesteckt, prüfen Sie mit dem Kommando `lsusb`, ob er vom Raspberry Pi ordnungsgemäß erkannt wurde.

Ein installierter Mini-Bluetooth-Adapter einer Tastatur oder Maus kann noch mehr als nur Tastatur- und Maussignale verarbeiten. Mit den passenden Tools und Skripts ausgestattet, kann der Raspberry Pi beispielsweise als Türöffner fungieren, vorausgesetzt, er ist mit einem bekannten Gerät gekoppelt. So sind hier automatische Schaltvorgänge, wie beispielsweise das Schalten der Garagen-/Eingangsbereichlampe, denkbar, falls etwa ein bekanntes Smartphone vom Raspberry Pi erkannt wird.

Im HomeMatic-Produktsortiment findet sich auch ein elektronischer Schließzylinder, der es wegen der Lieferzeit nicht zum Autor und somit nicht in das Buch geschafft hat – hier stehen Ihnen jedoch nahezu alle Möglichkeiten offen: Sämtliche Dinge, die sich über den Raspberry Pi über GPIO oder auch über FHEM schalten lassen, können per Bluetooth-Authentifizierung automatisch gesteuert werden. Ist der USB-Bluetooth-Adapter gesteckt, installieren Sie zunächst die notwendigen Werkzeuge und Treiber für den Bluetooth-Betrieb auf dem Raspberry Pi nach:

```
sudo apt-get install bluetooth bluez-utils blueman
```

Anschließend können Sie bei Bedarf mit dem Befehl prüfen, ob der Bluetooth-Daemon auch läuft.

```
/etc/init.d/bluetooth status
```

Wie gewohnt, installieren Sie mit `apt-get` die benötigten Programme und automatisch die abhängigen Pakete, was in diesem Fall rund 16 MByte Speicherplatz auf der SD-Karte benötigt.

Nun kommt es zum ersten Test: Nehmen Sie Ihr Smartphone oder ein anderes Bluetooth-Gerät und aktivieren Sie dort die Bluetooth-Funktion bzw. schalten Sie die Bluetooth-Sichtbarkeit ein. Dies ist bei jedem Gerät etwas unterschiedlich gelöst. In der

Regel wird die Sichtbarkeit mit dem Einschalten der Bluetooth-Funktion aktiviert. Nun nutzen Sie das Kommando

```
hcitool scan
```

um die nähere Umgebung auf verfügbare und offene Bluetooth-Geräte hin zu prüfen.

Bild 2.95: Ist die Sichtbarkeit aktiviert, meldet sich das Bluetooth-Gerät umgehend mit seiner eindeutigen Bluetooth-ID sowie dem Gerätenamen zurück.

Wer etwas genauer unter die Bluetooth-Technik schauen möchte, der kann auch das l2ping-Kommando nutzen, um die Erreichbarkeit des Geräts zu prüfen. Hier verwenden Sie die per hcitool scan gefundene eindeutige Bluetooth-ID:

```
sudo l2ping -c 1 <BLUETOOTH-MAC-ID>

Ping: F0:        :F3 from 00:        :12:EB (data size 44) ...
44 bytes from F0:        :F3 id 0 time 10.92ms
1 sent, 1 received, 0% loss
```

Anschließend ist ein Ping-ähnlicher Befehl in der Konsole samt Rückmeldung zu sehen – oder auch nicht, falls das Gerät die Sichtbarkeit automatisch deaktiviert hat. Tatsächlich ist es so, dass sich hier die Geräte unterschiedlich verhalten, manche haben eine längere Sichtbarkeitsdauer. In der Regel ist diese aus Akku-Laufzeitgründen jedoch etwas reduziert.

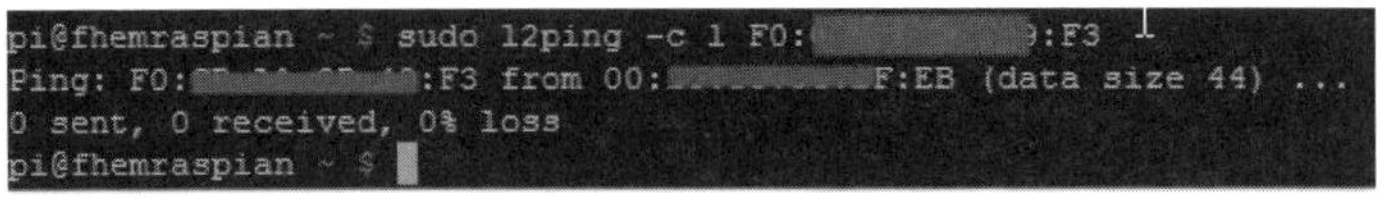

Bild 2.96: Ähnlich wie der normale ping-Befehl arbeitet das Bluetooth-Gegenstück l2ping. Beachten Sie, dass es sich im Parameter nicht um die Zahl 1, sondern um ein kleingeschriebenes »l« handelt.

Das muss nun aus Sicherheitsgründen wahrlich kein Nachteil sein, denn falls Sie mit dem Smartphone und dem Raspberry Pi gekoppelt Schaltvorgänge vornehmen wollen, benötigen Sie sowieso nur wenige Augenblicke, um sich zu authentifizieren. Doch dazu später mehr.

Zunächst fällt beim l2ping-Kommando auf, dass sudo-Berechtigungen nötig sind, die im Betrieb aus Sicherheitsgründen nicht gern gesehen werden. Daher passen Sie zunächst die sudoers-Datei entsprechend an.

2.17.2 To be or not to be Admin: root-Werkzeuge für Benutzer

Um auf dem Raspberry Pi Programme ohne die manchmal lästige sudo-Berechtigung als Normalanwender nutzen zu können, können Sie eine Zulassungsliste von Programmen führen, bei denen von den üblichen Restriktionen abgewichen wird. Dafür bearbeiten Sie die Datei /etc/sudoers, die sich allerdings nicht wie gewohnt über nano /etc/sudoers, sondern aus Sicherheitsgründen erst mit folgendem Kommando öffnen und bearbeiten lässt.

```
pkexec visudo
```

Nach dem Aufruf des Kommandos ist die Eingabe des Kennwort des angemeldeten Benutzers notwendig.

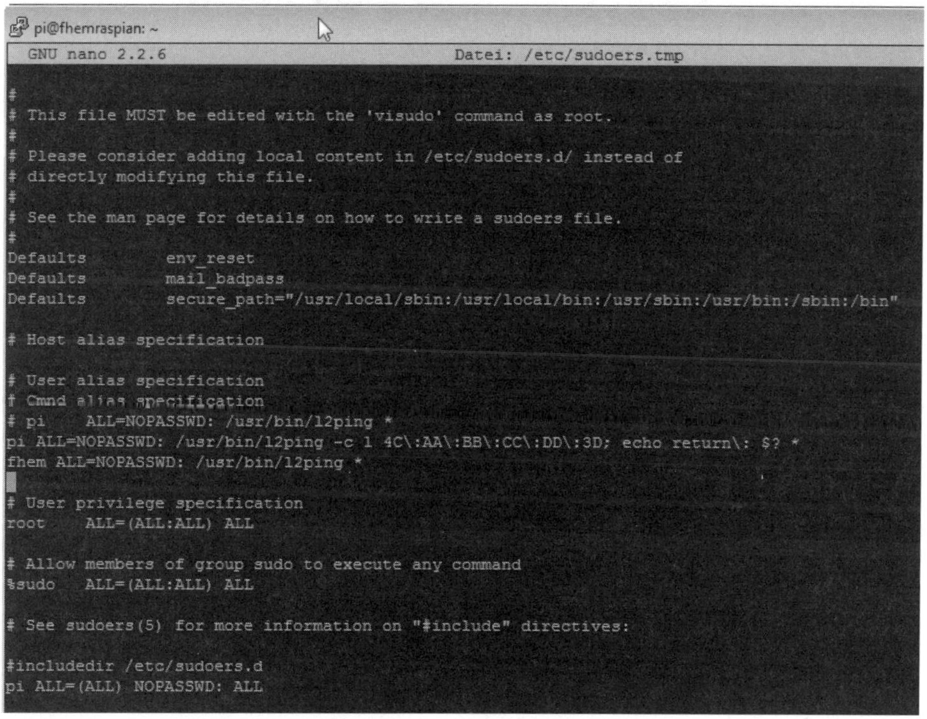

Bild 2.97: Fügen Sie, wie in der Abbildung, die Benutzer hinzu, die Programme mit User-Rechten starten dürfen, und geben Sie das entsprechende Programm mit dem kompletten Pfad an. Ein größeres Sicherheitsnetz ist die Festlegung der MAC-Adresse – es darf nur eine Rückmeldung auf das l2ping-Kommando erfolgen, wenn sie auch in der sudoers-Datei – entsprechend maskiert – geführt wird.

Die Bearbeitung erfolgt in diesem Beispiel wie gewohnt mit nano, was vom pkexec visudo-Kommando automatisch gestartet wird. Nach der Bearbeitung und dem Speichern der Datei per Tastenkombination [Strg]+[X] erfolgt hier nochmals eine

Sicherheitsabfrage, die Sie mit der Taste Q beenden. In diesem Fall werden die Änderungen von der *visudo.tmp* in die visudo-Datei übernommen.

```
pi@fhemraspian ~ $ pkexec visudo
==== AUTHENTICATING FOR org.freedesktop.policykit.exec ====
Authentication is needed to run '/usr/sbin/visudo' as the super user
Authenticating as: ,,, (pi)
Password:
==== AUTHENTICATION COMPLETE ====
visudo: /etc/sudoers.tmp unchanged
What now? s
Options are:
  (e)dit sudoers file again
  e(x)it without saving changes to sudoers file
  (Q)uit and save changes to sudoers file (DANGER!)

What now? Q
pi@fhemraspian ~ $ ▮
```

Bild 2.98: Zusätzliche Sicherheit vor versehentlichen Änderungen: Wer sich hier nicht sicher ist, der bricht das Überschreiben der sudoers-Datei mit der X -Taste ab.

Mit dem NOPASSWD-Attribut versehen, kann das obige

```
sudo l2ping -c 1 <BLUETOOTH-MAC-ID>
```

Kommando nun auch ohne vorangestelltes sudo gestartet werden:

```
pi@fhemraspian ~ $ l2ping -c 1 4C:B1:99:91:E8:3D; echo return: $?
Can't connect: Host is down
return: 1
pi@fhemraspian ~ $ ▮
```

Bild 2.99: sudoers-Anpassung erfolgreich: Nun lässt sich l2ping auch mit Benutzerrechten starten.

Nutzen Sie das Kommando

```
l2ping -c 1 <BLUETOOTH-MAC-ID>; echo return: $?
```

und setzen Sie die Bluetooth-ID Ihres Geräts hier ein, dann liefert der Shell-Aufruf den Wert 0 zurück, falls das Gerät mit dem Raspberry Pi verbunden ist. Ist das nicht der Fall, weil das Gerät beispielsweise nicht bekannt ist oder ausgeschaltet wurde, dann liefert der l2ping-Befehl den Fehlercode 1 zurück. Es kommt vor, dass der l2ping trotzdem nicht mit Benutzerrechten funktioniert und einen socket-Fehler wirft.

```
Can't create socket: Operation not permitted
return: 1
```

In diesem Fall sollte entweder mit chmod u+s die root-UID bei der Datei /usr/bin/l2ping gesetzt werden, oder Sie fügen hier mit dem Kommando

```
sudo setcap cap_net_admin,cap_net_raw+eip /usr/bin/l2ping
```

die CAP_NET_RAW-Fähigkeit hinzu.

Anschließend prüfen Sie mit dem Kommando

```
getcap /usr/bin/l2ping
```

die erweiterten Attribute.

```
pi@fhemraspian ~ $ getcap /usr/bin/l2ping
/usr/bin/l2ping = cap_net_admin,cap_net_raw+eip
pi@fhemraspian ~ $
```

Bild 2.100: Änderung erfolgreich: Nun lässt sich auch der l2ping-Befehl problemlos auf der Kommandozeile und in Skripten mit Benutzerrechten ausführen und nutzen.

Ist der setcap-Befehl nicht verfügbar, dann installieren Sie ihn über das libcap2-bin-Paket nach:

```
sudo apt-get install libcap2-bin
```

Elegant wird das Ganze erst, wenn Sie für die l2ping-Nutzung eigens eine Gruppe erstellen und die berechtigten Benutzer hinzufügen:

```
groupadd l2ping
usermod -a -G l2ping pi
usermod -a -G l2ping fhem
newgrp l2ping
```

In diesem Beispiel sind die beiden Benutzer pi und fhem Mitglieder der Gruppe l2ping.

2.17.3 Shell-Skript für Bluetooth-Erkennung erstellen

Passen Sie zunächst die Bluetooth-Mac-IDs im Skript mit der eindeutigen Kennung an. Sind Sie sich nicht sicher, dann lesen Sie diese aus dem hcitool scan-Kommando aus. Grundsätzlich ist es so, dass der Bluetooth-Daemon etwas unzuverlässig läuft. Deswegen wird nach dem Aufruf des Skripts Bluetooth vorsichtshalber per killall beendet und umgehend erneut gestartet. Anschließend prüft das Skript, ob sich in der Nähe ein sichtbares Bluetooth-Gerät befindet und ob es in der Liste der zulässigen Geräte ist.

```
#!/bin/bash
# -------------------------------------------------------------------
# Smart-Home mit Raspberry Pi-Projekte
# E.F.Engelhardt, Franzis Verlag, 2013
# -------------------------------------------------------------------
# Funktion checkblue.sh
#
# hier die bluetooth-MAC-Adresse fuer die Erkennung eintragen
# Format: 00:11:22:33:44:55
# kann nach einschalten von bluetooth beim geraet
# initial mit dem befehl: hcitool scan herausgefunden werden
#
```

```
bd_android1_ef="00:44:55:66:77:88"
bd_iphone2_ef="00:33:44:55:66:77"
bd_iphone3_ef="00:22:33:44:55:66"
bd_iphone4_ef="00:11:22:33:44:55"
# ------------------------------------------------------------------
# vorsichtshalber bluetooth beenden und neu starten
echo bluetooth wird beendet...
sudo killall -9 bluetoothd
echo bitte warten, bluetooth wird neu gestartet
sleep 10
sudo /etc/init.d/bluetooth start
# check ob bluetooth laeuft
if (ps ax | grep /usr/sbin/bluetoothd | grep grep -v | cut -d " " -f1-
2)&>/dev/null ;then
# ------------------------------------------------------------------
# check ob bluetooth-device in whitelist
if bd=$(hcitool scan | grep -o [bd_android1_ef,$bd_iphone2_ef,$
bd_iphone3_ef,$bd_iphone4_ef]) ; then
echo erlaubtes device da: $?;
schaltelampetreppenhaus.sh;
schaltehoermanntor.sh;
# weitere aktionen, bspw. foto, antriggern tuermechanismus, mail, licht
einschalten etc.
else
echo kein erlaubtes device gefunden $?;
# log - nachricht, mail ueber "einbruchs"versuch
echo "bluetooth-device: kein erlaubtes device gefunden $?";
fi
# ------------------------------------------------------------------
else
echo bluetooth nicht aktiv;
fi
# ------------------------ eof checkblue.sh -------------------------
```

In dem `if/then/else/fi`-Konstrukt können Sie weitere gewünschte Aktionen und weiterer Skriptcode nach Wunsch einfügen, der beispielsweise ausgeführt werden soll, falls der Raspberry Pi ein gültiges Bluetooth-Gerät in der näheren Umgebung findet. So lässt sich ein weiteres Skript oder Programm antriggern oder ein GPIO-Ausgang mit einem Relais schalten, der für die elektrische Schließanlage der Haustür oder des Garagentorantriebs zuständig ist.

2.18 Türklingelbenachrichtigung per E-Mail

E-Mail-Benachrichtigungen sind Fluch und Segen zugleich: Während die meisten Anwender im Online-Alltag, beispielsweise im Umgang mit den sozialen Netzen Facebook, Twitter & Co., die dazugehörigen E-Mail-Benachrichtigungen im eigenen Postfach als störend empfinden dürften, sind manche solcher Nachrichten äußerst begehrt. So können Sie sich beispielsweise über Vorgänge im Haushalt automatisch informieren lassen, etwa wenn die Waschmaschine fertig ist oder bestimmte Türen oder Fenster geöffnet wurden oder gar jemand vor der Haustür steht und klingelt. Anwendungsfälle gibt es einige, gerade wenn es um Sicherheits- und Überwachungsaspekte zu Hause geht. In diesem Abschnitt des Buchs lesen Sie, wie Sie mit dem Raspberry Pi und dem passenden Zubehör mit relativ wenig Aufwand eine funktionierende Klingelbenachrichtigung per E-Mail samt Fotofunktion realisieren.

2.18.1 Vorarbeiten: Einbau des Funkmoduls in Klingel

Für den Einbau des FS20-KSE-Klingelmoduls benötigen Sie keinen Elektriker, sondern lediglich ein wenig handwerkliches Geschick, einen Schraubenzieher sowie je nach örtlicher Gegebenheit eine kleine Leiter, um zur verbauten Türklingel zu gelangen. Der unschätzbare Vorteil des FS20-KSE-Klingelmoduls ist, dass es keine eigene Stromversorgung benötigt und für den Versand des Funksignals bei der Betätigung der Klingel vom Klingelstromkreis mitversorgt wird. Dieser kurze Augenblick lädt den entsprechenden Kondensator ausreichend auf.

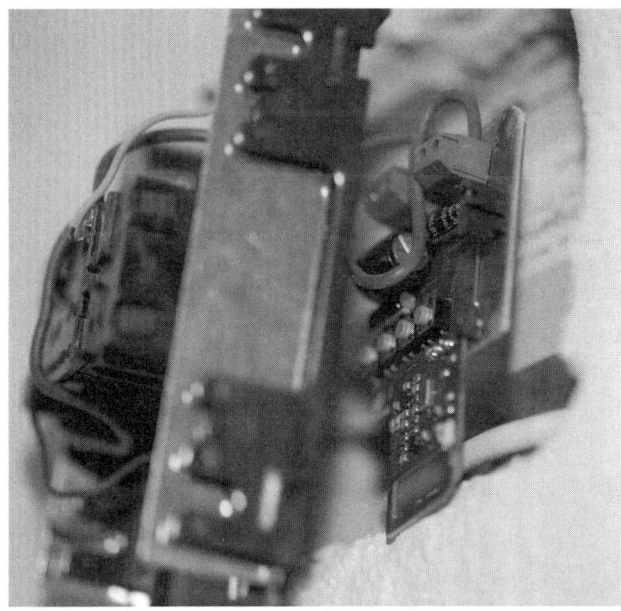

Bild 2.101: Nach dem Anschluss an der Türklingel kann das KSE-Klingelmodul aufgrund seiner flachen Bauweise oftmals mit im Klingelgehäuse untergebracht werden.

Für den Anschluss des FS20-KSE-Klingelmoduls an der Wechselstrom-Klingelanlage benötigen Sie zwei Drähte sowie eine Zweifach-Lüsterklemme, um mit den beiden vorhandenen Kabeln, die zur Klingel führen, eine Parallelschaltung aufzubauen. In diesem Fall löst der Klingelschalter vor der Tür nicht nur die Klingel aus, sondern sendet auch dasselbe Signal an das Funkmodul. Beim Betätigen der Klingel leuchtet auf der kleinen Funkmodulplatine eine kleine LED.

2.18.2 Schnell erledigt: Funkmodul konfigurieren

Wer möchte, kann mithilfe der vier kleinen Schalter auf der FS20-KSE-Klingelmodul-platine gemäß der Bedienungsanleitung den Hauscode setzen. Pflicht ist das für den FHEM-Gebrauch jedoch nicht, sodass wir uns diese Fummelei erspart und FHEM in den autocreate-Mode versetzt haben. Beim Anliegen der Wechselspannung an der Klingel ertönt somit nicht nur die Klingel, sondern es wird auch ein Schaltsignal vom KSE-Klingelmodul übertragen.

```
2012.12.01 10:04:55 2: FHT set arb_Heizung desired-temp 5.5
2012.12.01 10:49:23 2: FS20 set arb_LampeTisch on
2012.12.01 12:45:24 3: FS20 Unknown device c080 (41113111), Button 00 (1111) Code 00 (off), please define it
2012.12.01 12:45:24 2: autocreate: define FS20_c08000 FS20 c080 00
2012.12.01 12:45:24 2: autocreate: define FileLog_FS20_c08000 FileLog /var/log/fhem/FS20_c08000-%Y.log FS20_c08000
2012.12.01 12:45:25 3: FS20 Unknown device c080 (41113111), Button 01 (1112) Code 00 (off), please define it
2012.12.01 12:45:25 2: autocreate: define FS20_c08001 FS20 c080 01
2012.12.01 12:45:25 2: autocreate: define FileLog_FS20_c08001 FileLog /var/log/fhem/FS20_c08001-%Y.log FS20_c08001
2012.12.01 12:45:25 2: FS20 FS20_c08000 off
2012.12.01 12:45:25 2: FS20 FS20_c08001 off
2012.12.01 12:45:28 2: FS20 FS20_c08000 on
2012.12.01 12:45:28 2: FS20 FS20_c08001 on
```

Bild 2.102: Für die beiden Kanäle auf dem FS20-KSE-Klingelmodul hat FHEM zwei Buttons sowie das Klingelmodul selbst automatisch erstellt.

Hat FHEM das Klingelmodul automatisch in der Geräteübersicht einsortiert, dann passen Sie die Beschriftung mit dem rename-Kommando sowie den Standort des Geräts über das room-Attribut an.

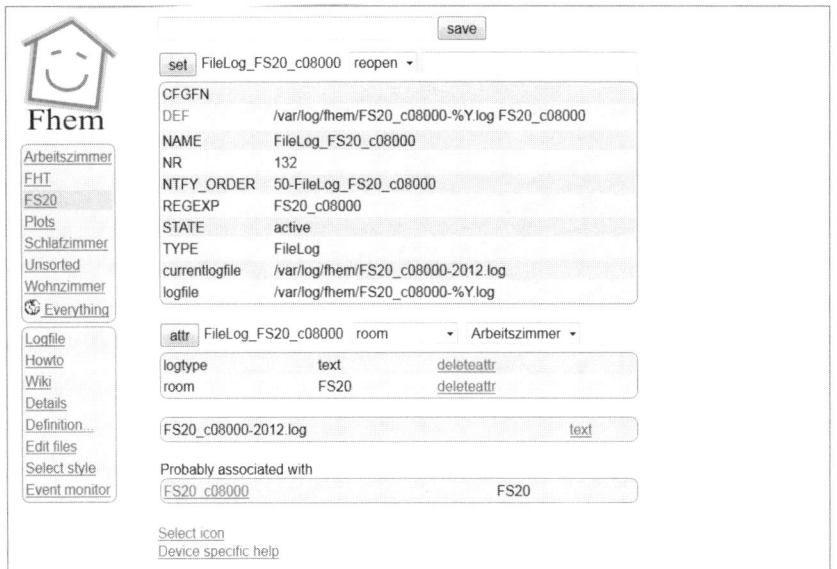

Bild 2.103: Um den Standort anzupassen, müssen Sie zunächst das alte Attribut bei room über den Link deleteattr löschen.

Nach der Initialisierung in FHEM prüfen Sie nun die ordnungsgemäße Funktion bzw. das Übertragen des Klingelsignals als Schaltbefehl in FHEM. Dafür nutzen Sie am besten die Log-Datei, die per Klick auf den Link `logfile` erreichbar ist. Auf der Kommandozeile können Sie auch das `tail`-Kommando `tail -f /var/log/fhemfhem-JAHR-MONAT.log` nutzen. Ersetzen Sie den Platzhalter `JAHR` beispielsweise durch `2013` und `MONAT` durch den aktuellen Monat.

```
pi@fhemraspian ~ $ tail -f /var/log/fhem/fhem-2012-12.log
2012.12.01 13:42:28 2: FS20 FS20_c08000 off
2012.12.01 13:42:29 2: FS20 FS20_c08001 off
2012.12.01 13:42:29 2: FS20 FS20_c08000 on
2012.12.01 13:42:29 2: FS20 FS20_c08001 on
2012.12.01 13:42:30 2: FS20 FS20_c08000 off
2012.12.01 13:42:30 2: FS20 FS20_c08001 off
2012.12.01 13:42:33 2: FS20 FS20_c08000 on
2012.12.01 13:42:33 2: FS20 FS20_c08001 on
2012.12.01 13:42:34 2: FS20 FS20_c08000 off
2012.12.01 13:42:34 2: FS20 FS20_c08001 off
2012.12.01 14:33:09 2: FS20 FS20_c08000 on
2012.12.01 14:33:10 2: FS20 FS20_c08001 on
2012.12.01 14:33:10 2: FS20 FS20_c08000 off
2012.12.01 14:33:10 2: FS20 FS20_c08001 off
2012.12.01 14:33:11 2: FS20 FS20_c08000 off
2012.12.01 14:33:11 2: FS20 FS20_c08001 off
2012.12.01 14:33:12 2: FS20 FS20_c08000 off
2012.12.01 14:33:12 2: FS20 FS20_c08000 on
2012.12.01 14:33:13 2: FS20 FS20_c08001 off
```

Bild 2.104: Die Log-Datei klärt auf: Eine On/Off-Beziehung ist die Kopplung des KSE-Klingelmoduls der FS20-Reihe mit FHEM.

In diesem Fall werden bei der Betätigung des Klingeltasters beide Kanäle auf dem FS20-KSE geschaltet und übertragen. Das ist nicht weiter schlimm und kann in einem späteren Skript dazu auch als Sicherheitsnetz dienen. Doch zunächst geht es darum, das Klingelsignal innerhalb FHEM weiterzuverarbeiten, damit Sie beim Auslösen der Klingel wie gewünscht umgehend eine Benachrichtigung erhalten.

2.18.3 E-Mail auch für die Klingel: sendEmail installieren

Wer als Absenderadresse für die Klingelbenachrichtigung nicht seine persönliche E-Mail-Adresse nutzen möchte, der legt kurzerhand bei einem der zahlreichen Freemail-Anbieter einen Account an. Allein aus Sicherheitsgründen ist dies eine gute Wahl, denn da das zum Versand notwendige Kennwort auf dem Raspberry Pi gespeichert sein muss, entsteht hier natürlich auch eine Sicherheitslücke.

Jeder, der unbefugt Zugriff auf den Raspberry Pi hat, kann durch das gespeicherte Passwort auch Zugriff auf die E-Mails haben. In diesem Beispiel nutzen wir ein vorhandenes Freemail-Konto bei GMX, das ausschließlich für die Benachrichtigung genutzt wird und mithilfe des Raspberry Pi umgehend eine Mail mit dem Ereignis verschickt.

Hier sind Sie selbstverständlich nicht auf GMX beschränkt, wichtig ist nur, dass Ihnen die notwendigen Parameter wie E-Mail-Adresse, Kennwort, Zugangsdaten für den Mailserver und verschiedene weitere Einstellungen bekannt sind. Wer über die Kommandozeile oder per Skript E-Mails versenden möchte, tut dies bei einem vollwertigen Linux-Computer mithilfe eines Mailservers wie *Sendmail*. Doch so eine Lösung ist für den Raspberry Pi völlig überdimensioniert, und auch der Betrieb stellt einen nicht unerheblichen Aufwand dar.

```
root@fhemraspian:/home/pi# chmod a+x /usr/local/bin/fhem2mail
root@fhemraspian:/home/pi# apt-get install sendEmail
Paketlisten werden gelesen... Fertig
Abhängigkeitsbaum wird aufgebaut.
Statusinformationen werden eingelesen.... Fertig
Die folgenden zusätzlichen Pakete werden installiert:
  libio-socket-inet6-perl libsocket6-perl
Vorgeschlagene Pakete:
  libio-socket-ssl-perl libnet-ssleay-perl
Die folgenden NEUEN Pakete werden installiert:
  libio-socket-inet6-perl libsocket6-perl sendemail
0 aktualisiert, 3 neu installiert, 0 zu entfernen und 3 nicht aktualisiert.
Es müssen 76,9 kB an Archiven heruntergeladen werden.
Nach dieser Operation werden 315 kB Plattenplatz zusätzlich benutzt.
Möchten Sie fortfahren [J/n]?
```

```
root@fhemraspian:/home/pi# sendemail -v -f            @gmx.de -s smtp.gmx.net:25 -xu            @gmx.de
tls=yes -u "Betreff: Test" -m "Hallo, dies ist ein Test"
Dec 06 21:30:07 fhemraspian sendemail[5123]: ERROR => No TLS support! SendEmail can't load required libraries.
et::SSL)
root@fhemraspian:/home/pi# apt-get install sendEmail libio-socket-ssl-perl libnet-ssleay-perl perl
Paketlisten werden gelesen... Fertig
Abhängigkeitsbaum wird aufgebaut.
Statusinformationen werden eingelesen.... Fertig
perl ist schon die neueste Version.
sendemail ist schon die neueste Version.
Die folgenden zusätzlichen Pakete werden installiert:
  libnet-libidn-perl
Die folgenden NEUEN Pakete werden installiert:
  libio-socket-ssl-perl libnet-libidn-perl libnet-ssleay-perl
0 aktualisiert, 3 neu installiert, 0 zu entfernen und 3 nicht aktualisiert.
Es müssen 406 kB an Archiven heruntergeladen werden.
Nach dieser Operation werden 1.284 kB Plattenplatz zusätzlich benutzt.
Möchten Sie fortfahren [J/n]?
```

Bild 2.105: Zunächst installieren Sie *sendEmail* per `apt-get` nach. Gegebenenfalls sind weitere Pakete (automatisch) nachzuinstallieren.

Besser ist es, auf dem Raspberry Pi stattdessen die kostenlose Lösung *sendEmail* zu nutzen, mit der Sie auch Dateianhänge verschicken können, falls Sie beispielsweise bei dem Klingelereignis eine Fotoaufnahme erstellen. So sind Sie nicht nur darüber informiert, dass es geklingelt hat, sondern auch, wer geklingelt hat. Voraussetzung dafür ist natürlich, dass die USB-Webcam des Raspberry auch an einem passenden Ort platziert werden kann – oftmals tut es schon ein kleiner handwerklicher Umbau in der Bohrung des Türspions.

```
sudo apt-get install sendEmail libio-socket-ssl-perl libnet-ssleay-perl perl
```

Die Installation ist in wenigen Minuten erledigt, der Mailversand erfolgt zunächst testweise über die Konsole.

Benötigte Variablen	Beispiel
Absender-E-Mail-Adresse	MAIL.ADRESSE.DE@gmx.de
Passwort für den E-Mail-Versand	geheimesPasswort
Empfänger-E-Mail-Adresse	ERSTEMAIL@ADRESSE.DE
SMTP-Server:Port	smtp.gmx.net:25
TLS	no

Anschließend bauen Sie den Kommandozeilenbefehl wie folgt aus den verfügbaren Optionen zusammen:

Optionen für *sendEmail*	Beschreibung
v	Verbose: Ausführliche Ausgabe
f	From: Absenderadresse
	hier: MAIL.ADRESSE.DE@gmx.de
s	Server: Server mit Portangabe
	hier: smtp.gmx.net:25
xu	User-Mailserver: Benutzer auf dem Mailserver
	hier: MAIL.ADRESSE.DE@gmx.de
xp	Passendes Kennwort: Passwort zu dem unter xu angegebenen User
	hier: geheimesPasswort
t	To: Empfängeradresse
	hier: MAIL.EMPFÄNGERADRESSE.DE@gmx.de
o	Verschlüsselung: je nach Anbieter unterschiedlich
	hier: tls=no
u	Betreff, hier: Betreff: Foto
m	Message: Textinhalt der Mail
a	Anhang: Pfad zur Datei, die mit übertragen werden soll
	hier: /var/tmp/mailpic.jpg

Am Ende müsste bei Ihnen ein ähnliches Kommando herauskommen. Beachten Sie, dass der Befehl in einer einzigen Zeile ohne Zeilenumbruch in die Konsole zu schreiben ist.

```
sendemail -v -f MAIL.ADRESSE.DE@gmx.de -s smtp.gmx.net:25 -xu
MAIL.ADRESSE.DE@gmx.de -xp geheimesPasswort -t
MAIL.EMPFÄNGERADRESSE.DE@gmx.de -o tls=no -u "Betreff: Foto" -a
"/var/tmp/mailpic.jpg"
```

Zum Testen und mal zwischendurch ist so ein langer Kommandozeilenbefehl zwar ganz nett, in der Praxis jedoch und für den angestrebten Zweck einer automatisierten Verarbeitung in Verbindung mit der Türklingel parametrisieren wir das Kommando und lagern die Funktion in ein Skript aus. Zuvor benötigen wir für die Erstellung der Aufnahmen neben dem Versand der E-Mail auf der Konsole zusätzlich noch ein Programm, das ebenfalls über die Konsole und skriptbasiert arbeiten kann. Hier nutzen wir das Programm *fswebcam* und passen die Parameter für das Projekt entsprechend an.

2.18.4 Shell-Fotografie mit der Klingel: fswebcam im Einsatz

Für die Nutzung einer geeigneten Kamera am Raspberry Pi unter Raspian dürfen Sie keine Wunder in Sachen Bildqualität erwarten. So steht und fällt die Bildqualität mit der Optik und Lichtstärke der eingesetzten Kamera sowie deren Grafik-Engine. Der Raspberry Pi ist naturgemäß bei einfacheren Kameras wie beispielsweise der alten PS3-Webcam in Sachen Bildqualität etwas schwach auf der Brust. Das tut dem Bastelvergnügen jedoch keinen Abbruch, wir begnügen uns einfach mit 320 x 240 Pixeln und stellen somit eine flotte Bearbeitung innerhalb des Raspberry Pi sicher. Willkommener Nebeneffekt ist auch die flotte Übertragung der Benachrichtigung auf das Smartphone. Für die Nutzung der Kamera auf der Kommandozeile ist in diesem Klingel-Projekt das Werkzeug *fswebcam* vorgesehen, das Sie per

```
sudo apt-get install fswebcam
```

auf den Raspberry Pi installieren. Per `man fswebcam` erfahren Sie mehr über den Funktionsumfang des Werkzeugs.

```
pi@fhemraspian ~ $ sudo apt-get install fswebcam
Paketlisten werden gelesen... Fertig
Abhängigkeitsbaum wird aufgebaut.
Statusinformationen werden eingelesen.... Fertig
Die folgenden NEUEN Pakete werden installiert:
  fswebcam
0 aktualisiert, 1 neu installiert, 0 zu entfernen und 3 nicht aktualisiert.
Es müssen 52,3 kB an Archiven heruntergeladen werden.
Nach dieser Operation werden 141 kB Plattenplatz zusätzlich benutzt.
Holen: 1 http://mirrordirector.raspbian.org/raspbian/ wheezy/main fswebcam armhf 20110717-1 [52,3 kB]
Es wurden 52,3 kB in 0 s geholt (106 kB/s).
Vormals nicht ausgewähltes Paket fswebcam wird gewählt.
(Lese Datenbank ... 69058 Dateien und Verzeichnisse sind derzeit installiert.)
Entpacken von fswebcam (aus .../fswebcam_20110717-1_armhf.deb) ...
Trigger für man-db werden verarbeitet ...
fswebcam (20110717-1) wird eingerichtet ...
pi@fhemraspian ~ $
```

Bild 2.106: Wie gewohnt: Per `apt-get install`-Kommando ziehen Sie das fehlende Paket *fswebcam* auf den Raspberry Pi nach.

Stecken Sie die USB-Webcam in den USB-Anschluss und prüfen Sie per `dmesg` bzw. `lsusb`, ob das Gerät vom System ordnungsgemäß erkannt worden ist. In der Regel wird die Kamera als Video-Device in `/dev/video0` eingebunden. In diesem Fall starten Sie mit dem Kommando

```
/usr/bin/fswebcam -r 320x240 -i 0 -d /dev/video0 --jpeg 95 --shadow --title
"Haustuere" --subtitle "Spion" --info "Monitor: Active" -v
/var/tmp/mailpic.jpg
```

eine Aufnahme und legen diese zunächst im Verzeichnis /var/tmp/ mit der Bezeichnung `mailpic.jpg` ab. Prüfen Sie per `ls` /var/tmp-Kommando, ob *fswebcam* eine Aufnahme erfolgreich abgelegt hat. Für den weiteren Anwendungszweck bzw. die spätere Nutzung mit FHEM ist es wichtig, dass Sie für die Nutzung der angeschlossenen Webcam an /dev/video0 die entsprechenden Berechtigungen setzen. Das erledigen Sie, indem Sie den Systemuser `fhem` der Gruppe `video` hinzufügen:

```
sudo adduser fhem video
```

Haben Sie dies nicht getan, wird Sie später eine Fehlermeldung ähnlich wie

```
--- Capturing frame...
Captured frame in 0.00 seconds.
--- Processing captured image...
Error opening file for output: /var/tmp/mailpic.jpg
fopen: Permission denied
```

daran erinnern.

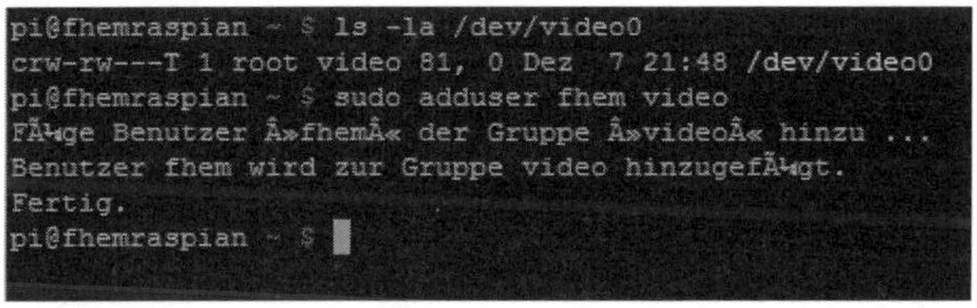

Bild 2.107: Erst wenn der Systemuser `fhem` der `video`-Gruppe hinzugefügt wurde, kann er auch auf das Device unter Raspian zugreifen.

Nun sind die Voraussetzungen geschaffen, um das für den Mailversand notwendige Skript zusammenzustellen und später mit der Türklingel via FHEM zu koppeln.

2.18.5 Skript für Mailversand erstellen

Für den Versand von E-Mails über FHEM gibt es zig unterschiedliche Möglichkeiten, die im FHEM-Wiki (*www.fhemwiki.de/wiki/E-Mail_senden*) ausführlich dargestellt werden. Die Lösung von Martin Fischer (*www.fischer-net.de*) ist deutlich flexibler als die Wiki-Lösungen, bietet allerdings unter anderem keine direkte Unterstützung für den parametrisierten Versand eines E-Mail-Anhangs. Wir haben diese Funktion kurzerhand nachgerüstet. Im folgenden Skript `fhem2mail` müssen die E-Mail-Adressen sowie die Parameter für den Mailanbieter angepasst werden. Das Skript selbst wird im Verzeichnis */usr/local/bin/* auf dem Raspberry Pi gesichert.

```
#!/bin/bash
# ----------------------------------------------------------------
# Smart-Home mit Raspberry Pi-Projekte
# E.F.Engelhardt, Franzis Verlag, 2013
# ----------------------------------------------------------------
# Funktion fhem2mail
```

```
# - Teile von M. Fischer, www.fischer-net.de
#
BASENAME="$(basename $0)"
DST=$1
TYP=$2
ARG=$3
FILENAME=$(date +"%m-%d-%y|||%H%M%S")
MAILFILE="/var/tmp/mailpic.jpg"
# ------------------------------------------------------------------
SMTP="smtp.gmx.net:25"
FRM=" MAIL.ADRESSE.DE@gmx.de"
PW="geheimesPasswort"
# ------------------------------------------------------------------
case $DST in
  SMS)
    RCP="RUFNUMMER@IHR-SMS-GATEWAY.DE"
    ;;
  MAIL)
    RCP="ERSTEMAIL@ADRESSE.DE, ZWEITEMAIL@ADRESSE.DE"
    ;;
  PUSH)
    RCP="IPADRESSE1, IPADRESSE2, IPADRESSE3"
    ;;
  *)
    ;;
esac
case $TYP in
  BATTERY)
    SUBJ="JHW@HOME: WECHSELN: ${ARG}"
    TXT="Batterie schwach: ${ARG}"
    ;;
  FIRE)
    SUBJ="JHW@HOME: RAUCHMELDER-ALARM ${ARG}"
    TXT="Feuer-Alarm wurde ausgeloest!"
    ;;
  GAS)
    SUBJ="JHW@HOME: FEUER AUS! - GASALARM ${ARG}"
    TXT="Gas-Alarm wurde ausgeloest!"
    ;;
  DOORBELL)
    SUBJ="JHW@HOME: ES HAT EBEN GEKLINGELT: ${ARG}"
    TXT="Tuerklingel an ${ARG} wurde ausgeloest!"
    ;;
  LIGHT)
    SUBJ="JHW@HOME: LICHT -> ${ARG}"
    TXT="Beleuchtung im Raum ${ARG} wurde eingeschaltet!"
    ;;
```

```
  MOTION)
    SUBJ="JHW@HOME: BEWEGUNG -> ${ARG}"
    TXT="Bewegungsmelder im Raum ${ARG} wurde ausgeloest!"
    ;;
  WATER)
    SUBJ="JHW@HOME: WASSERALARM: ${ARG}"
    TXT="Wasseralarm wurde ausgeloest!"
    ;;
  *)
    SUBJ="FHEM: ${ARG}"
    TXT="${ARG}"
    ;;
esac


if [[ ${TYP}=="DOORBELL" ]];then
    if [ "$(ls /dev/video0)" ]; then
        TXT="${TXT} \nund Videodevice an Raspberry Pi angeschlossen"
        cp ${MAILFILE} /var/tmp/${FILENAME}.jpg
    else
        TXT="${TXT} \nund kein Videodevice an Raspberry Pi angeschlossen"
    fi
fi


if [ -f ${MAILFILE} ]; then
        /usr/bin/sendemail -f ${FRM} -s ${SMTP} -xu ${FRM} -xp ${PW} -t
${RCP} -o tls=no -u ${SUBJ} -m ${TXT} -q -a ${MAILFILE} -o message-content-
type=text;
        rm ${MAILFILE}
else
        # ohne kamerabild-anhang
        /usr/bin/sendemail -f ${FRM} -s ${SMTP} -xu ${FRM} -xp ${PW} -t
${RCP} -o tls=no -u ${SUBJ} -m ${TXT} -q -o message-content-type=text
fi


exit 0
# ------------------------------------------------------------------
```

In diesem Beispiel nimmt das Skript einen Aufruf in der Form `/usr/local/bin/fhem2mail MAIL DOORBELL "Haustuere"` entgegen und befüllt im `case`-Block entsprechend die Variablen `SUBJ` und `TXT`. Anschließend wird im `if`-DOORBELL-Block geprüft, ob sich ein Video-Device an `/dev/video0` befindet. Falls ja, wird die geschossene Aufnahme unter der per `FILENAME` festgelegten Bezeichnung (`FILENAME=$(date +"%m-%d-%y|||%H%M%S")`) archiviert.

In der zweiten `IF`-MAILFILE-Abfrage wird geprüft, ob die Datei `MAILFILE="/var/tmp/mailpic.jpg"` existiert. Ist sie vorhanden, dann wird der `sendemail`-Aufruf entsprechend mit dem Dateianhang befüllt, umgehend verschickt und anschließend gelöscht. Anderenfalls erfolgt die Mailbenachrichtigung ohne Dateianhang.

2.18.6 FHEM und Raspberry Pi verheiraten

Für das Zusammenspiel mit FHEM und eine weitere spätere Nutzung der Kamera an der Haustür wurde der rpiPhoto-Aufruf in ein eigenes Perl-Modul mit der Bezeichnung 99_klingelrpi.pm im Verzeichnis /usr/share/fhem/FHEM/ untergebracht.

```
sudo -i
nano /usr/share/fhem/FHEM/99_klingelrpi.pm
cd /usr/share/fhem/FHEM/
chown fhem:root 99_klingelrpi.pm
```

Die selbst gestrickten Perl-Module kommen in den FHEM-Benutzerordner, der beim Raspberry Pi in der Regel im Verzeichnis /usr/share/fhem/FHEM/ zu finden ist. Wer sich hier nicht sicher ist, der öffnet über nano /etc/fhem.cfg die Konfigurationsdatei und prüft beim Eintrag modpath die Pfadangabe von FHEM.

```
# -------------------------------------------------------------------
# Smart-Home mit Raspberry Pi-Projekte
# E.F.Engelhardt, Franzis Verlag, 2013
# -------------------------------------------------------------------
# Datei 99_klingelrpi.pm
#  Verzeichnis /usr/share/fhem/FHEM
package main;

use strict;
use warnings;
use POSIX;

sub
klingelrpi_Initialize($$)
{
  my ($hash) = @_;
}


sub
rpiPhoto($)
{
  my $text = "Raspi-Webcam gestartet";
  my $ret = "";
  system("/bin/echo \"$text\" > /var/tmp/foto_nachricht.txt");
  system("/usr/bin/fswebcam -r 320x240 -i 0 -d /dev/video0 -v
/var/tmp/mailpic.jpg");
    Log 3, "rpiPhoto (fswebcam): $ret";
```

```
}

1;
# -----------------------------------------------------------------
```

Die Funktion von `99_klingelrpi.pm` bzw. von `rpiPhoto($)` prüfen Sie einfach per Aufruf im Befehlsfeld von FHEM. Geben Sie dort folgende Anweisung ein:

```
{rpiPhoto ("@")}
```

Jetzt wird mit *fswebcam* eine Aufnahme erstellt und im */var/tmp* Verzeichnis abgelegt. In der *fhem.cfg* fügen Sie für die Klingeltaste einen entsprechenden Notify hinzu:

```
# -----------------------------------------------------------------
# FS20 Klingel notify
define KlingelEnable dummy
# -----------------------------------------------------------------
define Klingel_Notify notify au_KlingelTaste {\
    if ( Value ("KlingelEnable") eq "1" ){\
      fhem("set KlingelEnable 0");;\
      fhem("delete KlingelTimer");;\
      rpiPhoto("@");;\
      fhem("define KlingelTimer at +00:00:40 set KlingelEnable 1");;\
      `/usr/local/bin/fhem2mail MAIL DOORBELL "Haustuere"`;;\
      Log 3, "Klingel-Status %, sende Nachricht via E-Mail/SMS";;\
      fhem("set au_KlingelTaste off");;\
      fhem("set au_KlingelTaste1 off");;\
    }\
}
# -----------------------------------------------------------------
```

Um diese `notify`-Funktion zu prüfen, geben Sie in der Befehlszeile von FHEM den folgenden Trigger-Aufruf ein:

```
trigger au_KlingelTaste on
```

Zunächst wird die Dummy-Variable `KlingelEnable` definiert. Wird die Klingeltaste gedrückt (`au_KlingelTaste`), setzt das Skript die Dummy-Variable und löscht einen eventuell vorhandenen Timer. Per Aufruf des Perl-Skripts `rpiPhoto("@")` wird umgehend die angeschlossene Kamera ausgelöst, was einerseits in einem Log-Eintrag vermerkt wird und andererseits die Aufnahme im Verzeichnis `/var/tmp/mailpic.jpg` sichert.

Um das Prellen zu verhindern, falls jemand Sturm klingelt, reicht der Versand einer E-Mail. Der `KlingelTimer` wurde auf 40 Sekunden gesetzt, das eigentliche Mailversandskript startet mit dem Aufruf `/usr/local/bin/fhem2mail MAIL DOORBELL "Haustuere"`. Zu guter Letzt wird der Log-Eintrag in FHEM geschrieben, und die beiden Flags der Klingelsignalerkennung werden auf den Wert `off` gesetzt.

Das Skript für den Mailversand prüft seinerseits, ob sich im Verzeichnis `/var/tmp/` die Datei `mailpic.jpg` befindet. Ist dies der Fall, wird das Kommando `/usr/bin/sendemail` mit dem Anhangparameter gesetzt. Falls nicht, erfolgt die Benachrichtigung eben ohne angehängtes Bild.

2.19 Der richtige Dreh: Heizung- und Temperatursteuerung mit dem Raspberry Pi

Die Temperaturen steigen, der Energiebedarf sinkt – diese Regel gilt auch umgekehrt: Wer richtig heizt und lüftet, der kann seinen Energieverbrauch zu Hause maßgeblich beeinflussen und somit bares Geld sparen. Denn wer die Raumtemperatur um nur ein Grad Celsius senkt, der spart bis zu fünf Prozent Energie ein. Gerade im Herbst und Winter werden rund 85 Prozent der in einem Durchschnittshaushalt benötigten Energie für die Wärmeerzeugung verbraucht, davon über 70 Prozent allein für die Raumheizung in der Wohnung. Wer seinen Heizbedarf jedoch klug einschätzt und die Temperaturen im Wohnbereich umsichtig steuert, der erspart sich nach Ende der Heizperiode eine horrende Heizkostennachzahlung.

Tatsächlich ist das einfacher als gedacht: Mit wenigen Regeln können der Energieverbrauch und damit auch die Kosten erheblich gesenkt werden, indem die vorhandene Technik mit dem geeigneten Zubehör und einem Raspberry Pi sinnvoll ergänzt und eingesetzt wird. Grundsätzlich hängen die Raumtemperatur und somit auch der Verbrauch und die Kosten davon ab, wie beispielsweise die Wohnung eingerichtet ist. Ist der Heizkörper hinter dicken, langen Gardinen oder Möbelstücken wie Sofas versteckt und findet somit so gut wie keine Zirkulation der erwärmten Luft statt, kann man sich das Hochdrehen der Heizung sparen.

Auch beim regelmäßigen Lüften gilt: Lieber kurz und effektiv als lang und nur ein bisschen. Sprich alle Fenster weit öffnen und nicht über Stunden in der Kippstellung belassen, da dann zu wenig Luftaustausch im Raum stattfindet. Die Thermostate der Heizung sollten während der Lüftungsphase heruntergeregelt werden, um nicht unnötig Wärme und somit Geld aus dem Fenster zu heizen. Hier hilft beispielsweise ein Tür-/Fensterkontakt, der automatisch beim Öffnen des Fensters bzw. der Tür die Ventilsteuerung des Heizkörpers reguliert. Wie das funktioniert und wie Sie den Raspberry Pi zum Geldsparen nutzen können, erfahren Sie jetzt.

2.19.1 Steckboard sei Dank: Temperaturmessung im Eigenbau

Jeder möchte trotz steigender Energiekosten Geld sparen und gleichzeitig die Behaglichkeit in den eigenen vier Wänden nicht verlieren. Um den Energieverbrauch besser unter Kontrolle zu haben, ist eine Temperaturüberwachung bzw. eine automatisierte Temperaturmessung in einem oder mehreren Räumen unerlässlich. So wird Ihnen selbst vor Augen geführt, wie das Nutzungsverhalten in Sachen Raumtemperatur zu den unterschiedlichen Tageszeiten ist. Befinden Sie sich nicht in einem Raum oder sind Sie nicht zu Hause, dann braucht dieser Raum auch nicht beheizt zu werden. Wird der Raum beispielsweise nur in den Abendstunden genutzt, dann hat es auch keinen Sinn, die Temperatur komplett herunterzuregeln und dann für ein paar Stunden zu heizen: Bis der Raum wie gewünscht die Wohlfühltemperatur erreicht hat, ist es schon wieder zu spät.

Mit dem Raspberry Pi können Sie mithilfe sogenannter 1-Wire-Sensoren für die Raumtemperaturen in Ihrem Zuhause ein umfangreiches Sensornetzwerk aufbauen. Alles, was Sie dazu brauchen, sind die Temperatursensoren Dallas DS18B20 zum Stückpreis von circa 2,20 Euro, einen Widerstand sowie ein entsprechend langes dreiadriges Kabel, das den Strom und das Datensignal überträgt. Der Temperatursensor DS18B20 von Dallas eignet sich für Messungen im Bereich –55 °C bis +125 °C und reicht somit für den normalen Hausgebrauch im Rahmen dieses Projekts aus.

Bild 2.108: Hier sollten Masse (links) und Spannung (rechts) nicht verwechselt werden. In der Mitte ist der Datenanschluss (DQ).

Der Begriff 1-Wire Bus ist etwas irritierend, da mindestens zwei Drähte benötigt werden – je nach Betriebsverfahren können es auch drei sein. Im sogenannten parasitären Modus wird der Masseanschluss (Ground) großzügigerweise nicht mitgezählt, die Spannungsversorgung erfolgt über die Datenleitung. In diesem Beispiel legen Sie die beiden äußeren Anschlüsse auf Masse und nutzen den mittleren Anschluss für die Spannungsversorgung sowie den Datenaustausch.

Bild 2.109: Selbstbauprojekt auf dem Steckboard: Für den Test und die Entwicklung passender Skripte lassen sich die benötigten Komponenten auf dem Steckboard verwenden.

In diesem Schaltungsbeispiel wurden die Sensoren jedoch über ein drittes Kabel separat mit Spannung versorgt, um etwaige Schwankungen auszuschließen. Jeder an den 1-Wire Bus angeschlossene Temperatursensor hat eine 16-bittige Adresse und ist dadurch weltweit eindeutig identifizierbar. Somit ist der Betrieb mehrerer Sensoren an einem Strang kein Problem, in unserem Testaufbau hatten wir 22 Sensoren erfolgreich an einem Bus im Betrieb.

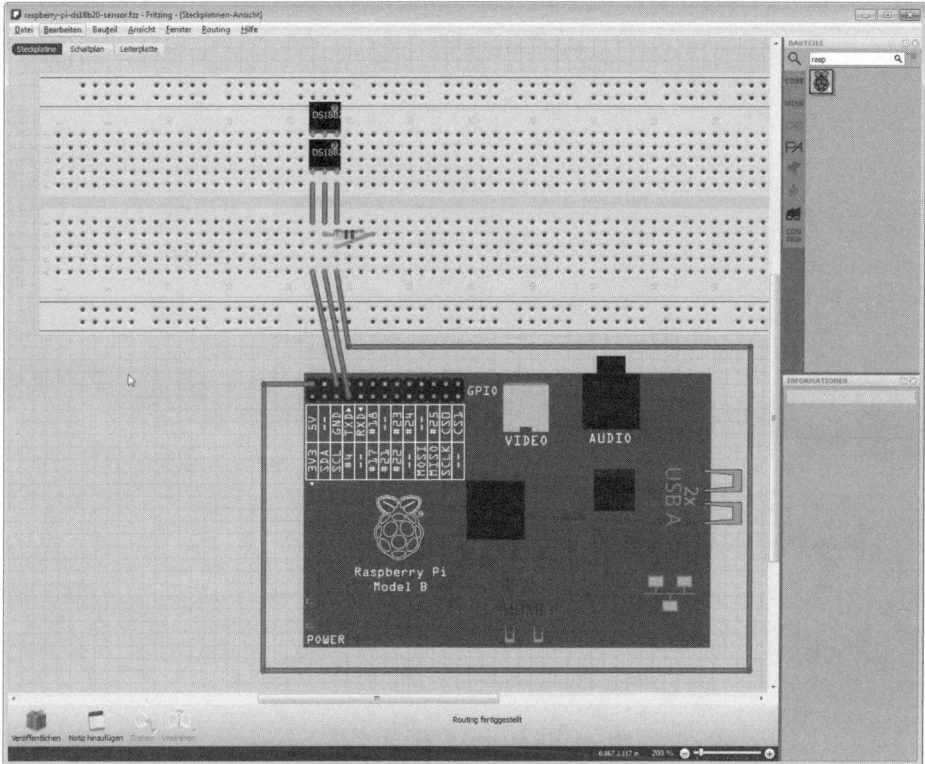

Bild 2.110: Die Schaltung selbst ist sehr simpel: Neben den Sensoren benötigen Sie ein dreiadriges Kabel sowie einen 4,7-kOhm-(kΩ-)Widerstand zwischen Daten- und Spannungsversorgungsdraht.

Wenn Sie das Datenblatt (*http://datasheets.maximintegrated.com/en/ds/DS18B20.pdf*) studieren, dann sehen Sie, dass bei Ansicht von unten (Beinchen deuten zu Ihnen) die Anordnung »Masse links – Daten-Pin – Spannungsversorgung« die richtige ist.

Raspberry Pi Pin	Raspberry Pi Pin-Bezeichnung	DS18B20 Pin	DS18B20 Pin-Bezeichnung
2	5V	3	Vdd
6	GND	1	GND
7	GPIO-4	2	DQ

Auf dem Steckboard stellt sich die Schaltung wie folgt dar:

Bild 2.111: Steckboard-Schaltung im Detail: Drei Reihen im Einsatz – hier wird der GPIO-4 mit der 5-V-Spannung über den Pullup-Widerstand verbunden. Die Masse wird direkt zum Sensor geführt.

Nach dem erfolgreichen Schaltungsaufbau nehmen Sie den Raspberry Pi in Betrieb und sprechen die angeschlossenen Sensoren über ihre individuelle Seriennummer an.

2.19.2 Temperatursensor in Betrieb nehmen

Mithilfe der Dallas-1-Wire-Bausteine der DS18B20-Familie lässt sich ein umfangreiches Sensornetzwerk am Raspberry Pi betreiben. An einem langen Kabel, das von Raum zu Raum geht, zweigen einfach die gewünschten Drähte zu den entsprechenden Sensoren ab. Bevor Sie die Sensoren jedoch in Betrieb nehmen können, müssen die passenden Kernel-Module geladen werden.

```
sudo modprobe w1_gpio
sudo modprobe w1_therm
```

Diese Kommandos laden das zusätzliche wire-Modul noch mit, vorsichtshalber prüfen Sie mit dem lsmod-Kommando, ob die Kernel-Module auch erfolgreich geladen wurden.

```
 pi@raspberrypi: ~
pi@raspberrypi ~ $ sudo modprobe wire
pi@raspberrypi ~ $ sudo modprobe w1_gpio
pi@raspberrypi ~ $ sudo modprobe w1_therm
pi@raspberrypi ~ $ lsmod
Module                  Size  Used by
w1_therm                2705  0
w1_gpio                 1283  0
wire                   23530  2 w1_gpio,w1_therm
cn                      4649  1 wire
rfcomm                 33663  0
bnep                   10514  2
bluetooth             157711  10 bnep,rfcomm
i2c_dev                 5587  0
snd_bcm2835            12808  0
snd_pcm                74834  1 snd_bcm2835
snd_seq                52536  0
snd_timer              19698  2 snd_seq,snd_pcm
snd_seq_device          6300  1 snd_seq
snd                    52489  5 snd_seq_device,snd_timer,snd_seq,snd_pcm,snd_bcm2835
snd_page_alloc          4951  1 snd_pcm
pl2303                 11771  0
usbserial              34545  1 pl2303
i2c_bcm2708             3681  0
pi@raspberrypi ~ $
```

Bild 2.112: Wer auf Nummer sicher gehen möchte, lädt das notwendige `wire`-Modul zunächst von Hand, um anschließend die Kernel-Module `w1_gpio` und `w1_therm` zu starten.

Nun prüfen Sie sicherheitshalber die Anzahl der verbauten Sensoren: Sind die Kernel-Module erfolgreich geladen, erfahren Sie über die Datei `/sys/devices/w1_bus_master1/w1_master_slave_count`, wie viele Sensoren am Raspberry Pi angeschlossen sind. Das ist vor allem bei mehreren angeschlossenen Sensoren sinnvoll.

```
cat /sys/devices/w1_bus_master1/w1_master_slave_count
```

Die eindeutigen Seriennummern (IDs) der erkannten Sensoren sind in der Datei `/sys/devices/w1_bus_master1/w1_master_slaves` geführt.

```
cat /sys/devices/w1_bus_master1/w1_master_slaves
```

Zusätzlich ist im Verzeichnis `/sys/devices/w1_bus_master1/` für jeden erkannten Sensor ein Unterverzeichnis vorhanden. Nach dem ersten Check möchten wir nun auf der Konsole herausfinden, ob der Temperaturfühler überhaupt funktioniert und wie viel Grad Celsius derzeit gemessen werden.

2.19.3 Funktion des Temperatursensors prüfen

Um nun einen oder mehrere Messwerte aus dem angeschlossenen Sensor auszulesen, lassen Sie sich auf der Konsole einfach die Datei `w1_slave` im entsprechenden Unterverzeichnis von `/sys/devices/w1_bus_master1/` anzeigen, um den aktuellen Messwert des Sensors anzuzeigen.

```
cat /sys/devices/w1_bus_master1/10-0008028a8706/w1_slave
aa 00 4b 46 ff ff 0c 10 ed : crc=ed YES
aa 00 4b 46 ff ff 0c 10 ed t=85000
```

Neben dem Messwert liefert das `cat`-Kommando noch andere Werte aus der Datei. Es fällt unschwer auf, dass die Temperatur von 85 Grad doch schon etwas zu hoch ist – das ist nämlich der Initialwert beim Sensorstart nach dem Einschalten des Raspberry Pi. Ändert sich der Wert nicht, deutet dies auf einen falsch bestückten Widerstand hin, denn für das Funktionieren der Schaltung muss hier ein 4,7-kΩ-Widerstand verwendet werden.

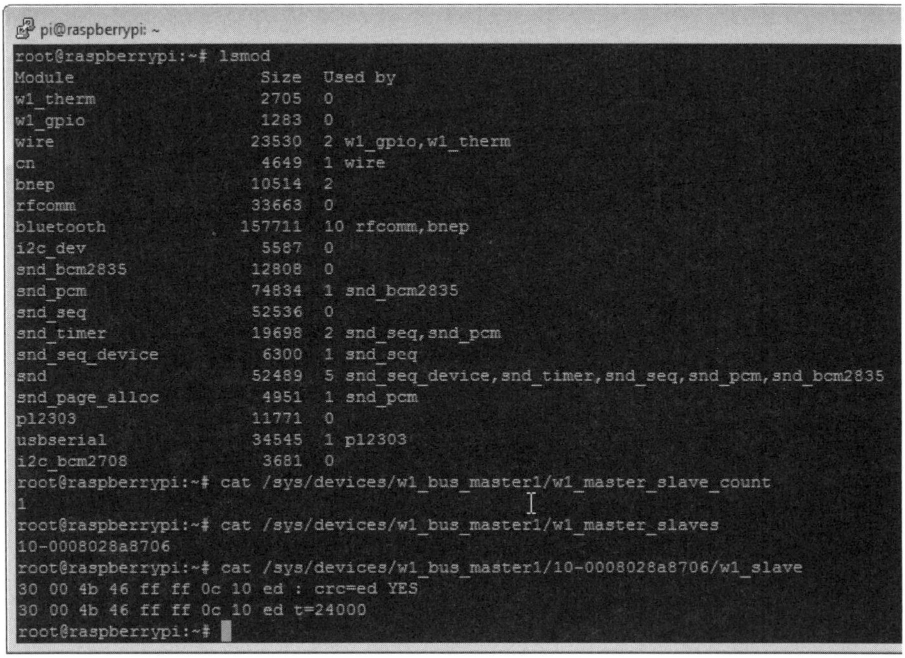

Bild 2.113: Um die Ansicht auf die Temperaturwerte einzugrenzen, nutzen Sie `grep` gekoppelt mit `awk`.

Mit dem gemeinsamen Einsatz von `grep` und `awk` schneiden Sie die überflüssigen Zeichen weg und geben den Wert neben dem String `'t='` auf der Konsole aus:

```
grep 't=' /sys/bus/w1/devices/w1_bus_master1/10-0008028a8706/w1_slave | awk
-F 't=' '{print $2}'
```

Nun wird der Temperaturwert allein ausgeworfen, jedoch in einem schlecht lesbaren Format – Tausendstel Grad Celsius interessieren vielleicht User mit Forschungsambitionen, sind aber hier etwas »zu gut« gemeint. Um nun den Messwert durch 1000 teilen zu können, wird es etwas trickreich: Verwenden Sie entweder ein Skript, um den Wert entsprechend umzuwandeln und für die Bildschirmanzeige aufzubereiten, oder installieren Sie den Kommandozeilenrechner *bc* nach, mit dem Sie die Ausgabe numerisch verwenden können. Mit dem Kommando `sudo apt-get install bc` installieren Sie den Rechner nach.

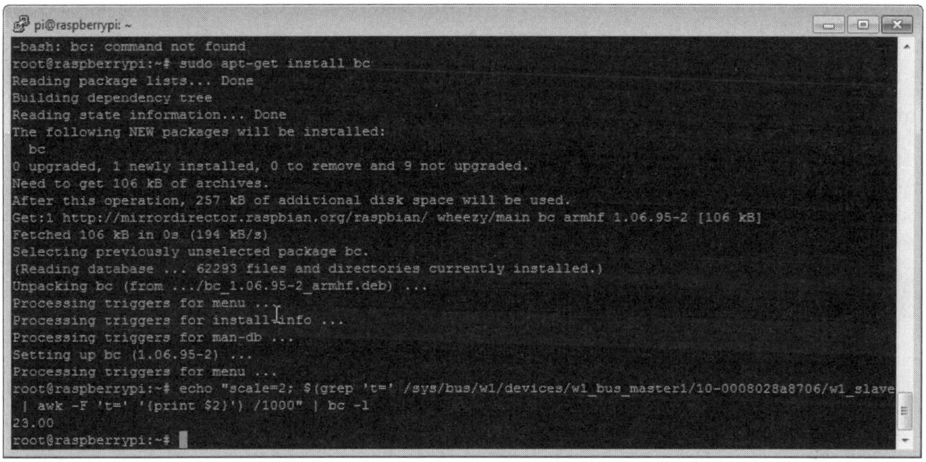

Bild 2.114: Temperaturausgabe in der Konsole: Hier wird eine Temperatur von genau `23.00` °C gemessen.

Nach der Installation von *bc* kann durch folgenden Befehl der Messwert ausgelesen, umgerechnet und angezeigt werden:

```
echo "scale=2; $( grep 't=' /sys/bus/w1/devices/w1_bus_master1/10-
0008028a8706/w1_slave | awk -F 't=' '{print $2}') / 1000" | bc -l
```

Auch wenn sich grundsätzlich das meiste in einen Einzeiler zusammenpacken lässt, ist hier in Sachen Konvertierung, Rechenoperationen und Weiterverarbeitung der Messergebnisse die Nutzung eines Skripts bzw. Programms sicherlich sinnvoller. Auf den nächsten Seiten finden Sie dazu Perl- und Python-Beispiele. Doch zunächst konfigurieren Sie den Raspberry Pi so, dass die notwendigen Kernel-Module automatisch beim Start geladen werden.

2.19.4 Kernel-Module automatisch laden

Für den automatischen Start der Kernel-Module nach einem Neustart des Raspberry Pi sorgen die in der Konfigurationsdatei `/etc/modules` eingetragenen Module. Sie brauchen diese nur mit administrativen Berechtigungen und dem Kommando

```
sudo nano /etc/modules
```

zu öffnen und am Dateiende folgende Zeilen einzufügen:

```
w1_gpio
w1_therm
```

Anschließend sichern Sie die Konfigurationsdatei. Nach einem Neustart des Raspberry Pi werden die beiden Module automatisch geladen, das Abfragen der Temperaturwerte kann nun wie beschrieben ohne Umwege direkt per Shell oder Programm erfolgen.

2.19.5 Heizungsverbrauch messen und dokumentieren

Im Falle der Verbrauchsmessung an einem Heizungsrohr wird zunächst die Temperatur direkt an der Zuleitung in die Wohnung bzw. ins Haus gemessen. Der zweite Temperaturfühler ist am Ende des Heizungskreislaufs beim Rücklauf angebracht. Die Differenz zwischen gemessener Ein- und Ausgangstemperatur stellt demnach die genutzte Verlustwärme und somit den Verbrauch dar. Dieses Differenzmessverfahren benötigt somit insgesamt zwei Sensoren – einen für den Zulauf und einen für den Rücklauf des Heizungsstrangs.

Temperaturmessung mit Perl

Mit wenigen Zeilen Skriptcode (hier: `tempsensor.pl`) kommen Sie auch an das Ziel, hier haben Sie zudem die Möglichkeit, mehrere Sensoren auf einmal abzufragen und anschließend deren Werte anzeigen zu lassen:

```perl
#!/bin/perl
# ---------------------------------------------------------------
# Smart-Home mit Raspberry Pi-Projekte
# E.F.Engelhardt, Franzis Verlag, 2013
# ---------------------------------------------------------------
# Funktion tempsensor.pl
#
@tempsensor = `cat /sys/bus/w1/devices/w1_bus_master1/w1_master_slaves`;
chomp(@tempsensor);
foreach $line(@tempsensor) {
 $tempausgabe = `cat /sys/bus/w1/devices/$line/w1_slave`;
 # Temperatur herausparsen
 $tempausgabe =~ /t=(?<temp>\d+)/;
 # und durch 1000 teilen
 $calc = $+{temp} / 1000;
 print "Sensor ID: $line, Temperatur: $calc ° Grad Celsius\n";
}
# ---------------------------------------------------------------
```

Zunächst werden die Temperatursensoren in das Array `tempsensor` geladen, und per `chomp()` wird der Zeilenvorschub (`\n`) am Ende des Strings entfernt. Anschließend werden die Sensoren zeilenweise abgefragt, die Temperatur wird ausgelesen und per `foreach`-Schleife ausgegeben.

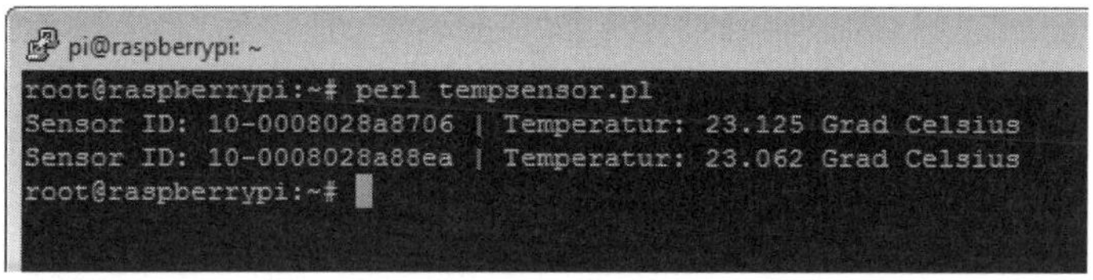

```
pi@raspberrypi: ~
root@raspberrypi:~# perl tempsensor.pl
Sensor ID: 10-0008028a8706 | Temperatur: 23.125 Grad Celsius
Sensor ID: 10-0008028a88ea | Temperatur: 23.062 Grad Celsius
root@raspberrypi:~#
```

Bild 2.115: Schnellübersicht per Perl: Mit dem kleinen Skript geben Sie die Namen samt gemessener Temperatur der Sensoren aus.

Alternativ nutzen Sie statt eines Perl-Skripts die auf dem Raspberry Pi beliebte Skriptsprache Python. Gerade auf dem Raspberry Pi zeichnet sich Python durch die breite Unterstützung der Usergemeinde als Standardwerkzeug aus.

Temperaturmessung mit Python

Das nachstehende Beispielskript können Sie nach Belieben ändern und erweitern. Grundsätzlich ist wichtig, dass die Treiber w1_gpio und w1_therm geladen sind, damit das Skript funktioniert. Mit Python gehen Sie ähnlich wie mit Perl vor. In diesem Beispiel wurden die IDs der eingesetzten Sensoren durch sprechende Bezeichnungen wie Wohnzimmer-Fenster ersetzt. Anschließend wird die Datei /sys/devices/w1_bus_master1/w1_master_slaves geöffnet, zeilenweise ausgelesen, in die Variable zeile geschrieben und anschließend auseinandergeparst. Der nächste Schritt ist optischer Natur – es wird eine übersichtliche, tabellenähnliche Ausgabe auf der Konsole demonstriert.

```python
# -*- coding: utf-8 -*-
#!/usr/bin/python
# --------------------------------------------------------------------
# Smart-Home mit Raspberry Pi-Projekte
# E.F.Engelhardt, Franzis Verlag, 2013
# --------------------------------------------------------------------
# Funktion tempsensor.py
#
# Import sys module
import sys
import os
from time import *
# Vorausetzung hier:
# -> sudo modprobe w1_gpio
# -> sudo modprobe w1_therm

def main():
# 1-wire Geraeteliste:
# oeffnen, einlesen und schliessen
 datei = open('/sys/devices/w1_bus_master1/w1_master_slaves')
 w1_slaves = datei.readlines()
 datei.close()
```

```
# Tabellenausgabe formatieren
os.system("clear")
print(' Datum-Uhrzeit          | Celsius | Sensor (ID) ')
print('------------------------------------------------------------')
# Fuer jedes gefundene Geraet..
for zeile in w1_slaves:
  # Auseinanderparsen..
  w1_slave = zeile.split("\n")[0]
  # entsprechende w1_slave-Datei des jeweiligen Device oeffnen
  datei = open('/sys/bus/w1/devices/' + str(w1_slave) + '/w1_slave')
  # und lesen
  dateiinhalt = datei.read()
  # dann schliessen
  datei.close()
  # Temp auslesen in der zweiten Zeile, 9te Element
  tempwert = dateiinhalt.split("\n")[1].split(" ")[9]
  # Typumwandlung, den Tausender entfernen
  tempsensor = float(tempwert[2:]) / 1000
  # Temperatur ausgeben
  # 10-0008028a8706 = Wohnzimmer-fenster
  print(strftime("%d.%m.%Y") + ' um '+ strftime("%H:%M:%S") + ' | %4.2f
ï¿½C' %tempsensor  + ' | ' + sensorname(w1_slave)  )

#
# Sensorbeschriftung falls mehrere im Einsatz
def sensorname(str):
  if str == '10-0008028a8706':
   retstr='WZ-Sensor'
  elif str == '10-0008028a8707':
   retstr='WZ-Sensorfenster'
  elif str == '10-0008028a88ea':
   retstr='Kellerwand'
  elif str <> '':
   retstr=str
 return retstr

if __name__ == '__main__':
        main()
sys.exit(0)
# ------------------------------------------------------------
```

Neben dem Datum und der Uhrzeit zeigt das Skript die gemessene Temperatur sowie die Bezeichnung des Temperatursensors an.

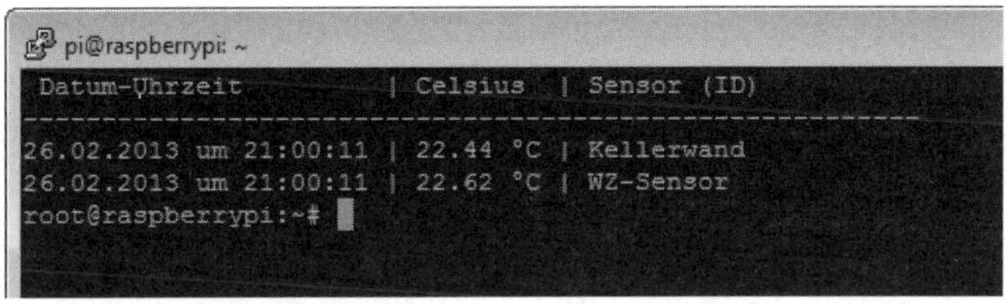

```
pi@raspberrypi: ~
Datum-Uhrzeit          | Celsius | Sensor (ID)
----------------------------------------------------
26.02.2013 um 21:00:11 | 22.44 °C | Kellerwand
26.02.2013 um 21:00:11 | 22.62 °C | WZ-Sensor
root@raspberrypi:~#
```

Bild 2.116: Übersichtlich: Mit einem kleinen Skript erhalten Sie eine Kurzübersicht über die aktuelle Temperatur. Je nachdem, wie häufig Sie das Skript starten (lassen), können Sie den Temperaturverlauf auch über ein gewisses Zeitfenster hinweg dokumentieren.

Wer das Skript regelmäßig ausführen lassen möchte, nutzt einfach die eingebaute crontab-Funktion von Linux. Dafür legen Sie das Skript im Verzeichnis /usr/local/ bin/ ab und definieren im nächsten Schritt einen automatischen Start in einer Konfigurationsdatei, die Shell-Befehle regelmäßig nach einem bestimmten Zeitplan startet. Die crontab-Datei finden Sie im /etc-Verzeichnis. Durch das Hinzufügen von

```
*/5 * * * * /usr/bin/python /usr/local/bin/tempsensor.py
```

in der crontab-Datei sorgen Sie beispielsweise dafür, dass das Skript tempsensor.py alle fünf Minuten automatisch ausgeführt wird. Möchten Sie hingegen das Skript zehn Minuten nach jeder vollen Stunde starten, nutzen Sie dafür den Eintrag

```
10 * * * * /usr/bin/python /usr/local/bin/tempsensor.py
```

in der crontab-Datei. Liegen Ihnen genaue Informationen darüber vor, in welchem Raum welche Temperaturwerte herrschen, können Sie der Sache gezielt auf den Grund gehen bzw. gegensteuern. Dafür bieten sich vor allem elektronische Heizungsventile an.

2.20 Gesund und sparsam heizen statt Geld verheizen

Kontra Schimmelalarm: Gerade bei Neubauwohnungen oder nach dem Einbau neuer Fenster sind diese in der Regel zu dicht. Das heißt: Ist das Fenster geschlossen, bleibt die Feuchtigkeit im Raum. Gerade bei Räumen wie Küche oder Bad sollten Sie daher auf das richtige Heiz- und Lüftungsverhalten achten. Sind einmal die Scheiben angelaufen und entdecken Sie innen an den Fenstern Feuchtigkeit oder gar Schimmelflecken, sollten Sie schnellstens handeln.

Dazu benötigen Sie eine gesunde Mischung aus Hoch- und Herunterdrehen der Heizung sowie Lüften des Wohnraums. Grundsätzlich sollten auch die Zimmertüren nicht immer alle geschlossen sein, damit die Luft innerhalb der Wohnung zirkulieren kann. Aus Kostengründen können Sie jedoch nicht jeden Raum auf Anschlag rund um die Uhr beheizen – vor allem dann nicht, wenn Sie tagsüber gar nicht zu Hause sind.

Das Rätsels Lösung liegt in der Anschaffung elektronischer Heizkörperthermostate. Diese sind vom prinzipiellen Aufbau her nahezu identisch, egal ob es sich um FS20, HomeMatic oder eine andere Funktechnologie handelt. Der Vorteil solcher Sets ist es, dass sie sich einerseits in die heimische Steuerzentrale, den Raspberry Pi, leicht integrieren lassen, andererseits auch ohne Zentrale für sich allein funktionieren. Die Thermostate können Sie ohne Heizungsmonteur und großen Aufwand selbst anschrauben, die gewünschten Temperaturen vorab einstellen und die Heizung automatisch regulieren lassen.

Gerade in Kombination mit einem Tür-/Fensterkontakt haben Sie hier weniger Aufwand und sparen somit doppelt: Meldet etwa der Tür- oder der Drehkontakt ein offenes Fenster, dann reguliert der elektronische Thermostat die Soll-Temperatur für den Raum automatisch. So ist gewährleistet, dass Sie beim Lüften nicht Geld zum Fenster hinausheizen, falls Sie einmal vergessen haben, das Fenster wieder zu schließen. Andererseits erreichen Sie so mehr Wohnkomfort.

Durch den geschickten Einsatz eines Zeitplans für jeden Funkthermostaten lassen sich die Heizkörper automatisch auf Wohlfühltemperatur bringen und wieder auf eine Basis-Soll-Temperatur herunterdrosseln. Gerade in den Wintermonaten ist es bei hermetisch geschlossenen Fenstern immer empfehlenswert, den Raum bzw. die Wohnung nicht ganz auskühlen zu lassen und zusätzlich regelmäßig zu lüften. Es ist besser, ein Fenster für zehn Minuten ganz öffnen, als es eine Stunde lang gekippt zu halten, besonders wenn die Luft draußen trocken und kalt ist.

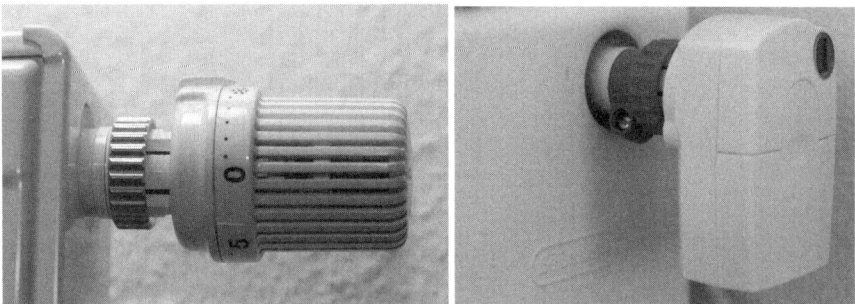

Bild 2.117: Vorher und nachher: Die alte Reglereinheit (linke Abbildung) wird durch eine elektronische Funklösung (untere Abbildung) ersetzt.

In der nachstehend beschriebenen Lösung nutzen wir das von ELV und anderen Händlern vertriebene Heizungsset, bestehend aus der Regeleinheit FHT 80B, dem Thermostaten FHT 8V und dem Tür-Fenster-Kontakt FHT 80TF. Der Vorteil ist, dass diese Kombination auch autark, für sich allein, funktioniert, falls der Raspberry Pi einmal ausgeschaltet ist. Ist der Raspberry Pi in Betrieb, können Sie die beiden Techniken per Funk koppeln und die Steuerung des Heizkörpers ergänzend parallel über den Raspberry Pi erledigen.

Grundsätzlich wird der Raspberry Pi mit der Regeleinheit FHT 80B gekoppelt, die ihrerseits die Befehle vom Raspberry innerhalb von circa zwei Minuten an den Thermostaten weiterreicht. Die passende Gegenstelle am Ventilantrieb reguliert dann entsprechend das Heizventil am Heizkörper. Außerdem meldet die Regeleinheit FHT 80B die derzeitige Raumtemperatur und andere Dinge an den Raspberry Pi zurück.

2.20.1 Funkheizkörpermodule im Einsatz

Um eine solche Funklösung mit dem Thermostaten FHT 8V zu montieren, entfernen Sie zunächst den alten Drehregler am Heizkörper. Für den Anschluss des neuen Thermostaten FHT 8V sind Adapter im Lieferumfang. Bei fest sitzenden Schrauben nutzen Sie eine Wasserpumpenzange, um den alten Drehthermostaten zu demontieren.

Bild 2.118: Der alte Drehthermostat wird gegen den Uhrzeigersinn vom Ventil herunter- geschraubt. Anschließend wird der Anschlussadapter für den Funkthermostaten aufgezogen.

Beim Aufsetzen des Adapters achten Sie darauf, dass dieser auch richtig auf dem Ventil sitzt und per Mutter und Schraube anschließend befestigt werden kann. Grundsätzlich gibt es verschiedene Ventiltypen, wie RAVL, RA und RAV, für die ELV die passenden Adapter beilegt. In diesem Beispiel wird der RA-Adapter montiert – anders als in der Abbildung muss er richtig fest am Ventil fixiert sein. Anschließend lässt sich der Funkthermostat auf den Adapter setzen. Durch das Drehen der Überwurfmutter von Hand schrauben Sie den Funkventilantrieb fest auf das Ventil des Heizkörpers.

Bild 2.119: Erst wenn der Adapter korrekt montiert ist, lässt sich der neue Funkthermostat per Hand befestigen.

Nach dem Montieren entfernen Sie den Batteriefachdeckel des Funkthermostaten und setzen die mitgelieferten Batterien in das Batteriefach ein. Hier beachten Sie unbedingt die im Fach markierte Polarität und legen die Batterien richtig herum ein, um eventuelle Einflüsse auf die Funkelektronik zu verhindern. Anschließend zeigt ein nicht einmal zwei Cent großes Display des Funkthermostaten die Ausgabe *C1*, gefolgt von einer zweistelligen Zahl, anschließend *C2* und nochmals eine zweistellige Zahl. Beide geben den aktuell gespeicherten zweiteiligen Sicherheitscode des FS20-Systems des Funkthermostaten an. Notieren Sie sich diesen Sicherheitscode. Danach folgt ein Signalton, und im Display ist die Anzeige *A1* und nach einem kurzen Augenblick *A2* zu sehen.

Bild 2.120: Erfolgreich am Heizkörper installiert: Im nächsten Schritt koppeln Sie den Funkthermostaten mit der Steuereinheit FHT 80B.

Drücken Sie kurz die Taste zwischen den Batterien, bis im Display der Eintrag *A3* zu sehen ist. Dabei wird das Ventil komplett geschlossen und die Funkverbindung aktiviert.

Anschließend sollte auf dem Display ein Funkantennensymbol sowie der Eintrag *0%* zu sehen sein.

2.20.2 Steuereinheit mit dem Funkthermostaten verheiraten

Um in einem Haushalt mehrere Funksysteme und auch Heizkörperthermostate unabhängig voneinander einsetzen zu können, hat jeder Funkthermostat einen eigenen zweiteiligen Sicherheitscode, den Sie nun mit der Steuereinheit FHT 80B verheiraten. Dazu nutzen Sie den notierten Steuercode des Funkthermostaten FHT 8V auch in der Steuereinheit. Grundsätzlich muss bei allen Geräten, die mit einer Steuereinheit von Typ FHT 80B geschaltet werden sollen, ein und derselbe Sicherheitscode eingestellt sein.

Haben Sie mehrere Ventilantriebe mit der Steuereinheit im Einsatz, dann muss der Sicherheitscode verändert bzw. neu übertragen werden. Dazu drücken Sie auf der Steuereinheit FHT 80B so lange die PROG -Taste, bis in der Anzeige *Sond* erscheint. Anschließend wählen Sie mit dem Drehrad rechts oben die Sonderfunktion *CodE* aus. Nach dem Bestätigen per PROG -Taste lässt sich der erste Teil des neuen Codes einstellen. Nach dem erneuten Drücken der PROG -Taste legen Sie wieder durch das Drehrad den zweiten Teil des Sicherheitscodes fest und drücken die PROG -Taste erneut, um die Einstellungen zu sichern.

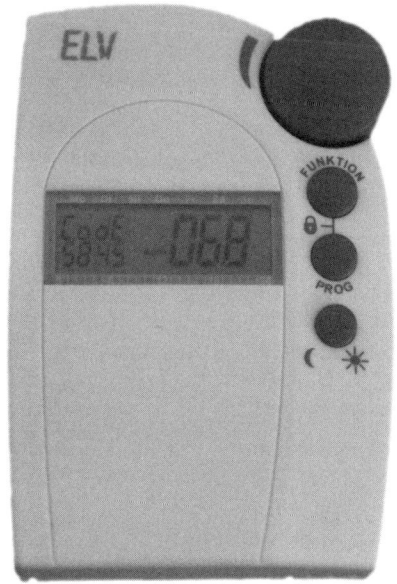

Bild 2.121: Synchronisation: Der Funkthermostat muss in den Programmier-Mode geschaltet werden, um mit dem FHT-ID-Code der Steuereinheit gekoppelt zu werden.

Nach dem Neusetzen des Codes erfolgt das Synchronisieren des (ersten) Funkthermostaten (001 im Display) auf den neu eingestellten Gerätecode. Entfernen Sie den Batteriefachdeckel und betätigen Sie die Taste des Ventilantriebs für circa drei Sekunden, bis drei Signaltöne zu hören sind. Nun ist der Ventilantrieb empfangsbereit

(Display AC). Durch das Drücken der $\boxed{\text{PROG}}$-Taste wird dann der Sicherheitscode von der Steuereinheit zum Funkventil übertragen. Nach einem kurzen Moment bestätigt der Funkthermostat den neuen Code.

2.20.3 Kopplung mit Fenster und Türen

Neben dem Raspberry Pi ist der FHT 80B-Sender auch in Verbindung mit bis zu vier Tür-Fenster-Kontakten FHT 80TF. Diese melden sich alle paar Minuten mit ihrem Status beim FHT 80B-Sender. Ist beispielsweise eine Tür oder ein Fenster geöffnet, regelt die Steuereinheit automatisch die Temperatur auf den festgelegten Wert herunter.

Bild 2.122: Knockin' on Heaven's Door: Durch den verbauten Magneten/Reed-Schalter sorgt das Öffnen des Fensters bzw. der Tür für einen Funkimpuls an das Steuermodul FHT 80B.

Diese Tür-/Fensterkontakte lassen sich prinzipiell auch für den spartanischen Aufbau einer einfachen Alarmanlage nutzen, in der Praxis ist diese Lösung jedoch zu fehler-anfällig und meist zu unzuverlässig. Wird der Tür-/Fensterkontakt ausschließlich zur Temperaturüberwachung und Steuerung genutzt, misst die Regeleinheit zunächst die aktuelle Temperatur und vergleicht diese entweder mit der von Hand oder per Raspberry Pi vorgegebenen Soll-Temperatur. Aus der Differenz errechnet die Regeleinheit, wie weit das Ventil geöffnet oder geschlossen werden muss, um die gewünschte Soll-Temperatur zu erreichen.

2.20.4 Heizungsreglereinheit mit Raspberry Pi koppeln

Egal, ob Sie den beschriebenen FS20-Funkset-Thermostaten FHT 80B, FHT 8V, FHT 80TF aus dem Hause ELV, einen baugleichen von Conrad, Aldi/Medion etc. oder eine HomeMatic-Lösung nutzen, um die Steuereinheit mit dem Raspberry Pi zu koppeln, benötigen Sie entsprechendes Zubehör in Form eines Funkmoduls, das die Kommunikation zu den entsprechenden Komponenten im Haushalt wie Heizung, Tür-/ Fenster-Kontakten, Steckdosen und dergleichen erledigt.

Dafür gibt es, wie könnte es anders sein, verschiedene Standards von unterschiedlichen Herstellern. Grundsätzlich suboptimal, doch mit einem CUL- oder COC-Modul für den Raspberry Pi decken Sie hier die wichtigsten Standards im 433/868-MHz-Bereich ab. Über den integrierten Funkempfänger der FHT 80B-Sendereinheit wird eine bidirektionale Funkverbindung zum COC- oder CUL-Modul des Raspberry Pi aufgebaut. Damit können Sie nun die Änderungen der Temperatureinstellungen auch über den Computer, das Smartphone oder automatisch nach Zeitplan über FHEM vornehmen.

Damit das funktioniert, muss der FHT 80B-Sender mit FHEM gekoppelt werden. Hierzu stellen Sie beim FHT 80B-Sender per $\boxed{\text{PROG}}$-Taste und Stellrad bei Sonderfunktionen den *cENT*-Eintrag auf *n/a* um und senden beispielsweise eine Temperaturänderung zum FHT 80B-Sender. Nach kurzer Zeit sollte der *cENT*-Eintrag auf den Wert *ON* gewechselt haben, in diesem Fall ist der Raspberry Pi über FHEM mit dem FHT 80B-Sender verbunden. Grundsätzlich dauert die Verarbeitung des Senders immer etwas: Der FHT 80B nimmt nur alle *115+X* Sekunden einen Schaltbefehl entgegen.

Die Variable X steht hier für den halbierten, letzten Bytewert des definierten FHT-Haus-/ Sicherheitscodes. Besitzt der FHT 80B zum Beispiel den Sicherheitscode 3456, dann errechnet sich die Wartezeit $115 + 0,5 * 6 = 115 + 3 = 118$ Sekunden = knapp zwei Minuten. Werden also über FHEM bzw. den Raspberry Pi beispielsweise zwei Heizkörper über den FHT 80B gesteuert, dauert es mindestens fünf Minuten, bis die Temperaturänderung angetriggert wird. In FHEM selbst, also in der Konfigurationsdatei */etc/fhem.cfg* auf dem Raspberry Pi, wird der Funkthermostat bzw. der dazugehörige Regler grundsätzlich wie in folgendem Beispiel definiert:

```
# -------------------------------------------------------------------
define arb_Heizung FHT 3456
attr arb_Heizung retrycount 3
attr arb_Heizung room Arbeitszimmer
# -----------
define FileLog_arb_Heizung FileLog /var/log/fhem/arb_Heizung-%Y.log
arb_Heizung
attr FileLog_arb_Heizung logtype fht:Temp/Act,text
attr FileLog_arb_Heizung room FHT
# -----------
define weblink_arb_Heizung weblink fileplot FileLog_arb_Heizung:fht:CURRENT
attr weblink_arb_Heizung label "arb_Heizung Min $data{min1}, Max
$data{max1}, Last $data{currval1}"
attr weblink_arb_Heizung room Plots
# -------------------------------------------------------------------
```

Zunächst wird der FHT, mit der eindeutigen Kennung 3456 und dem gewünschten Namen (hier: Arbeitszimmer) definiert, zugeordnet. Optional, jedoch empfehlenswert ist die Definition und optional ist die Anzahl der Wiederholversuche für das Schreiben der Log-Datei sowie die optische Aufbereitung der Verbrauchskurve über die *weblink*-Definition.

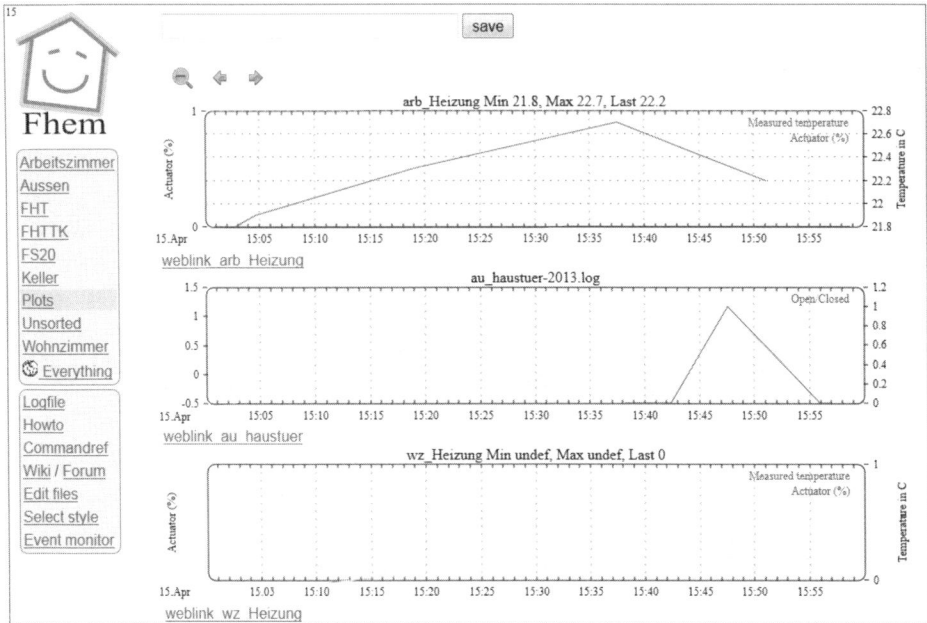

Bild 2.123: Durch die *weblink*-Definition in FHEM wird der Temperaturverlauf optisch ansprechend dargestellt.

Nach der Grundinstallation der Heizungsreglereinheiten und Darstellung der Verbrauchswerte in FHEM kommen Sie zum nächsten Meilenstein der Heimautomation – der automatischen Steuerung der Heizungsreglereinheiten.

2.20.5 Temperaturen in Haus und Wohnung steuern

Die automatische Steuerung der Heizungsreglereinheiten über FHEM erfolgt in diesem Beispiel umgehend über die gekoppelten FHT-Thermostate und somit nur indirekt über die Ventilantriebe (FHT8V). Diese werden autark und direkt von den FHT-Thermostaten gesteuert. Sie brauchen sich nach der Grundeinrichtung nicht mehr darum zu kümmern. Im nächsten Schritt definieren Sie einen Dummy-Schalter für alle angeschlossenen Heizungsthermostate, mit dem Sie beispielsweise alle Heizungsreglereinheiten mit einem Kommando ein- und ausschalten können.

Hierzu gibt es im Wiki von FHEM (*www.fhemwiki.de*) und in den Google-Newsgroups zig Beispiele und Konfigurationsvorschläge, anhand derer Sie umgehend loslegen können. Das nachfolgende Beispiel nutzt als Grundgerüst eine einfache Heizungssteuerung, die sich mit wenigen Handgriffen und Perl-Kenntnissen auf die persönliche Umgebung zuschneiden lässt.

```
# ------------------------------------------------------------------------
define keller_heizung dummy
attr keller_heizung room Keller
# ------------------------------------------------------------------------
define keller_heizung_notify notify keller_heizung {\
my $brauche_waerme=0;;\
my $ventile_im_leerlauf=0;;\
# buchstaben nach binaer wandeln
my
$keller_heizung_status=$fs20_c2b{ReadingsVal("keller_heizung","state","off")
};;\
my @@fhts=devspec2array("TYPE=FHT");;\
foreach(@@fhts) {\
   my $ventil=ReadingsVal($_, "actuator", "101%");;\
   $ventil=(substr($ventil, 0, (length($ventil)-1)));;\
   if ($ventil > 50) {\
     $brauche_waerme=1\
   }\
   if ($ventil < 20) {\
     $ventile_im_leerlauf++\
   }\
  }\
if ($brauche_waerme != 0) {\
   Log(3,"Wärme benoetigt. Vorheriger Heizungsstatus: " .
$keller_heizung_status);;\
   fhem("set keller_heizung on") if ($heizung_status == 00)\
  }
  else {\
   if ($ventile_im_leerlauf == @@fhts) {\
     Log(3,"Keine Wärme (mehr) benoetigt. Vorheriger Heizungsstatus: " .
$keller_heizung_status);;\
     fhem("set keller_heizung off") if ($keller_heizung_status == 11)\
   }
   else {\
     Log(3,"Heizbedarf: " . $ventile_im_leerlauf . " von " . @@fhts . "
Heizkörper im Leerlauf.")\
   }\
  }\
}
# ------------------------------------------------------------------------
```

Wenn Sie statt des beschriebenen FHT-Funkthermostaten zu Hause das HomeMatic Funk-Wandthermostat und das Funk-Stellantrieb-Set HM-CC-TC einsetzen, dann ersetzen Sie im dargestellten Code die Variable @@*fhts* durch @*HMCCTC* und nutzen statt der Zeile

```
my @@fhts=devspec2array("TYPE=FHT");;\
```

die Array-Definition

```
my @HMCCTC=devspec2array("model=HM-CC-TC");;\
```

Um nun die oben aufgeführte Ergänzung in FHEM zu aktivieren, starten Sie FHEM per `shutdown restart` im Befehlsfenster neu und testen anschließend das erstellte `notify`-Konstrukt. Mit der folgenden Eingabe in der FHEM-Befehlszeile triggern Sie das erstellte Makro an.

```
define at_keller_heizung at +*00:20:00 trigger keller_heizung_notify
```

In diesem Beispiel wird das Kommando alle zwanzig Minuten ausgeführt. Das Pluszeichen sorgt dafür, dass der Befehl in 20 Minuten ausgeführt wird, der Stern sorgt für die regelmäßige Wiederholung des Befehls. Naturgemäß sollten Sie diesen Wert in der Praxis sogar noch etwas höher setzen, um die Häufigkeit des Ein- und Auschaltens der Heizung zu reduzieren.

2.21 Raspberry Pi als Ninja: Ninja Blocks 2.0 pimpen

Ninja Blocks ist aus einem Kickstarter-Projekt entstanden und seit Januar 2013 mittlerweile in der Version 2.0 verfügbar. Im Wesentlichen sind die Ninja Blocks ein oder mehrere Mini-Rechner in einer Plastikbox, die mit Sensoren und Aktoren verbunden sind. Je nach festgelegtem Regelwerk führt die Box bestimmte Dinge durch. Beispielsweise erhalten Sie, ausgelöst durch den Bewegungsmelder oder den Türkontakt, über den integrierten Ninja Cloud-Dienst eine E-Mail oder eine SMS auf Ihr Smartphone, dass die Tür geöffnet wurde.

Bild 2.124: Preiswerter Einstieg in die Heimautomation: viel China-Plastik, jedoch geschickt und durchdacht gekoppelt – Bewegungsmelder, Funktürklingel, Ninja Block, Funktür-/-fensterkontakt mit Antenne, Temperatur-/Feuchtigkeitssensor (von links nach rechts).

Das in diesem Buch beschriebene Komplettpaket enthält einen Bewegungsmelder, einen Tür-/Fensterkontakt, einen Temperatur- und Feuchtigkeitssensor, eine Funktürklingel sowie eine Ninja-Block-Steuereinheit für 199 US-$. Es kann direkt über *http://ninjablocks.com* bezogen werden. Sämtliche Komponenten funken über 433 MHz und haben in der Regel ihre eigene Stromversorgung in Form von Batterien – der Ninja Block natürlich über ein Steckernetzteil – dabei. Die Steuerung erfolgt über den Ninja Block, der sich nach Öffnen des Gehäuses als ein gepimptes Arduino/BeagleBone-Board herausstellt.

2.21.1 Ninja Blocks 2.0 in Betrieb nehmen

Für die Konfiguration des Ninja Blocks ist zunächst die Nutzung des eingebauten Ethernet-Anschlusses nötig, um die Netzwerkumgebung und den beigefügten USB-WLAN-Adapter einzurichten. Dadurch sparen Sie sich das Verlegen von Netzwerkkabeln am Aufstellort. Im Inneren des Ninja Block werkelt das BeagleBone-Board mit einer ARM-Cortex-A8-CPU mit 720 MHz und 256 MByte DDR2-Speicher und bietet ferner einen USB-2.0-Port, einen 10/100-Mbit-Netzwerkanschluss sowie einen MicroSD-Karten-schacht, auf dem sich das angepasste Image für den Ninja Block befindet.

Bild 2.125: Beagle macht Ninja: Beim Notieren der Seriennummer (auf dem Aufkleber in der Nähe der LAN-Buchse) erhalten Sie schon einen Blick auf das Innenleben des Ninja Blocks, das sich als BeagleBoard entpuppt.

Haben Sie einmal so ein Komplettpaket in Betrieb, lässt es sich Schritt für Schritt vergrößern: Sie haben die Möglichkeit, die Komponenten um einen weiteren Ninja Block zu erweitern, an den beispielsweise USB-Webcams angeschlossen sind. Dabei sind Sie nicht auf die Neuanschaffung eines original Ninja Block angewiesen, sondern können stattdessen oder zusätzlich den Raspberry Pi nutzen.

Die Macher von Ninja Blocks stellen dazu ein passendes Image kostenlos zum Download (*http://ninjablocks.s3.amazonaws.com/images/pi/NinjaPi-0.2.2.img.zip*) zur Verfügung, das Sie wie gewohnt auf eine Speicherkarte übertragen können. Standardbenutzer und Kennwort (`pi` und `raspberry`) sind wie beim Original gesetzt. Um eine Seriennummer, die für die Inbetriebnahme zwingend nötig ist, zu erhalten, starten Sie nach der Anmeldung am Raspberry Pi das Kommando:

```
getserial
```

Um die Seriennummer bei einem original Ninja Block herauszufinden, ist das Öffnen des Plastikgehäuses erforderlich. Dafür finden Sie am Gehäuse einen Stofffetzen mit dem Aufdruck *Hackme*, mit dessen Hilfe Sie das Gehäuse mit ein klein wenig Kraftaufwand problemlos öffnen können.

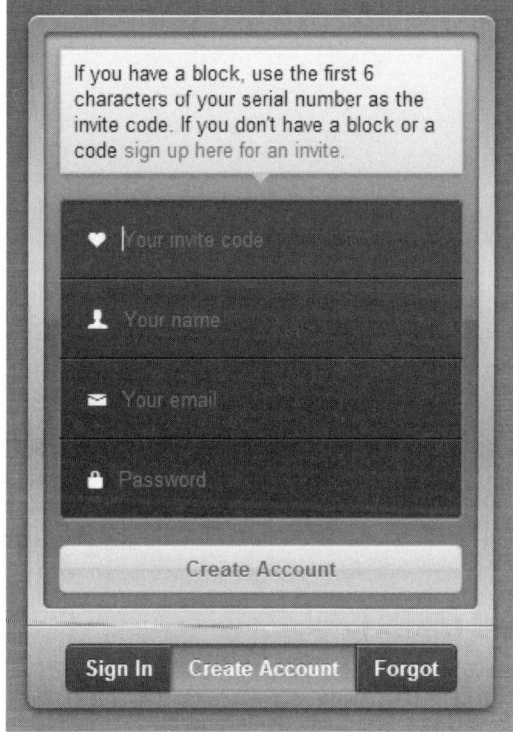

Bild 2.126: Invite Code (Einladungscode) gleich Seriennummer: Hier tragen Sie die Seriennummer sowie eine E-Mail-Adresse und ein beliebiges Kennwort für die Registrierung und Aktivierung des Ninja Blocks ein.

Auf der Platine finden Sie einen kleinen Aufkleber mit der Seriennummer, die Sie sich notieren oder gleich am Computer in den geöffneten Webbrowser auf der Registrierungsseite (*https://a.ninja.is/born*) eintragen.

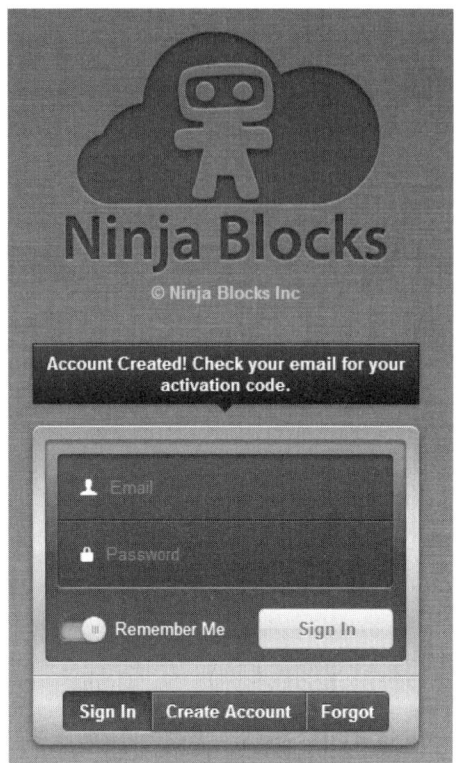

Bild 2.127: Nach der Registrierung erhalten Sie einen Aktivierungslink. Danach können Sie sich mit Ihrer E-Mail-Adresse und Ihrem Kennwort in das Benutzerkonto einloggen und den Ninja Block konfigurieren.

Nun sind alle Voraussetzungen geschaffen, um den Ninja Block in Betrieb nehmen zu können. Im nächsten Schritt schließen Sie das Ninja-Block-Gehäuse wieder bzw. machen den Raspberry Pi betriebsbereit. Anschließend nehmen Sie das sogenannte Pairing vor. Dazu koppeln Sie das eingerichtete Ninja-Blocks-Benutzerkonto mit der Hardware und richten diese über das Benutzerkonto nach Ihren Wünschen ein.

2.21.2 Grundeinstellungen und WLAN-Einrichtung

Sie werden sich wahrscheinlich an dieser Stelle fragen: Warum benötige ich nun schon wieder die Seriennummer, die ich bereits bei der Registrierung angegeben habe? Der Grund ist, dass die bereits eingegebene Seriennummer ausschließlich für die Aktivierung des Benutzerkontos bzw. die Generierung des Einladungslinks genutzt wird. Für den Betrieb können Sie nicht nur den ersten Ninja Block, sondern auch weitere Geräte in Ihre Konfiguration einbeziehen.

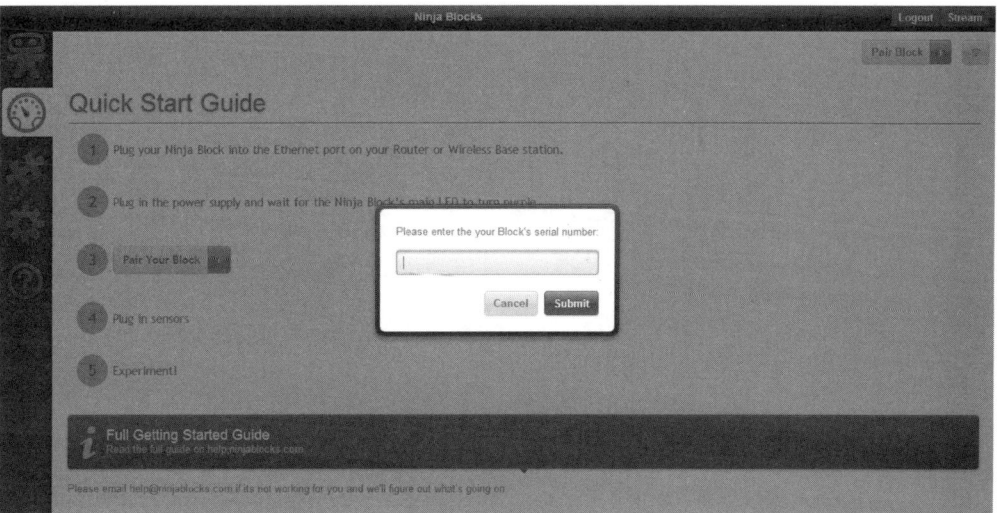

Bild 2.128: Zunächst sorgen Sie dafür, dass der Ninja Block betriebsbereit am Netzwerk sowie an der Spannungsversorgung angeschlossen ist.

Um den Ninja Block nun in Ihre Konfiguration aufzunehmen, klicken Sie auf die Schaltfläche *Pair Your Block.* Im darauffolgenden Dialog geben Sie die Seriennummer des Ninja Block ein und warten einen kleinen Moment, bis die Kopplung abgeschlossen ist. Anschließend wird das Gerät im Einstellungen- bzw. *Settings*-Bereich bei *Paired Blocks* geführt.

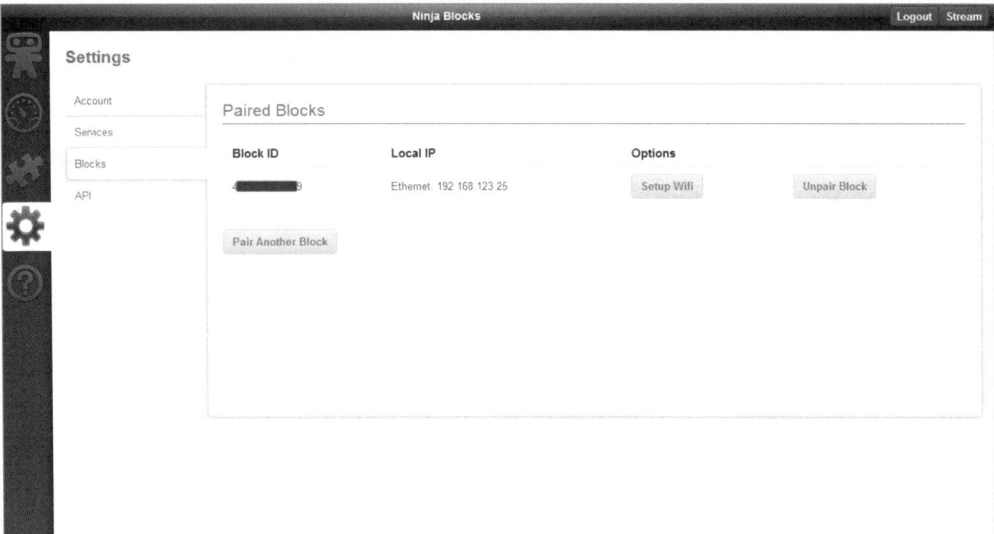

Bild 2.129: Der Ninja Block ist derzeit noch mit der Ethernet-Schnittstelle konfiguriert. Im nächsten Schritt können Sie den bereits eingesteckten WLAN-USB-Stick konfigurieren, falls Sie zu Hause ein WLAN-Netz betreiben.

Anschließend meldet sich der Konfigurationsassistent mit der optionalen Einrichtung der WLAN-Parameter: Sie brauchen nur das richtige WLAN auszuwählen und das für den Verbindungsaufbau nötige Kennwort einzutragen, um die WLAN-Schnittstelle in Betrieb zu nehmen.

Zunächst scannt der Assistent die Umgebung nach verfügbaren drahtlosen Netzwerken ab: Klicken Sie im nachfolgenden Dialog auf die *Scan-* bzw. nach der Auswahl der Netzwerk-*SSID* und dem Eintragen des Kennworts im Feld *Password* auf die *Connect*-Schaltfläche.

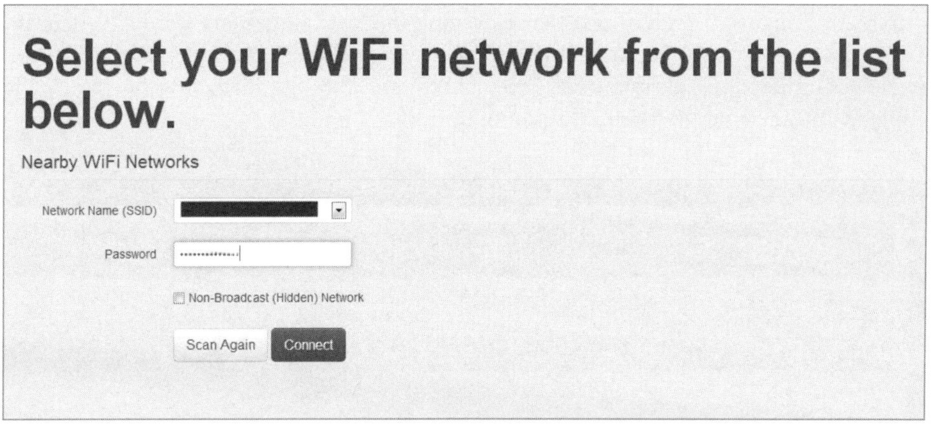

Select your WiFi network from the list below.

Nearby WiFi Networks

Network Name (SSID) ▓▓▓▓▓▓▓ ▼

Password ••••••••••

☐ Non-Broadcast (Hidden) Network

Scan Again   Connect

Bild 2.130: Nach Eingabe des Kennworts klicken Sie auf die *Connect*-Schaltfläche, um die WLAN-Verbindung im Ninja Block einzurichten.

Soll die Verbindung erfolgreich aufgebaut werden, beachten Sie, dass die WLAN-Verbindung nur bei Nichtgebrauch der Ethernet-Schnittstelle funktioniert. Stecken Sie also nach dem Einrichten der WLAN-Parameter das Netzwerkkabel aus, der Ninja Block startet automatisch neu, um die WLAN-Schnittstelle in Betrieb zu nehmen.

Please unplug the ethernet. Your Ninja Block is restarting...

Bild 2.131: Entweder – oder: Für den vollständigen WLAN-Betrieb des Ninja Block muss das Ethernet-Kabel vom Gerät abgezogen werden.

Nach der Grundinstallation nehmen Sie die Komponenten wie Bewegungssensor, Tür-/Fensterkontakte und dergleichen in Betrieb und koppeln diese mit dem Ninja Block bzw. mit Ihrem Benutzerkonto.

2.21.3 Ninja, mach mal, aber dalli! Regeln aufstellen

Ähnlich wie auf der *ifttt*-Webseite (*ifttt.com*), die Abkürzung für *if this, then that*, lässt sich auch mit den Ninja Blocks ein Regelwerk erstellen, was der Ninja Block beim Eintritt bestimmter Ereignisse tun soll. Mithilfe des Benutzer-Accounts und der gekoppelten Ninja Blocks erstellen Sie im Handumdrehen einen Ablaufplan für Aufgaben, die durch ein Ereignis, beispielsweise den Bewegungsmelder, ausgeführt werden sollen. Im Gegensatz zu den selbst gestrickten Lösungen wie in diesem Buch benötigen Sie hier keine Kenntnis einer Skript- oder Programmiersprache. Sie klicken sich einfach die Abläufe mithilfe eines Assistenten zusammen.

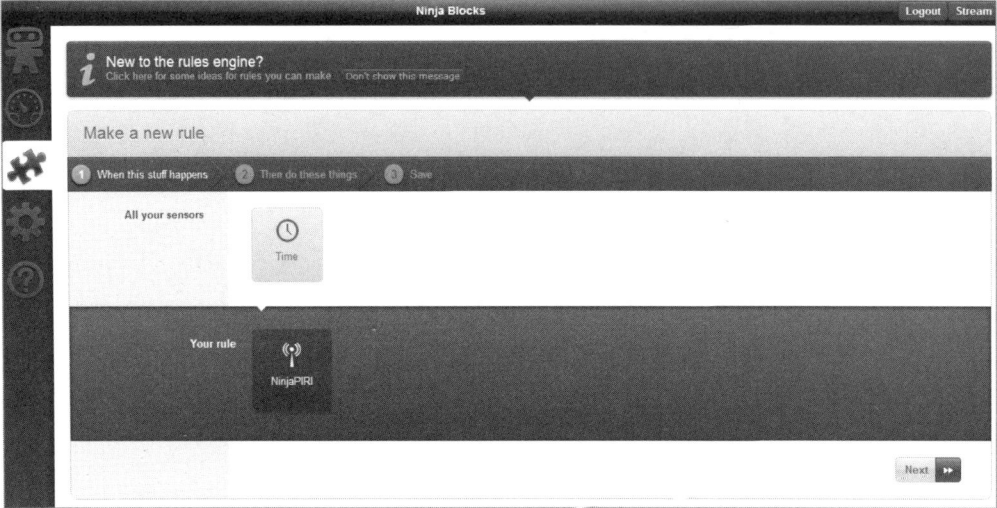

Bild 2.132: Um ein Regelwerk zu erstellen, nehmen Sie zuvor das benötigte Zubehör, zum Beispiel den Bewegungsmelder, in Betrieb und koppeln es mit dem Ninja Block. Anschließend steht dieses Gerät als Modul zur Verfügung.

Wer mehrere Ninja Blocks im Einsatz hat, kann sie anhand der aufgestellten Regeln und abhängig von den angeschlossenen Komponenten miteinander interagieren lassen und verschiedene Abläufe steuern. An den USB-Buchsen des Raspberry Pi lassen sich auch USB-Kameras anschließen, die beispielsweise bei bestimmten Ereignissen ein Foto oder einen Film anfertigen.

Klick für Klick leitet der Regel-Einrichtungsassistent durch die Konfigurationsschritte. Möchten Sie zum Beispiel eine E-Mail bei bestimmten Aktionen erhalten, müssen Sie zunächst eine oder bei mehreren Empfängern zusätzlich gültige E-Mail-Adressen im Regelwerk definieren.

Bemerkung	Schritt
Neue Regel erstellen	
Gerät auswählen	
Aussagekräftige Bezeichnung für Regelwerk festlegen und speichern	

Bemerkung	Schritt
Sensor auswählen und der Regel hinzufügen	
Aktion konfigurieren und neue Regel erstellen – hier Mailversand an den User *erich* und an den User *pi*.	

Dabei sind Sie völlig flexibel und können je nach Aktion den Inhalt bzw. den Betreff der E-Mail nach Ihrem Gusto anpassen. Nach dem Anlegen der Regel testen Sie natürlich die korrekte Funktion. In diesem Beispiel wird eine E-Mail an das festgelegte E-Mail-Konto geschickt, sobald der Bewegungsmelder anschlägt.

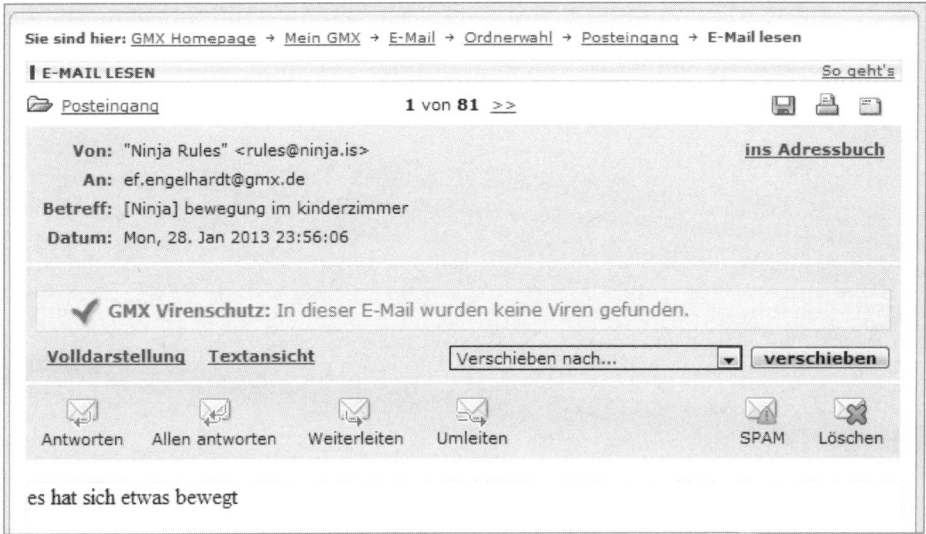

Bild 2.133: Es hat sich etwas bewegt: Der Test des Bewegungssensors funktioniert schon einmal.

Anschließend nehmen Sie Schritt für Schritt die weiteren Sensoren und Gerätschaften wie zum Beispiel die USB-Kamera am Raspberry-Pi-Ninja in Betrieb.

Insgesamt ist die Ninja-Blocks-Lösung für diejenigen interessant, die keine Lust haben, tief in die Innereien der Heimautomation einzusteigen, aber dennoch etwas Funktionalität auf ihrem Smartphone und dergleichen zu schätzen wissen. So lassen sich einfache und konkrete Szenarien mit wenig Aufwand umsetzen, wie beispielsweise eine E-Mail-Benachrichtigung bei bestimmten Aktionen – etwa wenn der Briefträger eine Postsendung eingeworfen hat oder eine Tür geöffnet wurde.

Stichwortverzeichnis